全国机械行业职业教育优质规划教材（高职高专）
经全国机械职业教育教学指导委员会审定
全国高职高专无损检测专业规划教材

渗透检测

金信鸿　张小海　王广坤　编
任吉林　审

机械工业出版社

本书为全国机械职业教育优质规划教材，经全国机械职业教育教学指导委员会审定。全书用系统的理论、翔实的案例及图表为读者介绍了渗透检测技术的完整知识体系。

全书共分8章，内容包括绪论、渗透检测的物理化学基础、渗透检测剂、渗透检测设备与器材、渗透检测工艺、痕迹显示的解释和评定、渗透检测的应用和渗透检测的质量管理等。本书注重理论知识与实际应用相结合，并将近年来渗透检测的新技术、新材料的应用也做了介绍，内容丰富、层次清晰。

本书可作为高等职业教育、成人高等教育及自学考试等的教学用书，也可作为机械、材料工程、质量检验等相关专业的参考用书，同样适用于无损检测及相关专业的工程技术、管理人员使用。

本书配有电子课件，凡使用本书作为教材的教师可登录机械工业出版社教育服务网 www.cmpedu.com 注册后下载。咨询邮箱：cmpgaozhi@ sina.com。咨询电话：010-88379375。

图书在版编目（CIP）数据

渗透检测/金信鸿，张小海，王广坤编. —北京：机械工业出版社，2018.3

全国机械行业职业教育优质规划教材. 高职高专

ISBN 978-7-111-55457-8

Ⅰ.①渗… Ⅱ.①金… ②张… ③王… Ⅲ.①渗透检验-高等职业教育-教材 Ⅳ.①TG115.28

中国版本图书馆 CIP 数据核字（2018）第 038869 号

机械工业出版社（北京市百万庄大街22号 邮政编码100037）

策划编辑：薛 礼 责任编辑：薛 礼 责任校对：陈 越

封面设计：鞠 杨 责任印制：常天培

涿州市京南印刷厂印刷

2018年4月第1版第1次印刷

184mm×260mm · 14印张 · 329千字

0001-1900册

标准书号：ISBN 978-7-111-55457-8

定价：35.00元

全国高职高专无损检测专业规划教材
编审委员会

序

无损检测作为一门涉及声、光、电、磁、热、射线等诸多领域的交叉科学，在控制产品质量、保障设备安全和国计民生中发挥着重要作用。无损检测的主要功能是在不损坏被检对象的前提下，确定其特征和缺陷，以评价零件、构件和设备的完整性和使用性能，因此，它在航空、航天、机械、电子、化工、能源、建筑等工业领域中发挥着不可替代的作用。可以说，无损检测技术的发展水平标志着国家工业现代化的程度。随着我国质量战略的实施，无损检测在产品质量控制中所起的特殊作用越来越受到重视，它是降低成本、优化设计和加工工艺、确保产品质量、提高产品国际竞争力的重要保障。

近年来，我国高职教育无损检测专业的发展十分迅速，迄今为止，已有近30所高职高专院校开办了无损检测专业，每年为我国无损检测行业输送数千名在一线工作的生力军，成为我国无损检测高等教育的一支重要力量。但是，缺乏适合于高职高专使用的教材给人才培养带来一定的困难。

深圳职业技术学院无损检测专业积极推动我国无损检测专业高职教育的发展，近年来，在中国无损检测学会和全国机械职业教育教学指导委员会的支持下，先后发起并承办了全国高职高专无损检测专业教材工作会议、人才培养方案研讨会等活动。本套高职高专无损检测专业规划教材是在深圳职业技术学院和机械工业出版社的积极推动下，以深圳职业技术学院、辽宁机电职业技术学院、天津海运职业技术学院、常州工程职业技术学院、南昌航空大学、海军航空工程学院青岛分院等院校为主，联合学校和企业共同合作，按照2012年7月全国高职高专无损检测专业人才培养方案研讨会确定的精神编写的。

本套规划教材有《无损检测概论》《超声检测》《射线检测》《磁粉检测》《涡流检测》《渗透检测》《无损检测专业英语》《无损检测技能实训》《无损检测习题集》共九本。教材充分体现高职教育的特点，突出实际应用并注意吸收新技术。相信本套教材能为提高我国无损检测专业高职教育人才培养水平和促进我国无损检测事业的可持续发展发挥积极作用。

无损检测学会理事长 耿荣生

2013年1月25日

丛书序言

无损检测技术对避免事故、保障安全、改进工艺、提高质量、降低成本、优化设计等发挥着特别重要的作用，在航空、航天、机械、电子、化工、能源、建筑、新材料等工业领域的应用日益广泛。在我国工业现代化进程中，安全和质量意识深入人心，通过无损检测技术来保证安全和质量正逐渐成为社会的共识。

2000年以来，我国无损检测专业的高等职业教育发展很快，人才培养规模逐年扩大，近30所高职高专院校开办了无损检测专业，每年招生超过2000人。开设无损检测专业的学校数量以及招生规模均早已超过本科院校，每年为基层输送大量新生力量。可见，高职高专院校已成为我国无损检测行业在一线工作的无损检测员的主要来源。教材是人才培养的基本资源，是提高教学质量的根本保证。但是，迄今为止，尚缺乏一套适合高职高专使用的完整的无损检测专业系列教材，编写并出版这种系列教材迫在眉睫。

在2005年5月的第二届中国无损检测高等教育发展论坛上，中国无损检测学会教育培训科普工作委员会提出由深圳职业技术学院负责联合全国高职高专院校编写无损检测系列教材。2006年8月，由中国无损检测学会和机械工业出版社主办、深圳职业技术学院发起并承办的全国高职高专无损检测系列教材编写工作会议在深圳召开。2012年7月，由中国无损检测学会和全国机械职业教育教学指导委员会主办、深圳职业技术学院发起并承办的全国高职高专无损检测人才培养方案研讨会召开，会议确定了高职高专无损检测专业的人才培养方案，为教材编写提供了指导。

本系列教材有《无损检测概论》《超声检测》《射线检测》《磁粉检测》《涡流检测》《渗透检测》《无损检测专业英语》《无损检测技能实训》《无损检测习题集》共9种。本系列教材是由来自我国主要的高职高专院校及部分企业资深学者和专家，按照高职高专无损检测专业人才培养方案编写的，全部教材的统筹、协调由晏荣明负责。

已故前任中国无损检测学会理事长姚锦钟教授对本套教材的编写非常支持，曾亲自到系列教材编写工作会指导。现任中国无损检测学会理事长耿荣生教授对本系列教材十分关心，亲自为系列教材作序。中国无损检测学会副理事长任吉林教授、华东理工大学屠耀元教授、中国无损检测学会教育培训科普工作委员会主任刘晴岩教授、全国机械职业教育教学指导委员会材料工程专业指导委员会主任管平教授也对本教材给予了鼓励和指导，在此一并致以诚挚的感谢！

本系列教材在编写过程中得到许多专家、学者的指导和帮助，也参考了现有国内外的文献和教材，特此致谢！由于无损检测涉及的知识面很广，限于编者的水平，教材中的错误在所难免，恳请读者不吝赐教！

全国高职高专无损检测专业规划教材编审委员会

2013 年 1 月

前　言

无损检测与评价技术的发展标志着一个国家的现代化工业水平，世界各国对无损检测技术的研究都非常重视。应用无损检测技术，不仅能确保产品的质量，而且能带来巨大的经济效益和社会效益。随着我国工业发展的需要，无损检测技术得到了迅速发展，很多工业部门近年来也加强了无损检测技术的应用。本书是为满足广大无损检测工程技术人员和无损检测专业学生提高专业技能的要求而编写的。

本书详细地介绍了渗透检测的基础理论，全面介绍了渗透检测的检测剂、设备与器材、工艺、方法与应用，以及渗透检测的新技术、新工艺。本书结构清晰、内容全面，突出了知识的应用性、实践性，注重对学生知识应用能力的培养。

本书内容包括绪论、渗透检测的物理化学基础、渗透检测剂、渗透检测设备与器材、渗透检测工艺、痕迹显示的解释和评定、渗透检测的应用和渗透检测的质量管理等。

本书第1、2、3、7章由金信鸿、张小海编写，第4、5、6章由王广坤、金信鸿编写，第8章由张小海编写。全书由任吉林教授进行了审阅。中国航空工业集团公司西安航空动力股份有限公司无损检测中心研究员王婵，北京市特种设备检测中心管道研究室主任、高级工程师李宏雷，北京市丰台区特种设备检测所无损检测室主任、高级工程师陈玉平为本书的编写提供了大量的资料。本书还得到了机械工业出版社有关编辑的大力支持和指导，在此一并表示衷心的感谢。

本书在编写过程中参考和引用的主要书籍和文献分别列于书后，编者谨对这些书籍与文献的作者表示衷心的感谢。

由于编者水平有限，书中疏漏、不妥和错误之处在所难免，恳请广大读者批评指正。

编　者

目　录

第1章　绪　　论

1.1　渗透检测技术的发展

渗透检测是一种基于液体毛细作用原理，用于检测和评价工程材料、零部件和产品表面开口缺陷的一种无损检测方法。工业无损检测的方法很多，渗透检测与射线检测、超声检测、磁粉检测、涡流检测并称为五种常规的无损检测方法。

早在19世纪初，人们就利用试件表面的铁锈位置、形状和分布来确定钢板上裂纹的位置。因为如果在室外存放的钢板表面有裂纹，水分就会渗入裂纹而形成氧化物，使裂纹处的铁锈比邻近区域多。

19世纪末期，人们把煤油和重油的混合液施加于被检试件表面上，几分钟后再擦去表面多余的油，并在表面涂上一层酒精-白粉悬浮液，酒精挥发后就会在表面剩余一层白粉，如果试件上有表面开口缺陷，缺陷中的油将被吸附到白粉上，形成可见的黑色痕迹，这就是最早的着色渗透检测方法——“油-白”法。“油-白”法能有效地检测出材料的表面裂纹、疏松、气孔等缺陷，保证了产品的质量，当时主要用于杆、轴、曲柄等零件。

在20世纪30年代，磁粉检测被广泛用于检测钢和铁磁性材料部件。由于磁粉检测可检测出铁磁性材料表面和近表面的缺陷，被污染物堵塞或覆盖的缺陷也能检测出来。另外，磁粉检测缺陷的重复性好、工作效率高，20世纪20年代至30年代中期，“油-白”法逐渐被磁粉检测法替代。20世纪30年代中期以后，随着航空工业的发展，许多不能被磁化的有色金属和非铁磁性材料大量应用于飞机构件，对检测非铁磁性金属材料提出了更高的要求，促进了渗透检测的发展。

20世纪40年代初期，以美国人斯威策（Robert Switzer）为代表的工程技术人员对渗透剂进行了大量的试验研究，他们把有色染料加到渗透剂中，增加了裂纹显示的颜色对比度。1941年，斯威策把荧光染料加到渗透剂中，利用显像粉显像，并在黑光灯下检测缺陷，显著地提高了检测灵敏度，使液体渗透检测进入了一个崭新的阶段。

20世纪60年代至70年代，国外成功研制出高灵敏度、基本无毒害的荧光渗透剂和着色渗透剂，并逐渐形成多个具有不同灵敏度等级的渗透检测剂系统；同时，也研制了一些具有特殊应用的渗透材料，如闪烁荧光渗透检测材料，能与液氧相容的水基渗透剂，适合镍基合金渗透检测的低硫、钠含量的新型渗透剂以及适合钛合金和奥氏体不锈钢渗透检测的低氟、氯等杂质元素含量的新型渗透剂。

我国的渗透检测技术起步于20世纪50年代，基本沿用苏联工业应用的主导渗透检测材料。荧光渗透剂是煤油加航空润滑油；着色渗透剂染料为苏丹Ⅳ，基本溶剂是苯。至20世纪60年代中期，航空工业领域采用荧光黄作为染料的荧光渗透检测。20世纪70年代以后，我国自行研制荧光染料YJP-15，出现自乳化型和后乳化型荧光渗透剂的生产。

1982年，国内首次开办渗透检测专业Ⅱ级人员培训班，结束了检测人员无证操作的历史。随着改革开放的深入开展，通过引进吸收和再创新，我国的渗透检测技术获得了快速发展，迅速缩短了与先进国家间的差距，开发出渗透检测静电喷涂技术与设备，提高了工艺质量和可靠性，节约了检测材料。此外，还研制出各种试片（块）、黑光灯、紫外线辐照度计和白光照度计等大量辅助器材，确保渗透检测过程的质量。

2000年以来，随着数字化技术的发展，渗透检测技术开始进入半自动/自动化和图像化时代。随着数字化技术的发展和我国经济实力的提高，检测人员的劳动条件和环境保护受到重视，半自动/自动化检测技术、检测废水处理技术的研究得到广泛开展，成功开发出大量半自动渗透检测线和废水处理设备，并获得了广泛应用。

渗透检测能快速、经济和可靠地检出裂纹、疏松、折叠等人眼无法直接观察到的表面开口缺陷。渗透检测应用于金属原材料生产、轻合金铸件、金属切削刀具、船舶工业、汽车工业、电力和燃气设备工业、航空航天工业和核动力工业中等现代工业的各个领域。渗透检测对于控制和改进生产工艺和产品的质量，保证材料、零部件、产品的可靠性和生产过程的安全性，以及提高劳动生产率等都起着关键作用。随着工业的发展，先进的材料和方法不断出现，渗透检测材料在安全性、环保上要求更加严格。特别在航空、航天、兵器、造船、原子能工业上，铝合金、镁合金、钛合金、高温合金、玻璃钢、塑料试件等非磁性材料的应用越来越广泛，使渗透检测在产品无损检测中的比例大大提高，应用更加广泛。

1.2 渗透检测技术的基本原理

渗透检测是基于液体的毛细作用来检测非多孔性金属和非金属试件（半成品、成品和使用过的试件）表面开口缺陷的一种无损检测方法。渗透检测的原理是：首先在被检试件（或材料）表面上施涂一层含有荧光染料或着色染料的液体（称为渗透剂），由于这类液体渗透力较强，对微细孔隙具有渗透作用，渗透剂就会渗入到表面开口的缺陷中去；然后用水或溶剂清洗试件（或材料）表面上多余的渗透剂；再用吸附介质（称为显像剂）喷或涂于被检试件表面，缺陷中的渗透剂在毛细作用下重新被吸附到试件表面上来，形成放大了的缺陷显示。在黑光灯（荧光渗透检测法）或在白光（着色渗透检测法）下观察缺陷显示，从而探测出缺陷的形貌及分布状态。

渗透检测操作的基本步骤是渗透、清洗、显像和观察，如图1-1所示。

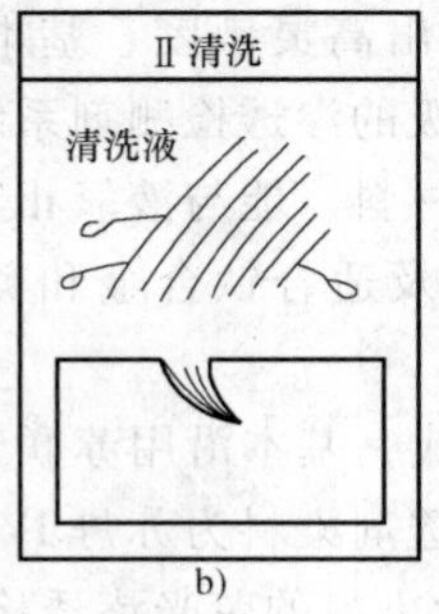

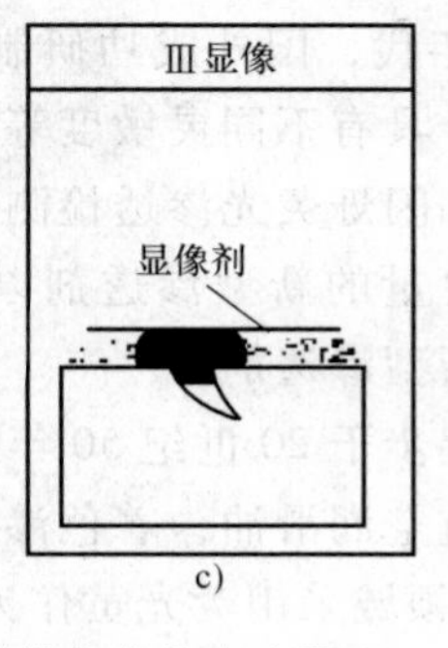

a)　b)　c)　d)

图1-1　渗透检测操作的基本步骤

a）渗透　b）清洗　c）显像　d）观察

（1）渗透过程 把被检验零件的表面处理干净（预清洗）之后，让荧光渗透剂或着色渗透剂与零件接触，使渗透剂渗入零件表面开口缺陷中去的过程称为渗透过程，如图1-1a所示。

（2）清洗过程 用水、溶剂或乳化剂清除零件表面附着的多余渗透剂的过程称为清洗过程，如图1-1b所示。

（3）显像过程 清洗过的零件干燥后（或不干燥），施加显像剂，使渗入缺陷中的渗透剂被吸到零件的表面，这一过程称为显像过程，如图1-1c所示。

（4）观察过程 被吸出的渗透剂在紫外线的照射下发出明亮的荧光，或在白光照射下显出颜色，从而显示出缺陷的图像，这一过程称为观察过程，如图1-1d所示。

渗透检测一般应在喷丸、吹砂、涂层、镀层、阳极化、氧化或其他表面处理工序之前进行；无特殊规定要求的零件应在所有加工完成之后，最终进行渗透检测。

1.3 渗透检测方法的分类

液体渗透检测分别按照渗透剂所含染料成分不同、多余渗透剂去除方法不同和显像剂类型的不同进行分类，见表1-1。

表1-1 渗透检测方法分类

渗透剂		去除方法		显像剂	
分类	名 称	方法	名 称	分类	名 称
Ⅰ	荧光渗透检测法	A	水洗型渗透检测	a	干粉显像剂
Ⅱ	着色渗透检测法	B	亲油型后乳化渗透检测	b	水溶解湿显像剂
Ⅲ	荧光着色渗透检测法	C	溶剂去除型渗透检测	c	水悬浮湿显像剂
		D	亲水型后乳化渗透检测	d	溶剂悬浮湿显像剂
				e	自显像

注：任何一种渗透检测方法都是渗透剂、渗透剂去除方法及显像剂的系统组合。例如，ⅡC-d表示该种检测方法是溶剂去除型着色渗透检测-溶剂悬浮湿显像剂组合的检测方法，而ⅠA-a表示水洗型荧光渗透检测-干粉显像剂组合的检测方法。

1）按渗透剂所含染料成分不同，渗透检测方法分为荧光渗透检测法、着色渗透检测法和荧光着色渗透检测法三大类。

荧光渗透检测法是使用含荧光物质的渗透剂，在波长为330~390nm的紫外线照射下发出黄绿色荧光，从而显示出缺陷的图像。观察时必须在暗室里进行，黑光灯是必不可少的设备。

着色渗透检测法是使用含有有色染料（通常是红色）的渗透剂，在白光下便可观察到缺陷的图像，它所用的设备比荧光渗透检测要少得多。

荧光着色渗透检测法是使用荧光着色两用渗透剂，具备荧光和着色两种方法的特点，缺陷图像在紫外线照射下发出明亮的荧光，在白光下又能显色。

2）按多余渗透剂去除方法不同，渗透检测方法可分为水洗型渗透检测法、后乳化型渗透检测法和溶剂去除型渗透检测法三种。

水洗型渗透检测法有水基型和自乳化型两种。水基型以水为溶剂和渗透剂；自乳化型所用的渗透剂中因为含有一定数量的乳化剂，清洗时直接用水冲洗试件，水能与乳化剂交融对油液产生乳化作用，达到清洗试件表面多余渗透剂的目的。

后乳化型渗透检测法所用的渗透剂中不含乳化剂，用水不能直接清洗干净试件表面上多余的渗透剂，必须增加一道乳化工序，使渗透剂经过乳化才能用水清洗去除掉。

溶剂去除型渗透检测法使用含有有机溶剂的渗透剂进行清洗处理，通常采用丙酮、酒精和汽油等有机溶剂。由于有机溶剂去除能力很强，一般可用蘸有有机溶剂的抹布直接将多余的渗透剂除去，或用喷罐喷洗，因此它适用于现场检测。

3）按显像剂类型不同，渗透检测方法分为干式显像法和湿式显像法两大类。干式显像法是以干燥的白色粉末作为显像剂，撒在经过清洗并干燥后的试件表面上。湿式显像法是将白色显像粉末悬浮于水中（水悬浮显像剂）或显像粉末悬浮于有机溶剂中（溶剂悬浮显像剂），也可将白色显像粉末溶解于水中（水溶解显像剂）。

此外，还有不使用显像剂的方法，即实现自显像或将白色显像粉末悬浮于树脂清漆中（塑料薄膜显像剂）。

1.4　渗透检测的优点与局限性

渗透检测是用于检测表面开口缺陷的一种无损检测方法，它是通过把缺陷图像扩大，以目视观察找出缺陷。渗透检测可用于检测各种类型的裂纹、折叠、气孔、疏松、冷隔及其他开口于表面的缺陷，可检测各种金属材料和非金属材料，如铝合金、镁合金、钛合金、钢铁材料（包括奥氏体不锈钢）、塑料、陶瓷及玻璃制品；可检测铸件、锻件、焊接件、机械加工件及非金属制件等。液体渗透检测与其他几种无损检测方法相比，有如下明显的优点：

1）缺陷显示直观，检验灵敏度高（最高灵敏度可达0.1μm），能够有效地检测出各种表面裂纹、疏松、气孔、折叠、冷隔、夹渣和氧化斑痕等缺陷。

2）检测所需设备简单，检验的速度快，操作比较简便，对大批大量试件易于实现自动检测。

3）便携式渗透检测设备不受场地、条件的限制，在现场、野外和无水无电的情况下仍然可以进行检测。

4）工作原理简明易懂，操作简单，检验人员经过较短时间的培训和实践就可以独立地进行操作。

5）基本不受被检试件几何形状、尺寸大小、化学成分和内部组织结构的限制，渗透检测一次操作可同时检测出试件表面开口各个方向、各种形状的缺陷。

渗透检测也有如下不足之处：

1）渗透检测是利用渗透剂渗入试件表面缝隙的方法来显示缺陷的，故只能检测表面开口缺陷，不能显示缺陷的深度及缺陷内部的形状和大小。

2）无法或难以检查多孔的材料，对于表面过分粗糙、结构疏松的粉末冶金零件或其他多孔材料，也不宜采用此法。因为渗透剂会进入细孔，使每个小孔都像缺陷一样显示出来，难以判断真缺陷。试件表面粗糙时，也会使其表面的本底颜色或荧光底色增大，以致掩盖了细小的、分散的缺陷。

3）影响渗透检测灵敏度因素很多，难以定量地控制检测操作程序，多依赖于检测人员的经验、认真程度和视力的敏锐程度。

4）检测缺陷的重复性差。对于某些缺陷的检测，还有不少困难。

5）荧光检测时，需要配备黑光灯和暗室，在没有电力和暗室的环境下无法工作。

尽管渗透检测还存在不足之处，但仍是有效的无损检测方法之一。在工业生产中，尤其在航空工业中发挥着重要的作用。随着现代化工业发展，渗透检测越来越引起广泛的重视，并在不断地发展和提高。

技能训练 渗透检测的操作方法

一、目的

1）掌握渗透检测前的准备工作。

2）掌握渗透检测的操作步骤。

二、检测内容和步骤

Ⅰ、Ⅱ级检测人员在检测前应检查渗透检测剂是否为同一个牌号、是否在有效期内。对于罐装的渗透检测剂，应检查喷罐外表面是否有锈蚀、喷嘴是否堵塞或是否有泄漏；对于散装的渗透检测剂，应检查是否有混浊或沉淀物及变色现象，检查显像剂是否有粉末凝聚结块现象。使用新的渗透剂、改变或更换渗透剂、改变工艺规程时，应采用不锈钢镀铬试块（B型试块）检验系统灵敏度和操作工艺，合格后方可按程序进行检测。

（1）预清洗 用清洗剂把被检部位表面的油污和污垢彻底清除干净，检测部位表面必须干燥。进行局部检测时，预清洗范围应从检测部位四周向外扩展25mm。

（2）施加渗透剂 采用喷涂或刷涂等方法施加渗透剂，渗透剂要覆盖整个被检部位，并应在整个渗透期间保持润湿状态。用喷涂法施加渗透剂，喷嘴应距工件表面200~300mm。在10~50℃的温度条件下，渗透剂持续时间一般不应少于10min；在5~10℃的温度条件下，渗透剂持续时间一般不应少于20min。

（3）去除多余的渗透剂 在清洗工件被检表面以及去除多余渗透剂时，应注意防止过度去除而使检测质量下降，同时也应注意防止去除不足而造成对缺陷显示识别困难。用荧光渗透剂时，可在黑光灯照射下边观察边去除。

水洗型和后乳化型渗透剂（乳化后）均可用水去除。冲洗时，水射束与被检面的夹角以30°为宜，水温为10~40℃。如无特殊规定，冲洗装置喷嘴处的水压应不超过0.34MPa。在无冲洗装置时，可采用干净不脱毛的抹布蘸水依次擦洗。

溶剂去除型渗透剂用清洗剂去除。除特别难清洗的地方外，一般应先用干燥、洁净不脱毛的抹布依次擦拭，大部分多余渗透剂被去除后，再用蘸有清洗剂的干净不脱毛的抹布或纸进行擦拭，直至将被检面上多余的渗透剂全部擦净。但应注意：不得往复擦拭，不得用清洗剂直接在被检面上冲洗。

（4）干燥 采用水洗法去除多余的渗透剂后，试件表面一般可用热风进行干燥或进行自然干燥，干燥时，被检面的温度应不高于50℃；当采用溶剂去除多余的渗透剂时，应在室温下自然干燥，干燥时间通常为5~10min。

（5）施加显像剂 采用悬浮式显像剂，使用前要充分摇匀，薄而均匀地喷涂在被检表面，不可在同一部位反复多次施加。喷嘴距工件表面300~400mm，喷嘴方向与被检表面的夹角为30°~40°。

采用干式显像剂时，必须先经干燥处理，再用适当的方法将显像剂均匀地喷洒在整个被检表面上，并保持一定的时间。多余的显像剂通过轻敲或轻气流清除方式去除。

采用湿式显像剂时，被检面经过清洗处理后，可直接将显像剂喷洒或涂刷到被检面上或将工件浸入到显像剂中，然后再迅速去除多余的显像剂，并进行干燥处理。禁止在被检面上倾倒湿式显像剂，以免冲洗掉渗入缺陷内的渗透剂。

显像时间取决于显像剂的种类、需要检测的缺陷大小以及被检工件的温度等，一般应不小于10min，且不大于60min。

（6）观察　观察显示应在显像剂施加后7~60min内进行，如果显示的大小不发生变化，也可超过上述时间。

着色渗透检测缺陷显示的评定应在白光下进行，工件被检面处白光照度应大于等于1000lx；现场检测时，可见光照度可以适当降低，但不得低于500lx。

荧光渗透检测时，缺陷显示的评定需在暗室或暗处进行，暗室或暗处可见光照度应不大于20lx，被检工件表面的辐照度应大于等于1000μW/cm²。自显像时被检工件表面的辐照度应大于等于3000μW/cm²。检测人员进入暗区，至少经过5min的黑暗适应后，才能进行荧光渗透检测。检测人员不能佩戴对检测结果有影响的眼镜或滤光镜。辨认细小显示时，可用5~10倍放大镜进行观察，必要时应重新进行处理、检测。

（7）缺陷显示记录　可采用照相、录像或可剥性塑料薄膜等方式记录，同时标示于草图上。

（8）复验　当出现下列情况之一时，需进行复验：①检测结束时，用试块验证检测灵敏度不符合要求；②发现检测过程中操作方法有误或技术条件改变；③合同各方有争议或认为有必要；④对检测结果怀疑。当决定进行复验时，应对被检面进行彻底清洗。

（9）后清洗　工件检测完毕应进行后清洗，以去除对以后使用或对材料有害的残留物。

复习题

一、判断题（正确的画√，错误的画×）

1. 渗透检测可以检测奥氏体不锈钢材料的表面开口缺陷。（　）

2. 渗透检测按渗透剂所含染料成分不同，可分为荧光渗透检测法、着色渗透检测法和荧光着色渗透检测法三大类。（　）

3. 渗透检测法能否检查出表面开口缺陷主要取决于开口长度，而不受宽度、深度的影响。（　）

4. 渗透过程是利用渗透剂的毛细作用和重力作用共同完成的。（　）

二、选择题（从四个答案中选择一个正确答案）

1. 液体渗透技术适于检验非多孔性材料的（　）。

A. 近表面缺陷　B. 表面和近表面缺陷　C. 表面　D. 内部缺陷

2. 液体渗透检测对下列哪种材料无效。（　）

A. 塑料　B. 上釉的陶瓷　C. 玻璃　D. 奥氏体不锈钢

3. 下列哪种说法是正确的？（ ）

A. 液体渗透检测法比涡流检测法灵活性小。

B. 对于铁磁性材料的表面缺陷，渗透检测法比磁粉检测法可靠。

C. 渗透检测法不能发现疲劳裂纹。

D. 对于微小的表面缺陷，渗透检测法比射线照相法更可靠。

4. 渗透检测的最高灵敏度一般可达（ ）。

A. 1.5μm B. 1.0μm C. 0.1μm D. 2.0μm

三、问答题

1. 简述渗透检测的基本原理及适用范围。

2. 简述渗透检测方法的分类。

3. 简述渗透检测操作的基本步骤。

4. 渗透检测有哪些优缺点？

第 2 章　渗透检测的物理化学基础

自然界中的物质具有三种状态：固态、液态和气态。在研究它们彼此之间的相互关系时，一般把它们看作是不同相之间的相互作用。物质的相与相之间的分界面称为界面，其类型取决于两相物质的聚集状态，一般有液-液（不互溶）、液-固、固-固、液-气、固-气五种类型。习惯把有气相参与组成的相界面称为表面，其他的相界面称为界面，如把液-气界面称为液体表面，把固-气界面称为固体表面。渗透检测涉及液体的表面特性，由于各相中物质性质的差异，表现出表面张力、润湿现象、毛细现象和吸附现象等一系列表面现象。

2.1　液体表面张力和表面自由能

2.1.1　液体表面张力

1. 液体表面张力的定义

自然界有许多现象，如荷叶上的小水滴收缩成球形，玻璃板上的水银小滴收缩成球形，缝衣针可以轻轻地放在水面上而不下沉等，这些现象都说明液体表面有张力存在。这种存在于液体表面使液体表面收缩的力称为液体的表面张力。

图 2-1 所示为表面张力示意图。在图中用金属丝或细玻璃棒弯成方框，使其一边可以自由移动。让液体在框中形成一层液膜，其中 AB 边为活动边，长为 L。为保持表面平衡不收缩，就必须在 AB 边上施加一个与液面相切的力 F 于液膜上。可以想象，在达到平衡时必然存在一个与 F 大小相等、方向相反的力，这个力来自于液体本身，是液体固有的，即表面张力 f。而且薄膜边界 L 的长度越大，表面张力就越大。换言之，只有施加一定的外力 F，才能使液膜稳定存在。由于液膜有厚度，分前、后两个表面，因此边缘的总长度为 $2L$。当达到平衡时，有

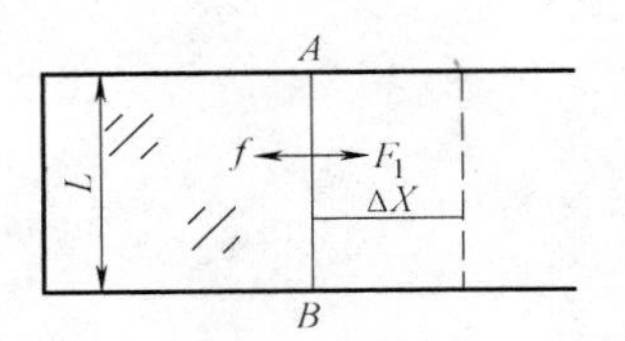

图 2-1　表面张力示意图

$$F = f = 2\alpha L \tag{2-1}$$

式中　f——表面张力，单位为 N；

L——活动边 AB 的长度，单位为 m；

α——表面张力系数，单位为 N/m。

由式（2-1）可得
$$\alpha = \frac{F}{2L} = \frac{\text{力}}{\text{总长度}}$$

从图 2-1 可以看到，扩大液膜时，表面积变大；液膜收缩时，表面积变小，这意味着表面上的分子被拉入液体内部。液膜收缩时，力的方向总是与液面平行（相切）的，因此，从力学角度看，表面张力是在液体（或固体）表面上，垂直于任一单位长度与表面相切的收缩力。液体的表面张力系数 α 在数值上等于沿液体表面作用在分界线单位长度上的表面张力，单位为 N/m 或 mN/m，两者换算关系为

$$1N/m = 10^3 mN/m$$

一般液体的表面张力系数约为 40×10^{-3}N/m。液体能否浸润固体，与其表面张力有关。表面张力系数小者（30×10^{-3}N/m 左右），几乎能浸润一切固体；水的表面张力系数较大，它只能浸润某些固体；汞的表面张力系数更大，仅能润湿某些金属。表面张力系数是表征表面张力大小的物理量，是讨论液体表面现象、了解液体性质的重要物理参量。它与温度、压强、密度、纯度、气相或液相组成以及液体种类等有关，通常，密度小、容易蒸发的液体的表面张力系数较小。液氢、液氦的表面张力系数很小，汞则很大。

常见液体的表面张力系数见表 2-1。

表 2-1　常见液体的表面张力系数（20℃）

液体名称	表面张力系数/(mN/m)	液体名称	表面张力系数/(mN/m)
水	72.8	丙酮	23.7
苯	28.9	苯乙酮	39.8
甲苯	28.5	乙醚	17.0
甲醇	22.5	乙醇	22.4
硝基苯	43.9	汞	486.5
油酸	32.5	煤油	23.0
松节油	28.8	乙酸乙酯	27.9
水杨酸甲酯	48.0	苯杨酸甲酯	41.5
四氯乙烯	35.7	甘油	65.0
丙酸	26.7	醋酸	27.6

2. 表面张力产生的原因

自然界的各种物质都是由大量分子组成的。物理中所说的分子指的是做热运动时遵从相同规律的微粒，包括组成物质的原子、离子或分子。分子体积极小，一般分子的直径约为 10^{-10}m 数量级。分子间同时存在引力和斥力，通常所说的分子力是指引力和斥力的合力。分子间的引力和斥力都随分子间距离的增大而减小。分子间的距离对斥力的影响比对引力的影响小，即分子间距离增大（或减小）相同的量，分子斥力减小（或增大）的量比分子引力大。分子间距离的大小决定了分子力的性质。分子间的平衡距离 r_0 的数量级约为 10^{-10}m。当两个分子间的距离 $r=r_0$ 时，分子间的作用力为零。当两分子间的距离大于 r_0 而在 10^{-10} ~ 10^{-9}m 时，分子间的作用力表现为引力；而当分子间的距离大于 10^{-9}m 时，引力很快趋于零。如果以 10^{-9}m 为半径作一球面，显然只有在这个球面内的分子才对位于球心上的分子有作用力。分子作用球是指分子引力作用范围是半径为 10^{-9}m 的球形，球的半径称为分子作用半径。液面下厚度等于分子作用半径的一层液体称为液体表面层。液体表面层的分子与内部分子周围的环境不同。

为了分析气-液界面上分子的受力情况，假设液体中有分子 A 和分子 B，如图 2-2 所示。由于分子 B 处于液体内部，必须考虑四周液体分子对于 B 分子的作用。但是由于分子间的相互作用力随距离的增大而减小得很快，实际上只需考虑那些相近的分子的作用就够了。由于液体的密度远大于气体的密度，因此液-液分子间作用力远大于气-液分子间作用力，使液体表面层分子的受力情况不同于液体内部分子。在液体内部，落在分子 B 作用球内的其他

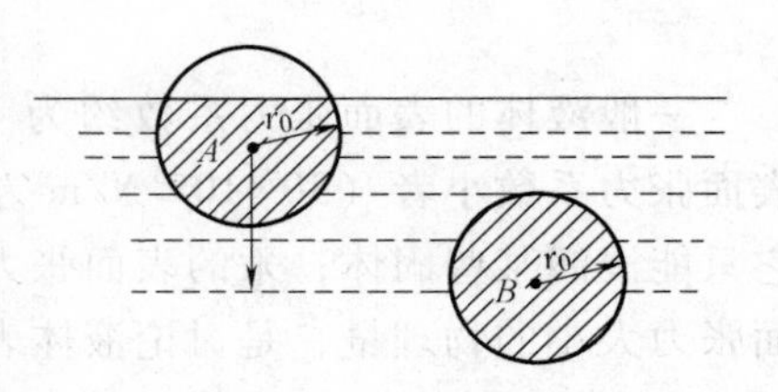

图 2-2　液体表面层分子与液体内部分子受力情况

分子数目很大，这些分子对分子 B 的作用力方向各不相同，但大小相等。液体内部某一分子所受其他分子作用力的合力就等于零。但对于液体表面层分子 A 则不同，分子作用球只有一部分在液体内部，而有一部分在液体外部。这时可以看出，在不同方向上作用于分子 A 的分子数并不相等。它们作用在分子 A 上的力平均起来并不能互相抵消，因此表层分子受到一个指向液体内部的合力，通常称为净吸力。由于有净吸力存在，液体表面的分子有被拉入液体内部的倾向，所以表面分子受到被拉入液体内部的作用力。分子距液面越近，作用于表面层分子上的引力就越大。

表面层分子由于受到指向内部的引力而具有较高的势能，它离开表面层进入液体内部的趋势将大于液体内部分子进入液体表面层的趋势。这使得单位时间内有较多的分子离开液体表面层，较少的分子进入液体表面层，于是，剩下较少的分子占有液体表面层空间。因此，液体表面层的分子分布比液体内部稀疏，即表面层二维空间内分子间距离变大，如图 2-3 所示。从分子间力与距离的关系来看，距离大于平衡值时，分子间引力将大于斥力，因而液体表面层中的分子间表现为相互吸引力。

可以设想在液面上有一条线段 MN，它把液面划分成 1 和 2 两部分，如图 2-4 所示。因为液体表面层分子间表现为相互吸引力，因此线段 MN 两侧液面均有收缩的趋势，即有表面张力作用。这些表面张力的方向都与液面相切，并且与线段 MN 垂直；它们大小相等、方向相反，分别作用在两部分液面上。分别用 f_1、f_2 表示，f_1、f_2 恰为一对作用力与反作用力，$f_1=-f_2$。这种表面层中任何两部分的相互牵引力促使液体表面层具有收缩的趋势，在宏观上就表现为液体表面有收缩的趋势。表面张力的方向和液面相切，并和两部分的分界线垂直，如果液面是平面，表面张力就在这个平面上，如图 2-5c 所示。如果液面是曲面，表面张力就在这个曲面的切面上，如图 2-5a、b 所示。

总之，位于液体表面层的分子受到垂直于液面并指向液体内部的分子引力的作用。把分子从液体内部移到液体表面层，需克服分子引力做功；外力做功，分子势能增加，即液体表面层内分子的势能比液体内部分子的势能大，液体表面层为高势能区。任何系统的势能越小越稳定，所以液体表面层内的分子有尽量挤入液体内部的趋势，即液体表面有收缩的趋势；另一方面，液体表面层分子分布比较稀疏，分子间作用力表现为相互吸引力，这使液体表面能够实现自行收缩。因此，表面张力产生的根本原因是分子间相互作用的力。

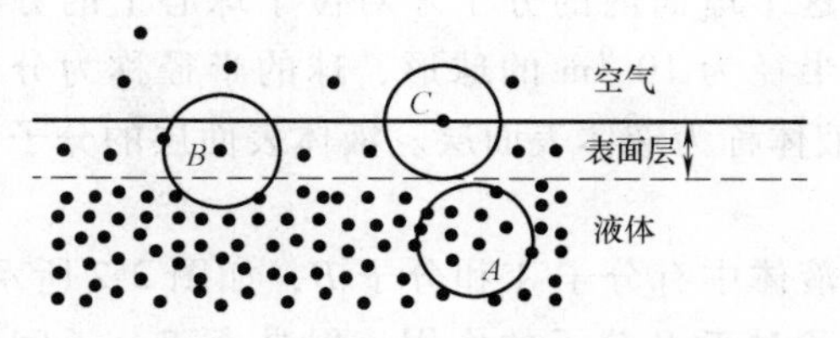

图 2-3　液体表面层分子分布示意图

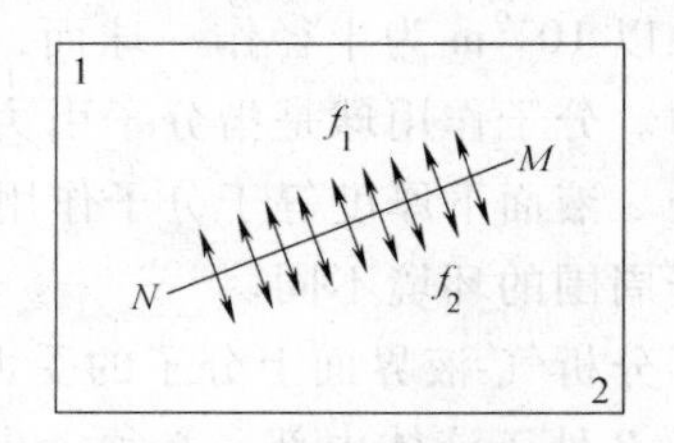

图 2-4　液体的表面张力

3. 影响液体表面张力的主要因素

表面张力与物质的本性有关，不同物质具有不同的表面张力，主要是不同物质分子间作

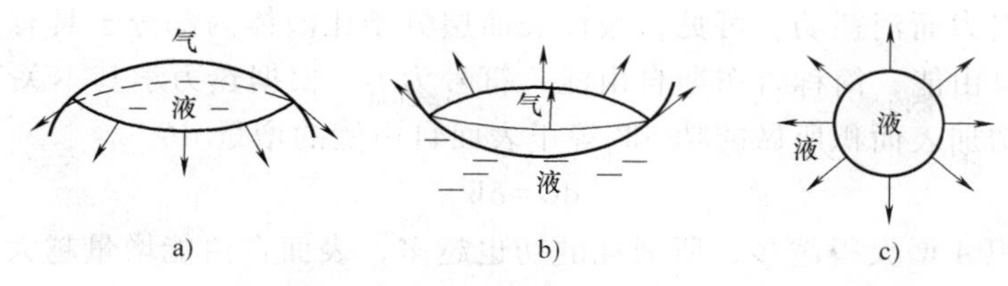

图 2-5　几种特殊曲面表面张力的方向

a）凸液面　b）凹液面　c）平面

用力不同。相互作用强烈，不易脱离体相，表面张力就大。

物质的表面张力还和与它相接触的另一相物质的性质有关。这是因为同一种物质和不同性质的其他物质相接触时，由于表面层分子所处的力场不同，因而表面张力有明显的差异，见表 2-2。

表 2-2　20℃时水和不同液体相接触时的界面张力　（单位：N/m）

A	B	$f_A \times 10^{-3}$	$f_B \times 10^{-3}$	$f_{AB} \times 10^{-3}$
水	苯	72.75	28.9	35.0
水	四氯化碳	72.75	26.8	45.0
水	正辛烷	72.75	21.8	50.8
水	正己烷	72.75	18.4	51.1
水	汞	72.75	470.0	375.0
水	辛醇	72.75	27.5	8.5
水	乙醚	72.75	17.0	10.7

液-液界面张力是指两种互不相溶或部分互溶的液体相互接触时，在界面上的表面张力。和液-气表面张力一样，液-液界面张力的产生是由于两种液体对界面层分子的吸引力不同。因此，可以预计液-液界面张力的值一般都在两种纯液体的表面张力之间。

通过一些实验可知，有的液-液界面张力恰好等于两液体表面张力之差，即

$$f_{12} = f_1 - f_2 \tag{2-2}$$

式中　f_1、f_2——液体 1 和液体 2 相互饱和后的表面张力；

f_{12}——两液体的界面张力。

式（2-2）称为 Antonoff 规则。表 2-2 所列为 20℃时水和不同液体相接触时的界面张力。

温度对物质的表面张力有影响。由于温度升高使分子热运动加剧，体系体积膨胀，分子间距离增大，分子间引力减小，表面张力减小。一般液体的表面张力温度系数为负值，有时也为正值，如 Cu、Cd 等。

在液体内加入杂质，液体的表面张力系数 α 值将显著改变。使 α 值减小的物质称为表面活性物质。表面活性剂在渗透检测中的作用见第 2.6.6 节。

2.1.2　液体表面自由能

下面从功能关系来阐述表面张力系数与液体表面能之间的关系。液体表面层分子所处的状态不同于液体内部分子。液体内部分子的吸引可以相互抵消，其合力为零，所以分子在液体内部从某一位置移到另一位置时，不需要消耗额外的能量；液体表面层分子受到一个垂直于液体表面但指向液体内部的引力，把液体分子从液体内部移到液体表面层时，就必须克服

指向液体内部的引力而消耗功。可见，液体表面层分子比液体内部分子具有更高的能量，这个差值称为表面自由能，简称吉布斯自由能，符号为 G。根据热力学基本关系，在恒温、恒压和恒组分时，增加表面积所做的功 δW_f 等于表面自由能的增量 dG

$$dG=\delta W_f \tag{2-3}$$

显然，表面积 A 增大得越多，所消耗的功也越多，表面自由能增量越大，有

$$dG=\delta W_f \propto dA$$

写成等式

$$dG=\alpha dA \tag{2-4}$$

表面张力系数 α 的物理意义是：在恒温、恒压和恒组分时，每增加单位表面积所引起的表面能增量。

如图 2-1 所示，将 AB 边无摩擦、匀速、等温地右移 Δx，在 AB 边上加的力 $F=2\alpha L$，则在这个过程中外力 F 所做的功为

$$W=F\Delta x=2\alpha L\Delta x=\alpha\Delta A$$

其中，$\Delta A=2L\Delta x$，这是 AB 向右移动过程中液面面积的增量。外力克服分子间引力做功，表面能增加，若用 ΔG 表示表面能增量，则

$$\Delta G=W=\alpha\Delta A$$

$$\alpha=\frac{\Delta G}{\Delta A}=\frac{W}{\Delta A} \tag{2-5}$$

表面张力系数在数值上等于增加单位液体表面积时外力所做的功，从能量的角度看，其大小等于增加单位液体表面积时所增加的表面自由能。

在恒温、恒压和恒组分条件下，自发过程的 $dG<0$，由于表面张力系数 α 总为正值，故自发过程只能是表面积减小的过程，即 $dA<0$。对于一定体积的液体而言，只有球形的表面积最小，任何其他形状的液滴变为球形液滴均是表面积减小的过程，即自发过程，这正是水滴、汞滴呈球形的原因。

总之，液体表面张力和表面自由能是分别采用力学和热力学方法研究液体表面性质时所用的物理量。它们代表的物理概念是不同的。表面张力是液体表面层分子间实际存在的表面收缩力。表面自由能是形成一个新的单位表面时体系自由能的增加量，或表示物质体相内部的分子迁移到表面时，形成一个单位表面所要消耗的可逆功。

显然，若某一体系的表面积为 A，表面张力系数为 α，则体系的表面自由能为

$$G=\alpha A \tag{2-6}$$

式（2-6）表明，体系的表面张力系数和表面积越大，则表面自由能越大。

根据热力学的最小自由能原理，表面自由能减小的过程是自动进行的过程。从式（2-6）可以看出，要使表面自由能减小，可以减小总表面积 A，减小表面张力系数 α，或者两者同时减小。

（1）减小表面积 A　设表面张力系数 α 恒定，则体系表面自由能的变化取决于表面积的变化，这时有

$$\Delta G=\alpha\Delta A$$

若 $\Delta A<0$，则 $\Delta G<0$，这是恒温、恒压下过程自动发生的条件。

（2）减小表面张力系数 α　设表面积 A 恒定，则体系表面自由能的变化取决于表面张力系数的变化，这时有

$$\Delta G=A\Delta\alpha$$

若 $\Delta\alpha<0$，则 $\Delta G<0$。因此，表面张力减小的过程能自动进行。表面张力减小是吸附作用发生的热力学原因。

2.2　润湿现象

润湿是指在固体表面上一种流体取代另一种与之不相混溶的流体的过程。常见的润湿现象是一种液体从固体表面置换空气，如水在玻璃表面置换空气而铺开。润湿是因液体与固体接触时两者的分子间作用引力（即黏附力）引起的。润湿的程度（或润湿能力）是由液体和固体的黏附力及各种内聚力决定的。不同类分子间引力（如液-气、液-固、气-固）引起的两类物质间的黏结作用称为黏附力，同类分子间引力（如液-液、气-气、固-固）引起的同类物质的凝聚和抱团作用称为内聚力。当一滴液体落于固体表面时，黏附力促使液滴在表面上铺展，而内聚力则促使液滴保持球状并避免与有表面更多的接触。由于接触角也是黏附力与内聚力共同作用的结果，因此接触角也从另一方面反映了润湿程度。润湿可分为沾湿、浸湿和铺展三种类型。

2.2.1　润湿现象的定义

在表面洁净的玻璃板上滴一滴水，水滴将迅速扩展开并附着在玻璃上；而如果将水银滴到玻璃上，水银会自动收缩成球形。由此可知，当液体与固体接触时，有两种情况：一种是液体与固体的接触面有扩大的趋势，液体易于附着在固体上，称为润湿现象；另一种是液体与固体的接触面有收缩的趋势，称为不润湿现象。润湿与不润湿现象是在液体、固体及气体这三者相互接触的表面上所发生的特殊现象，是固体表面结构与性质、液体的性质以及固-液界面分子间相互作用等微观特性的宏观结果。

2.2.2　接触角与杨氏润湿方程

在液体与固体接触面的边界处任取一点，作液体表面及固体表面的切线，这两条切线通过液体内部的夹角称为接触角，用 θ 表示。常见的润湿过程往往涉及气、液、固三相，因此存在液-气、液-固与固-气三个界面，但三相之间的直接接触是在一条三相线上。在气-液-固系统的三相线上作用着三种界面张力，即液-气表面张力 γ_L、固-气表面张力 γ_S 和固-液界面张力 γ_{SL}，如图 2-6 所示。固-气表面张力 γ_S 试图把液体拉开，使液体在固体表面铺开。固-液界面张力 γ_{SL} 则试图使液体紧缩，阻止液体在固体表面铺开。液-气表面张力 γ_L 的作用则视 θ 的大小而定，它有时使液体紧缩，有时使液体铺开。根据力的平衡条件，三个界面张力应服从下列关系式：

$$\gamma_S=\gamma_{SL}+\gamma_L\cos\theta \tag{2-7}$$

$$\cos\theta=\frac{\gamma_S-\gamma_{SL}}{\gamma_L} \tag{2-8}$$

式（2-7）称为润湿方程，是研究润湿的基本公式，是 1805 年由托马斯·杨（Thomas Young）给出的，故又称为杨氏润湿方程。

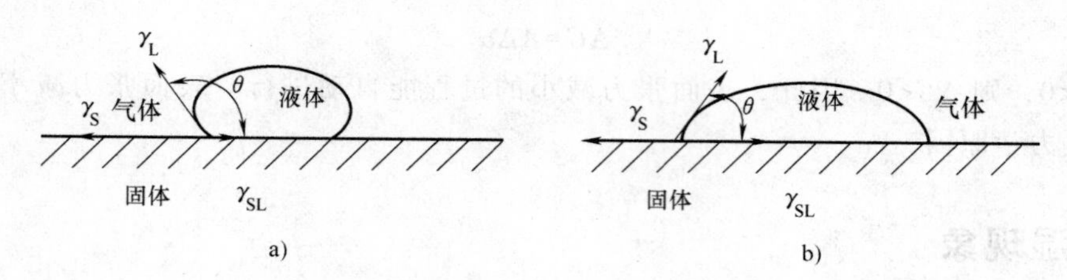

图 2-6 固体的润湿和接触角

a）不润湿液体的接触角 b）润湿液体的接触角

当 $\theta=0°$时，液体对固体“完全润湿”，液体将在固体表面上完全铺开，铺成一个薄层；当 $\theta=180°$时，液体对固体“完全不润湿”，当液体量少时，则在固体表面上缩成一个圆球。习惯上以 $\theta=90°$为分界线，$\theta>90°$时不能润湿，液滴将以尽可能大的程度呈球形；$\theta<90°$时能润湿，此时液体会在固体表面上铺展。表 2-3 给出了接触角与润湿程度的关系。

表 2-3 接触角与润湿程度的关系

接触角	润湿程度
$\theta=0°$	完全润湿
$0°<\theta<90°$	润湿
$90°<\theta<180°$	不润湿
$\theta=180°$	完全不润湿

研究润湿作用有重要的实际意义，从式（2-8）中可以看出，改变所研究系统的表面张力就可以改变接触角 θ，即改变系统的润湿情况。选用合适的表面活性剂可以显著地改变固体润湿性能，这一点在液体渗透检测中是很重要的。在渗透剂中添加合适的、适量的表面活性剂，将大大提高检测灵敏度。

渗透检测中，润湿性能是渗透剂的重要指标，综合反映了液体的表面张力和接触角两种物理性能指标。只有当渗透剂能充分地润湿试件表面时，渗透剂才能向狭窄的缝隙内渗透。

接触角可表征渗透剂对试件表面或缺陷的润湿能力。

2.2.3 润湿现象产生的原因

在液体与固体的接触处，厚度约为分子作用半径的液体薄层，是液体与固体交界后液相的界面层，宏观上称为附着层。附着层内液体分子的运动主要受到两个力的影响：一个是固体分子对液体分子的吸引力，称为黏附力；另一个是液体分子对液体分子的吸引力，称为内聚力。若固体分子与液体分子间吸引力的作用半径为 r，而液体分子之间的吸引力作用半径为 R_0，则不妨设附着层的厚度是 r 与 R_0 中的较大者。现考虑附着层中某一分子 A，它的分子作用球如图 2-7a 所示，分子作用球的一部分在液体中，另一部分在固体中。由于分子 A 的分子作用球内液体分子的空间分布不是对称的，球内液体分子对分子 A 吸引力的合力不为零。这种附着层内分子所受液体分子引力的合力称为内聚力，内聚力的方向垂直于液体与固体的接触表面而指向液体内部；附着层内分子所受固体分子引力的合力称为附着力，附着力的方向垂直于接触表面指向液体外部。虽然附着层中的分子离开固体与液体接触面的距离可各不相同，使所受到的内聚力与附着力也不同，但对于附着层内的分子说来，总存在一个平均附着力 $f_{附}$ 及平均内聚力 $f_{内}$。

当附着力大于内聚力时，即 $f_{附}>f_{内}$，分子 A 所受合力 f 垂直于附着层并指向固体，液体

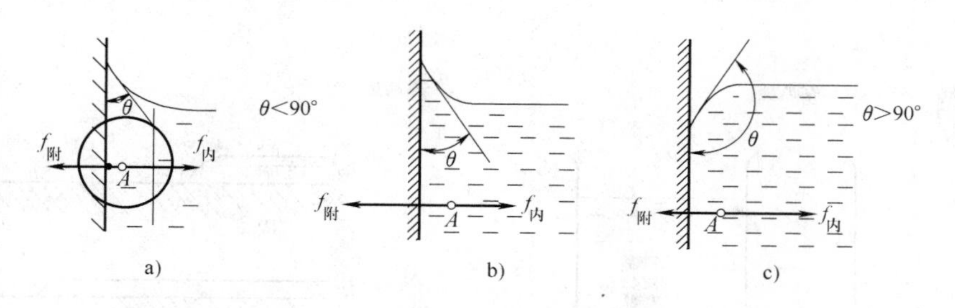

图 2-7　附着层分子作用示意图（θ 在图中表示接触角）
a）附着层分子作用球　b）润湿弯月面　c）不润湿弯月面

内部分子势能大于附着层中分子的势能，液体内的分子尽量挤进附着层，附着层有自发扩展的倾向。此时液体表面呈凹状，液-固间接触角为锐角。总能量最小的表面形状是图2-7b所示的弯月面向上的图形，这就是润湿现象，宏观上表现为液体润湿固体。

当附着力小于内聚力时，即 $f_{附}<f_{内}$，分子 A 所受合力 f 垂直于附着层指向液体内部，液体内部分子势能小于附着层中分子的势能，附着层中分子尽量挤进液体内部，就有尽量减少附着层内分子的趋势，附着层有自发收缩的倾向。此时液体表面呈凸状，液-固间接触角为钝角。如图 2-10c 所示的弯月面向下的表面形状，这就是不润湿现象，宏观上表现为液体不润湿固体。

2.2.4　润湿的三种类型

液体润湿固体、固-气界面消失和新的固-液界面产生有多种方式，所以润湿的类型也相应有多种。液体在固体表面上的润湿主要分为三类：沾湿、浸湿和铺展。

1. 沾湿

沾湿也称黏附润湿，主要在固-气界面与液-气界面转变为固-液界面的过程中产生，如图 2-8 所示。喷洒农药时，农药附着于植物的枝叶上，这就是沾湿。

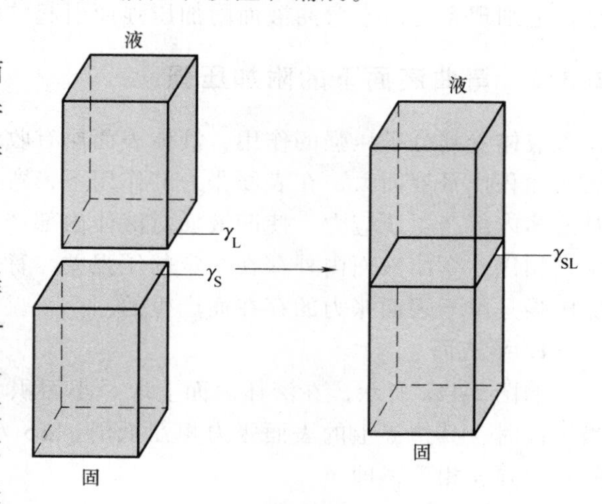

图 2-8　沾湿润湿

2. 浸湿

浸湿是指固体浸入液体的过程，此过程中固-气界面完全被固-液界面所取代，而气-液界面无变化。例如洗衣时将衣物泡在水中、织物染色前预先用水浸泡等就是浸湿过程，如图 2-9 所示。浸湿过程与沾湿过程不同，不是所有液体和固体均可自发地发生浸湿，而只有固体的表面自由能比固-液的界面自由能大时，浸湿过程才能自发进行。

3. 铺展

铺展是指液体取代固体表面上的气体，将固-气界面用固-液界面代替的同时，液体表面能够扩展的现象。例如农药要能够在植物枝叶上铺展，以覆盖最大的表面积，如图 2-10

所示。

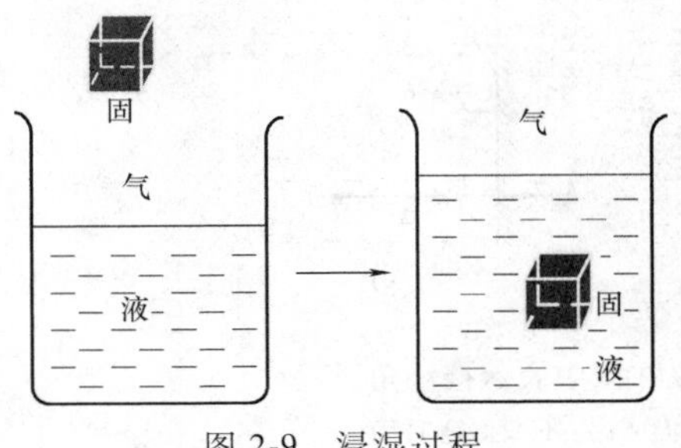

图 2-9　浸湿过程

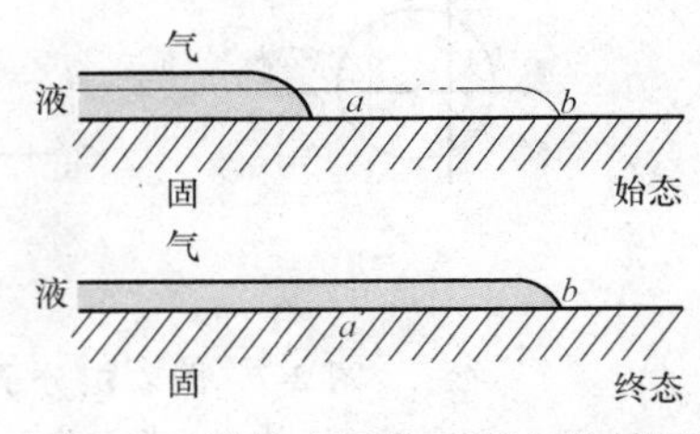

图 2-10　液体在固体表面上的铺展

三类润湿过程对硬表面来说在润湿程度上是有区别的，液体能够在固体表面铺展，则沾湿和浸润现象必然能够发生，反之，则不一定。因此，铺展是润湿程度最高的一种润湿。

在以接触角表示润湿性时，可以判定润湿以何种方式进行。当 $\theta \leqslant 180°$时，可发生沾湿润湿现象；当 $\theta \leqslant 90°$时，可发生浸湿润湿现象；当 $\theta \leqslant 0°$时（或不存在），可发生铺展润湿现象。

2.3　弯曲液面下的附加压强与液体毛细现象

当把毛细玻璃管插入水中时，水能润湿玻璃管壁，玻璃管内的液面呈凹面，在管中的水面会自发上升到一定高度；当把毛细玻璃管插入水银中时，水银不能润湿玻璃管壁，玻璃管内的液面呈凸形，在管中的水银面会自发地下降到一定高度。这种润湿管壁的液体在毛细玻璃管里呈凹面且上升，不润湿管壁的液体在毛细玻璃管里呈凸面且下降的现象称为毛细现象。毛细现象是由于弯曲液面附加压强而引起的液面与管外液面有高度差的现象。

2.3.1　弯曲液面下的附加压强

液体受到分子压强的作用，液体表面层有收缩的趋势，而且面积会收缩到最小。弯曲液面的面积比平液面大，在表面张力的作用下，弯曲液面会趋于缩小为平液面，从而使凸液面对液体内部产生压应力，使凹液面对液体内部产生拉应力。和具有平表面薄膜的液体所受的压强相比，弯曲液面内外存在一定的压强差，称为弯曲液面下的附加压强，用 Δp 表示。附加压强是由于表面张力的存在而产生的。

1. 平液面

如图 2-11a 所示，在液体表面上取一小面积 ΔS，由于液面水平，表面张力沿水平方向，当平衡时，其边界上的表面张力相互抵消，ΔS 承受外界环境压强 p_0与 ΔS 平面下液体受到的总压强 p 相等，即

$$p=p_0 \tag{2-9}$$

2. 液面弯曲

（1）凸液面　如图 2-11b 所示，边界上的表面张力沿切线方向，合力指向液面内，使液体受一个附加压强作用。由力平衡条件可知，凸液面下液体受到的总压强 p 为

$$p=p_0+\Delta p \tag{2-10}$$

（2）凹液面　如图 2-11c 所示，边界上的表面张力的合力指向外部，液面内部压强小于

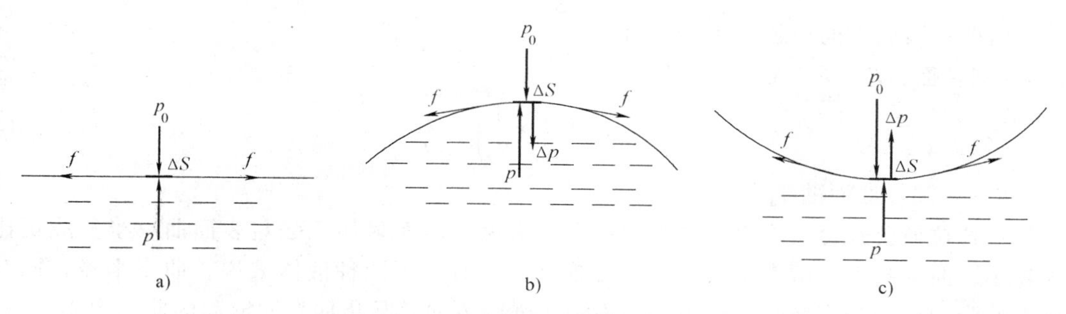

图 2-11　弯曲液面的附加压强
a）平面　b）凸面　c）凹面

外部压强，凹液面下液体受到总压强 p 为

$$p = p_0 - \Delta p \tag{2-11}$$

总之，由于表面张力的作用，在弯曲表面下的液体与平面不同，在弯曲界面两侧有压强差，或者说液体表面层处的分子总是受到一种附加的指向凹液面内部的附加压强 Δp，从而使凸液面对液体内部产生压应力，凸液面液体表面层处的分子所受到的压力必大于平液面；凹液面对液体内部产生拉应力，凹液面液体表面层处的分子所受到的压力必小于平液面，即在曲率中心这一边的体相的压力总是比曲面另一边体相的压力大。

在一定温度下，对于同一种液体，由于液面曲率半径不同，附加压强也不相同；对于不同的液体，在液体曲率半径一定的情况下，由于表面张力不同，附加压强也不相同。

在表面张力的作用下，弯曲液面下的附加压强的方向总是指向曲率中心。曲面上某点的曲率是与该点相切圆的半径 R 的倒数。凸液面的曲率为正，凹液面的曲率为负，平液面的曲率为零。对于规则的球形，球的半径则为曲率半径。任意弯曲液面下的附加压强与曲率半径及表面张力的定量关系可由下式表示

$$\Delta p = \alpha\left(\frac{1}{R_1} + \frac{1}{R_2}\right) \tag{2-12}$$

式中　R_1、R_2——任意曲面的主要曲率半径。

式（2-12）称为拉普拉斯公式。如果液滴不是圆的，而在液面上某点的主曲率半径为 R_1 和 R_2，则该点之下的附加压强可由式（2-12）求得，拉普拉斯公式表达了任意弯曲液面下的附加压强。式（2-12）有几种常见的特殊情况：

1）平面：$R_1 = R_2 = \infty$，则 $\Delta p = 0$，即平面液面上不存在压强差。

2）球面：$R_1 = R_2 = R$，则

$$\Delta p = \frac{2\alpha}{R} \tag{2-13}$$

对于凸液面，液滴和玻璃管中的凸液面可视为球面，凸液面下的压强为

$$p_{凸} = p_0 + \Delta p = p_0 + \frac{2\alpha}{R}$$

这时凸形液面下的压强大于平液面。

对于凹液面，液体中的气泡、玻璃管中的凹液面也可视为球面，凹液面下的压强为

$$p_{凹} = p_0 - \Delta p = p_0 - \frac{2\alpha}{R}$$

这时凹形液面下的压强小于平液面。

3）圆柱面：$R_1=R$，$R_2\to\infty$，则

$$\Delta p=\alpha\left(\frac{1}{R_1}+\frac{1}{R_2}\right)=\frac{\alpha}{R} \tag{2-14}$$

式中　R——圆柱底面的半径。

从拉普拉斯公式可以看出，对于同种液体来说，曲面附加压强与表面曲率半径成反比；液滴越小，曲率越大，所产生的附加压强越显著。对于不同种液体来说，曲率半径相同时，曲面下的附加压强与表面张力成正比。附加压强的方向总是指向弯曲液面的曲率中心。

2.3.2　液体毛细现象及其产生的原因

内径小于1mm的细小管子称为毛细管，如毛细玻璃管。把毛细玻璃管插入可润湿的水中，可看到管内水面会升高，且毛细玻璃管内径越小，水面升得越高，如图2-12a所示。把毛细玻璃管插入不可润湿的水银中，毛细玻璃管中水银面会降低，且毛细玻璃管内径越小，水银面降得越低，如图2-12b所示。

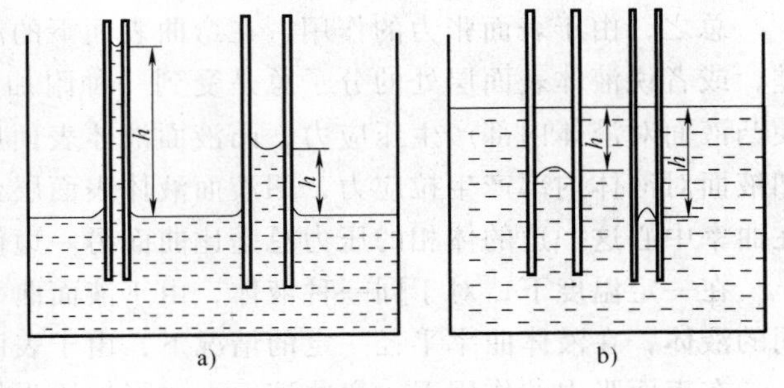

图2-12　毛细现象

a）液体润湿管壁　b）液体不润湿管壁

液体为什么会产生毛细现象呢？这是由毛细玻璃管中弯曲液面下的附加压强引起的。若将内径较大的玻璃管插入可以润湿的水中，虽然管内的水面在接近管壁处有些隆起，但管内的水面大部分是平的，不会形成明显的曲面，不会产生附加压强，故管内外液面处于相同的高度。但是，若插入水中的是毛细管，如毛细玻璃管，因为水能润湿玻璃，且接触角$\theta<90°$，这时毛细玻璃管内的液面呈弯月凹形，凹液面上能产生一指向液体外部的附加压强。由于附加压强的作用，凹液面下的液体所承受的压力将小于管外水平液面下液体所承受的压力，所以液体将被压入管内使液柱上升，直到上升液柱所产生的静压强与附加压强在数值上相等时才达到平衡。若液体不润湿毛细玻璃管，如水银对玻璃那样，接触角$\theta>90°$，这时管内液面呈弯月凸形，凸液面产生的附加压强指液体内部，因而促使毛细玻璃管内的液面下降。

2.3.3　毛细管内液面的高度

1. 液体润湿管壁

毛细玻璃管刚插入水中时，因为水能润湿玻璃，接触角$\theta<90°$，这时毛细玻璃管内的液面呈弯月凹面形，如图2-13所示，$p_C=p_0$，$p_B<p_0$，B、C为等高点，但$p_B<p_C$，所以液体不能静止，管内液面将上升，直至$p_B=p_C$为止，此时

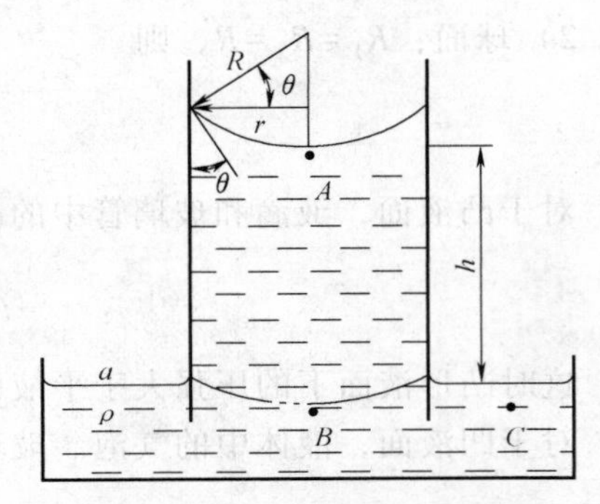

图2-13　润湿液体在毛细玻璃管内上升

$$p_A=p_0-\frac{2\alpha}{R}$$

$$p_B = p_A + \rho g h = p_0 - \frac{2\alpha}{R} + \rho g h$$

当 $p_B = p_C = p_0$ 时，有

$h = \frac{2\alpha}{\rho g R} = \frac{2\alpha\cos\theta}{\rho g r}$，其中 $R\cos\theta = r$

完全润湿时　$\theta = 0$，$R = \frac{r}{\cos\theta} = r$，$h = \frac{2\alpha}{\rho g R} = \frac{2\alpha}{\rho g r}$

2. 液体不润湿管壁

毛细玻璃管刚插入水银中时，因为水银不能润湿玻璃，接触角 $\theta > 90°$，这时毛细玻璃管内液面呈弯月凸形，如图 2-14 所示，$p_C = p_0$，$p_B > p_0$，B、C 为等高点，但 $p_B > p_C$，所以液体不能静止，管内液面将下降，直至液面静止达到平衡为止，此时

$$p_A = p_0 + \frac{2\alpha}{R}$$

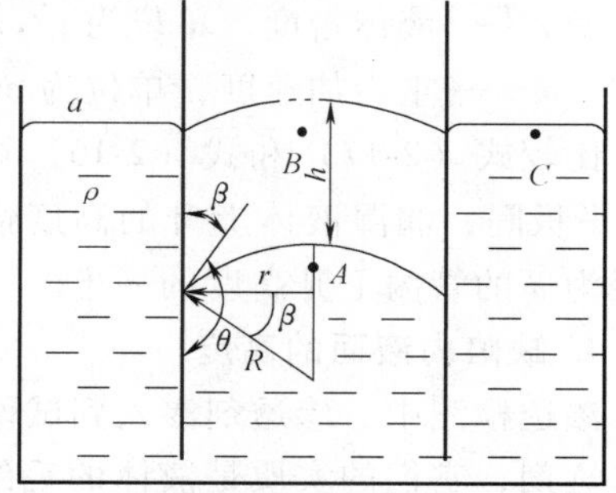

图 2-14　不润湿液体在毛细玻璃管内下降

又由 $p_A = p_C + \rho g h$，可得

$$h = \frac{2\alpha}{\rho g R} = -\frac{2\alpha\cos\theta}{\rho g r}$$

其中 $R\cos\beta = R\cos(\pi - \theta) = -R\cos\theta = r$

完全不润湿时　　$\theta = \pi, R = -\frac{r}{\cos\theta} = r, h = \frac{2\alpha}{\rho g R} = \frac{2\alpha}{\rho g r}$

综上所述，一般液体在毛细玻璃管内液面高度为

$$h = \pm\frac{2\alpha\cos\theta}{\rho g r} \tag{2-15}$$

式中　h——液体在毛细玻璃管内液面的高度，单位为 cm；

α——液体的表面张力系数，单位为 mN/m；

θ——接触角，单位为（°）；

r——毛细玻璃管内壁半径，单位为 cm；

ρ——液体密度，单位为 g/cm^3；

g——重力加速度，单位为 cm/s^2。

利用毛细管法测定液体的表面张力系数，则有

$$\alpha = \frac{rh\rho g}{2\cos\theta} \tag{2-16}$$

表面张力的存在是弯曲液面下产生附加压强的根本原因。而毛细现象则是弯曲液面具有附加压强的必然结果。

3. 平行板间润湿液面的高度

润湿液体在间距很小的两平行板间也有毛细现象，如图 2-15 所示。该润湿液体的液面为圆柱状的弯月凹形，弯月凹形液面对内部液体产生的附加压强 $\Delta p = \alpha / R$（R 为凹液面所在圆的半径）。若液体与平板接触角为 θ，板间距离为 d，液体表面张力系数为 α，则有

$$R = \frac{\frac{d}{2}}{\cos\theta}$$

又有

$$\Delta p=\frac{2\alpha\cos\theta}{d}=\rho gh$$

因此

$$h=\frac{2\cos\theta\alpha}{\rho gd} \quad (2\text{-}17)$$

式中 h——润湿液体在两平行板内的液面高度，单位为 cm；

α——液体的表面张力系数，单位为 mN/m；

θ——接触角，单位为（°）；

d——两平行板的间距，单位为 cm；

ρ——液体密度，单位为 g/cm^3；

g——重力加速度，单位为 cm/s^2。

比较式（2-17）和式（2-16）可知，在间距为 d 的平板间，润湿液体上升的高度恰为相同液体在直径为 d 的管内上升高度的一半。

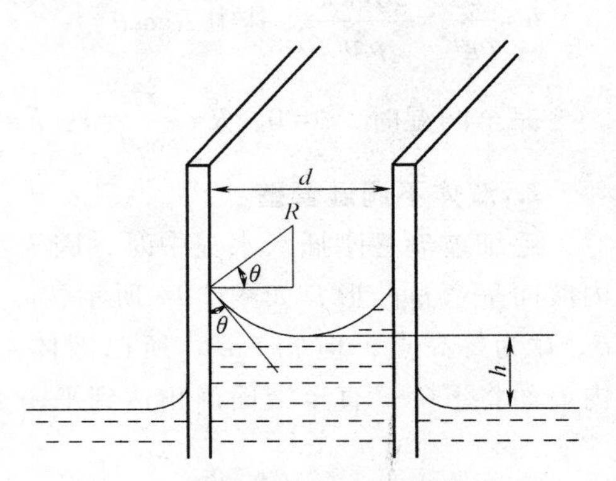

图 2-15　在平行板间润湿液体上升

4. 缺陷内液面的高度

渗透检测中，渗透剂渗入到试件表面开口的细小缺陷中以及显像剂吸出已渗透到缺陷中的渗透剂，它们的实质是液体的毛细现象。开口于表面的点状缺陷（如气孔、砂眼）的渗透相当于渗透剂在毛细管内的毛细作用；表面条状缺陷（如裂缝、夹杂和分层断面的缝隙）的渗透相当于渗透剂在间距很小的两平板间的毛细作用。在实际检测中，试件中的缺陷分为穿透性缺陷和非穿透性缺陷。上述讨论的毛细管内液面高度的计算公式只适用于穿透性缺陷。试件中的穿透性缺陷是不常见的，常见的是非穿透性缺陷，而非穿透性缺陷的一端是封闭的，如图 2-16 所示。下面讨论试件中非穿透性缺陷内液面的高度。

如图 2-16a 所示，假定缺陷为开口于试件表面的缝隙，但不是穿透试件壁厚的缺陷。渗透剂必须能润湿试件表面才能渗透到细小缝隙中去，当渗透剂涂覆于有开口缺陷的试件表面时，具有足够润湿性能的渗透剂将润湿缺陷内表面，根据润湿液体的毛细现象，缺陷内将形成一个向液体内凹的弯月面，并且在弯月面上产生附加压强，方向指向液体之外。显然，这个附加压强有利于渗透剂向缺陷内进一步渗透（它是渗透剂向缺陷内渗透的主要动力）。由于实际缺陷的宽度很小，即图中的 d 很小，根据润湿液体在平板间的毛细现象，这个弯月面上的附加压强为 $\Delta p=\frac{2\alpha\cos\theta}{d}$，$d$ 越小，则 Δp 就越大。这个附加压强迫使渗透剂往缺陷内渗透的同时，将缺陷内已被渗透剂封闭的气体压缩。随着渗透剂的进一步渗入，缺陷内气体体积将越来越小，而受压气体产生的反压强将越来越大，直到气体的反压强和液面上的附加压强完全平衡为止。如果考虑试件外大气压强为 p_0，则平衡时有

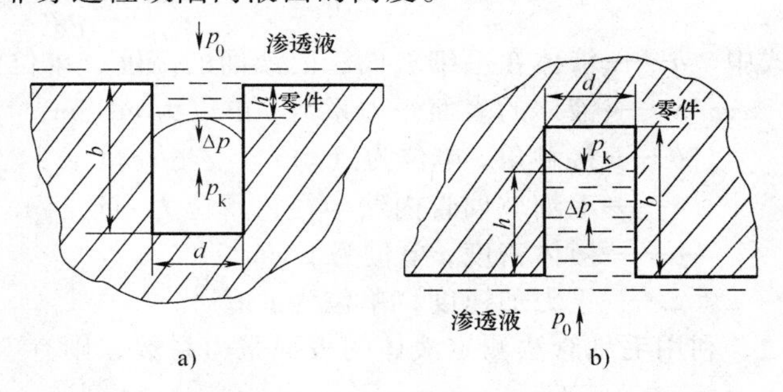

图 2-16　非穿透性缺陷模型

a）下端封闭　b）上端封闭

附加压强 Δp+大气压强 p_0+液柱产生的压强=缺陷内受压气体的反压强 p_k

波义耳-马略特定律指出，对于一定质量的气体，若温度保持不变，则压力与体积成反比。

设液体开始渗入凹槽时，槽内气体压强为 p_0、体积为 V_0，液体渗入槽内并处于平衡状态时，槽内气体压强为 p_k、体积为 V，则由波义耳-马略特定律可得$\frac{p_0}{p_k}=\frac{V}{V_0}$。由于凹槽深度方向上各断面面积是相同的，因此

$$\frac{V}{V_0}=\frac{b-h}{b}$$

则

$$\frac{p_0}{p_k}=\frac{b-h}{b} \tag{2-18}$$

$$p_k=p_0\left(\frac{b}{b-h}\right)=p_0\left(1+\frac{h}{b-h}\right)$$

把 Δp、p_k 代入到上式，得

$$\frac{2\alpha\cos\theta}{d}+p_0+\rho gh=p_0\left(1+\frac{h}{b-h}\right)$$

即

$$\frac{2\alpha\cos\theta}{d}+\rho gh\approx\frac{p_0 h}{b}$$

式中　ρ——渗透剂的密度。

整理后得到液面高度为

$$h=\frac{2\alpha b\cos\theta}{d(p_0-\rho gb)} \tag{2-19}$$

对于图 2-16b 所示的非穿透性缺陷，缺陷内将形成一个向液体内凹的弯月面，并且在弯月面上产生附加压强，方向指向封闭缺陷内。如果考虑试件外大气压强 p_0，则平衡时有

附加压强 Δp+大气压强 p_0=缺陷内受压气体产生的反压强 p_k+液柱产生的压强

即

$$\frac{2\alpha\cos\theta}{d}+p_0=p_0\left(1+\frac{h}{b-h}\right)+\rho gh$$

即

$$\frac{2\alpha\cos\theta}{d}\approx\frac{p_0 h}{b}+\rho gh$$

整理后的液面高度

$$h=\frac{2\alpha b\cos\theta}{d(p_0+\rho gb)} \tag{2-20}$$

分析式（2-19）和式（2-20）可知，非穿透性缺陷开口位于试件的上表面和下表面对渗透剂的渗透深度是有影响的：渗透剂渗入到缺陷内形成液柱的重力，对于缺陷开口位于试件的上表面的情况，对渗透深度是有利的；相反，对于缺陷开口位于试件的下表面的情况，对渗透深度是不利的。表面张力系数 α 大一些，渗透深度 h 也相应增大，同时渗透剂在弯月面上的附加压强也将增大，有助于提高渗透速度。但从液体分子受力的角度分析，弯月面边界

上的液体分子要向槽内渗透，必须满足 $\gamma_S-\gamma_{SL}>\gamma_L\cos\theta$，且 α 不能太大。否则将不利于液体向凹槽内渗透，即难以保证不等式 $\gamma_S-\gamma_{SL}>\gamma_L\cos\theta$ 的成立。因为当渗透剂确定以后，γ_{SL} 和 γ_S 将是一个常量。当然，渗透剂的表面张力系数 α 也不能取得太小，如果 α 取得太小，液体挥发性就大，以致在施加显像剂时，已不能显示缺陷。

渗透剂在向缺陷内渗透的过程中，按上述情况所建立起来的平衡关系属于不稳定平衡。因为缺陷内存在气体，它所产生的反压强是很大的。如果缺陷呈细长状，渗透剂未完全封闭整个缺陷表面，而由于外界某种原因，如敲击、振荡（包括超声振荡）等，缺陷内气体就会以气泡形式冒出液面，缺陷内受压气体产生的反压强就会减小，渗透剂对缺陷内壁的润湿程度就会增大，处于固、液、气三相界面上的液体分子就会建立新的平衡。因此，只要渗透剂量足够多，渗透时间足够长，多数情况下，渗透剂是能充满缺陷内槽的。

穿透性缺陷内的空气是很容易排出的，渗透剂向缺陷内渗透就比较容易了。图 2-17 所示为横向穿透性缺陷的渗透过程，渗透过程的驱动力是由弯月面产生的附加压强 Δp

$$\Delta p=\frac{2\alpha\cos\theta}{d/2} \tag{2-21}$$

式中 d——缺陷宽度；

θ——接触角。

当 $0°\leqslant\theta<90°$ 时，Δp 向着气体一方，渗透过程可以自发地进行。

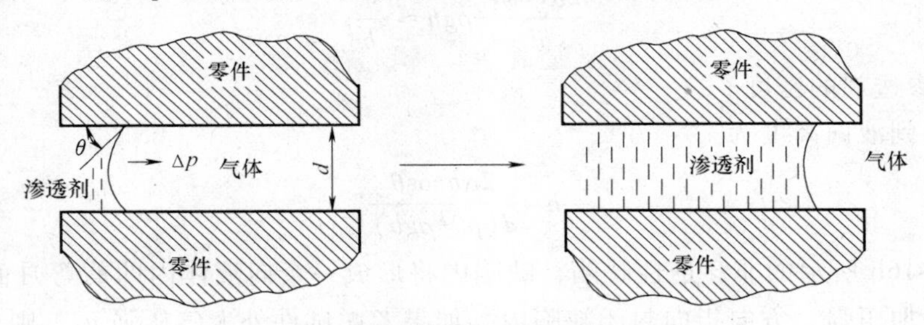

图 2-17 横向穿透性缺陷渗透过程

渗透检测用的显像剂的颗粒直径是微米级，甚至更小。因此这些粉末微粒之间可以形成许多直径很小的毛细管。当这些粉末覆盖在试件表面上时，渗透剂能润湿显像剂粉末，缺陷中的渗透剂容易在上述毛细管内上升。由毛细现象可知，微粒间所形成毛细管半径越小，弯曲液面产生的附加压强就越大，即 $\Delta p=\frac{2\alpha}{R}$或 $\Delta p=\frac{\alpha}{R}$。因此，缺陷中的渗透剂势必会被显像剂微粒充分吸附上来并加以扩展，使试件上微细的缺陷得到放大显示，易于人眼观察。

【例 2-1】 用半径为 0.1cm 的毛细管，以毛细上升高度法测定一液体的表面张力系数，测得平衡时上升高度为 1.43cm，已知此液体的密度为 0.997g/cm³，试计算该液体的表面张力系数（$\cos\theta=1$）。

解：

$$h=\frac{2\alpha\cos\theta}{\rho gr}$$

因此 $$\alpha=\frac{h\rho gr}{2\cos\theta}=\frac{1.43\text{cm}\times0.997\text{g/cm}^3\times980\text{cm/s}^2\times0.1\text{cm}}{2}=69.86\text{mN/m}$$

【例 2-2】 在完全润湿的情况下，毛细管的半径为 0.1cm，水的 $\alpha=72$mN/m，密度 ρ 为

$1g/cm^3$，试求水在毛细管中上升的高度。

解：

$$h=\frac{2\alpha\cos\theta}{r\rho g}$$

$$\cos\theta=1,\quad h=\frac{2\times72mN/m}{0.1cm\times1g/cm^3\times980cm/s^2}=1.47cm$$

2.4　吸附现象

在不相混溶的两相接触时，两相中的某种或某几种组分的浓度与它们在界面相中浓度不同的现象称为吸附。如果界面相中的浓度高于体相中的浓度，则称为正吸附；反之，如果界面相上的浓度低于体相中的浓度，则称为负吸附。能吸附其他组分的物质称为吸附剂，被吸附的物质称为吸附质。

2.4.1　液体表面的吸附现象

在一定温度下，纯液体的表面层组成和内部相同，但加入溶质后，溶液的表面层组成（浓度）往往和溶液内部不同。例如，在戊醇水溶液中，戊醇在水表面层的浓度比内部大得多，而 NaCl 在水表面层的浓度比内部稍小一点。物质表面层浓度不同于内部浓度的现象称为溶液表面的吸附作用（或吸附现象）。

为什么溶液表面层会发生吸附作用呢？从分子间力方面来分析，戊醇分子的极性较水分子极性小，戊醇的偶极矩为 $5.47\times10^{-30}C\cdot m$，水的偶极矩为 $6.17\times10^{-30}C\cdot m$。在戊醇的水溶液中，水分子间的吸引力强，而水对戊醇分子的吸引力弱，因而水分子容易被拉入水中，而戊醇分子则较难被拉入水中，容易停留在水面上。所以戊醇分子在表面层的浓度较内部大，易发生正吸附现象。

从热力学方面来分析，任何体系都有使其能量降到最低的趋势。降低体系表面自由能可以降低整个体系的能量。显然，在恒温下纯液体降低表面自由能唯一的办法是竭力缩小其表面积。但对于溶液，还可以通过调节溶质在表面层上的浓度来达到目的。在 20℃时，纯水的表面张力为 72.8mN/m，戊醇的表面张力为 23.8mN/m，$\gamma_{戊醇}<\gamma_{水}$。如果表面张力较小的戊醇分子在戊醇水溶液内的浓度大于表面层，那么这种液体的表面层分子受到指向溶液内部的引力要大，使溶液表面张力增大，从而使整个体系能量增高，这与能量趋于最低的原则是相违背的，因此只有戊醇分子自动聚集到表面层使溶液表面张力减小，才能达到体系处于能量最低的稳定状态。这时戊醇在溶液表面层浓度大于内部的浓度，发生正吸附现象。

把 NaCl 溶入水中的情况则相反，因为 Na^+ 和 Cl^- 受水的吸引强，并且液态 NaCl 的表面张力比水大，所以会发生负吸附现象。

表面层与溶液内部的浓度差又必然引起溶质分子和溶剂分子之间的扩散作用，使浓度均匀一致，最后可以达到平衡。

对于上述溶液的表面吸附现象概括如下：在一定的温度和压力下，由一定量的溶质和溶剂所形成的溶液，当溶液表面积一定时，降低溶液的表面自由能的唯一途径是尽可能减小溶液的表面张力。如果溶剂中溶入溶质后表面张力减小，溶质会从溶液本体中自动聚集到溶液表面，增大表面浓度使溶液的表面张力降低得更多一些，这就是正吸附现象。另一方面，若加入的溶质会使溶液表面张力增大，则表面层上的溶质会自动地离开表面进入液体内部，与均匀分布相比这样也会降低表面自由能，这就是负吸附现象。

能使溶液表面张力增大的物质，皆称为非表面活性物质；能够使溶液表面张力减小的物质，皆称为表面活性物质，即表面活性剂。表面活性剂在溶液表面上的吸附是表面活性剂的基本性质，有关表面活性剂在溶液表面上的吸附内容见 2.6.5 节。

2.4.2　固体表面的吸附

固体表面上的分子力处于不平衡或不饱和状态，由于这种不饱和的结果，固体会把与其接触的气体或液体溶质吸引到自己的表面上。这种在固体表面进行物质浓缩的现象，称为固体吸附。

固体表面是不均匀的，即使从宏观上看似乎很光滑，但从分子水平上看是凹凸不平的；固体表面上的分子与液体一样，受力也是不对称的。由于固体表面结构的不均匀性和表面分子受力不对称，它可以吸附气体或液体分子，使表面自由能下降。而且固体表面分子不像液体表面分子可以移动改变其表面积的大小，要使表面自由能减小只能靠吸附。

某组分在某一相中浓度的减少不是因在界面上发生吸附，而是进入另一相的体相中，这种现象称为吸收。吸收的特点是：物质不仅保持在表面，而且通过表面分散到整个相。吸附则不同，物质仅在吸附表面上浓缩集成一层吸附层（或称吸附膜），并不深入到吸附剂内部。由于吸附是一种固体表面现象，只有那些具有较大内表面的固体才具有较强的吸附能力。

固体表面同样采用吸附量来衡量吸附剂的吸附能力。吸附量是指对指定的吸附剂、吸附质在一定的温度和气体压力下，当吸附达平衡时单位质量的吸附剂吸附吸附质的物质的量、质量或标态体积，以 Γ 表示。

根据相互作用力性质的不同，可将固体吸附分为物理吸附和化学吸附两种。物理吸附是吸附质与吸附剂表面间物理力（分子间引力或称范德华力）作用而发生的吸附。物理吸附仅仅是吸附质与吸附剂之间的一种物理作用，不发生化学反应，是靠分子引力产生的，没有电子转移，没有化学键的生成与破坏，也没有原子重排。

物理吸附的特点如下：

1）吸附力是由固体和气体分子之间的范德华引力产生的，一般比较弱。

2）吸附热较小，接近于气体的液化热，一般在 40kJ/mol 以下。

3）吸附无选择性，因为范德华力存在于任何分子之间，任何固体可以吸附任何气体，只是吸附量会有所不同。

4）吸附稳定性不高，吸附与解吸速率都很快。

5）吸附可以是单分子层的，也可以是多分子层。

6）吸附不需要活化能，吸附速率并不因温度的升高而变快。

化学吸附实质上是一种化学反应。它是由于固体表面与吸附气体分子化学键所形成的，是固体与吸附质之间化学作用的结果，有时它并不生成平常含义的可鉴别的化合物。

化学吸附相当于吸附剂表面分子与吸附质分子发生了化学反应，在红外线、紫外线或可见光谱中会出现新的特征吸收带。化学吸附的特点如下：

1）吸附力是吸附剂与吸附质分子之间的化学键力，一般较强。

2）吸附热很大，接近于化学反应热，一般为 80~400kJ/mol。

3）吸附有选择性，固体表面的活性位只吸附与之可发生反应的气体分子，如酸位吸附碱性分子，反之亦然。

4）吸附很稳定，一旦吸附，就不易解吸。

5）吸附是单分子层的。因为化学吸附时，固体表面与吸附质之间会形成化学键，所以化学吸附总是单分子层的。

6）吸附需要活化能，温度升高，吸附和解吸速率加快。

物理吸附和化学吸附可以同时发生，所以常需要考虑两种吸附在整个吸附过程中的作用。物理吸附和化学吸附的区别见表 2-4。

表 2-4　物理吸附和化学吸附的区别

吸附性质	物理吸附	化学吸附
吸附力	范德华力	化学键力
吸附分子层	单分子层或多分子层	单分子层
吸附选择性	无选择性	有选择性
吸附稳定性	不稳定，易解吸	较稳定，不易解吸
吸附热	较小，近于液化热	较大，近于化学反应热
吸附速率	较快，速率少受温度影响	较慢，升温速率加快

由于固体的吸附发生在表面，因此固体的吸附性能与其表面自由能密切相关。物质被细分成微粒后，其总表面积急剧增大，其吸附能力也得到增强。以 1g 某固体为例，其密度为 2.2g/cm^3，假定其表面自由能为 150×10^{-7}J/cm^2，则表 2-5 列出了将该晶体细分成小立方体时总面积和总表面自由能的变化。由表 2-5 可见，随着颗粒的细分，固体的总表面积大大增加，表面自由能也急剧增大，吸附能力自然大为提高。

定义单位质量的吸附剂具有的表面积为比表面积。比表面积可以表征物质分散程度。

$$A_0 = A/W \tag{2-22}$$

式中　A_0——物质的比表面积，单位为 m^2/g；

A——物质的总表面积，单位为 m^2；

W——物质的质量，单位为 g。

表 2-5　总表面自由能和总表面积随粒径的变化

边长/cm	总面积/cm^2	总表面自由能/($\times10^{-7}$J/cm^2)	边长/cm	总面积/cm^2	总表面自由能/($\times10^{-7}$J/cm^2)
0.77	3.6	540	0.001	2.8×10^3	4.2×10^5
0.1	28	4.2×10^3	10^{-4}	2.8×10^4	4.2×10^6
0.01	280	4.2×10^4	10^{-6}	2.8×10^5	4.2×10^7

目前工业上常用的吸附剂主要有活性炭、活性炭纤维、活性氧化铝、硅胶和分子筛等。在渗透检测的显像过程中，显像剂粉末吸附缺陷中回渗的渗透剂，显像剂是吸附剂，渗透剂是吸附质。渗透检测过程中所发生的吸附现象主要是物理吸附。

2.5 溶解现象

2.5.1 溶解与溶解度

溶解是指一种或一种以上的物质（固体、液体或气体）以分子或离子状态分散在液体分散媒的过程。其中，被分散的物质称为溶质，分散媒称为溶剂。所谓溶解度是指在一定的温度和压力下，一定数量溶剂中溶质溶解达到饱和状态时已溶解的溶质数量。通常用100g溶剂里所能溶解溶质的质量（g）表示。

2.5.2 相似相溶经验规则

溶解的一般规律为相似者相溶。一方面，化学结构相似的物质，彼此容易相互溶解。物质结构相似时，不同种类分子间的作用力和同种类分子间的作用力非常接近，它们彼此间容易互溶；另一方面，溶质与溶剂极性相似的物质，可以互溶，极性相似的物质，不同类分子间的作用力和同种物质分子间的作用力也很接近，所以彼此可以互溶。而溶解度的大小一般取决于溶剂的极性，极性是用物质分子的偶极矩来衡量的。原子内的电子有一方被另一方所强烈吸引时，原子内的电子排列出现不均衡，从而产生正负两极，称为电子偶极。偶极距越大，极性越强，极性溶剂溶解极性物质，非极性溶剂溶解非极性物质，极性越相近，则溶解度就越高。

按照极性（介电常数 ε）大小，溶剂可分为极性（$\varepsilon=30\sim80$）、半极性（$\varepsilon=5\sim30$）和非极性（$\varepsilon=0\sim5$）三种。溶质分为极性物质和非极性物质。例如：水和乙醇分子都有羟基，即都有极性，且极性相似，即两者分子内聚能大小相近，故此两者不仅可以互溶，而且不受比例的限制；相反，因苯没有极性（即内聚能很小），水与苯内聚能相差很大，所以两者互不相溶。

非极性溶剂溶解非极性物质，因两者的内聚能都很小，不同分子之间的相互扩散和渗透也最终形成溶解现象。例如苯和甲苯可以完全互溶。

溶质能否在溶剂中溶解，除了考虑两者的极性外，对于极性溶剂来说，溶质和溶剂之间形成氢键的能力对溶解的影响比极性更大。

（1）极性溶剂　水和甘油等是常用的极性溶剂。水是强极性溶剂，可溶解电解质和极性化合物。极性溶剂的介电常数比较大，能减弱电解质中带相反电荷离子间的吸引力，产生“离子-偶极子结合”，使离子溶剂化（或水化）而分散进入溶剂中。而水对有机酸、糖类、低级醇类、醛类、低级酮、酰胺等的溶解是通过这些物质分子的极性基团与水形成氢键结合，即水合作用，形成水合离子而溶于水中。

（2）非极性溶剂　常用的非极性溶剂有氯仿、苯、液状石蜡、植物油和乙醚等。非极性溶剂的介电常数很低，不能减弱电解质离子间的吸引力，也不能与其他极性分子形成氢键。而非极性溶剂对非极性物质的溶解是由于溶质和溶剂分子间的范德华力作用的结果，溶剂分子内部产生的瞬时偶极克服了非极性溶质分子间内聚力而致溶解，而离子型或极性物质不溶于或仅微溶于非极性溶剂中。

（3）半极性溶剂　一些有一定极性的溶剂（如乙醇、丙二醇、聚乙二醇和丙酮等）能诱导某些非极性分子产生一定程度的极性而溶解，这类溶剂称为半极性溶剂。半极性溶剂可作为中间溶剂，使极性溶剂和非极性溶剂混溶或增加非极性物质在极性溶剂（如水）中的溶解度。例如丙酮能增加乙醚在水中的溶解度。

相似相溶经验规则有一定的局限性，有些物质看起来很相似，但并不互溶。例如：硝基甲烷不能溶解硝化纤维，氯乙烷不能溶解聚氯乙烯。

在液体渗透检测中所配制的渗透剂、清洗液和显像液，绝大部分是用有机物配制成的，而且往往是两种以上的有机物所组成的。它们彼此混合后能形成一种稳定的分散体系，必须考虑物质间的相似相溶的经验法则。

2.6　表面活性和表面活性剂

2.6.1　表面活性和表面活性剂的定义

若一种物质甲能显著降低另一种物质乙的表面张力，就说甲对乙具有表面活性。不同表面活性物质的表面活性程度是不同的，一般在低浓度下能大大降低溶液表面张力的物质可以说是具有良好的表面活性的物质，即表面活性剂。否则，只能说这种物质（通常是两亲分子）具有表面活性。

纯液体是单组分体系，在指定温度下，它的表面张力是一定的，而溶液的表面张力不仅与温度有关，而且还与溶质的种类及浓度有关。在恒定温度下，将各种不同浓度的表面张力对浓度作图，所得曲线称为溶液表面张力等温线，常见的曲线有三类，如图 2-18 所示。

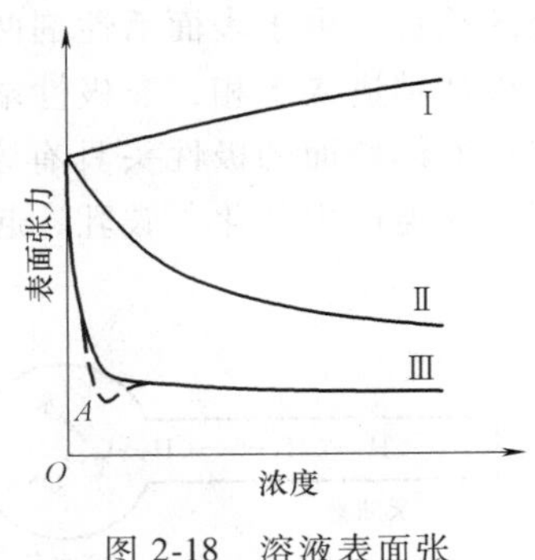

图 2-18　溶液表面张力与浓度的关系

第一类：随着溶液浓度增大，溶液表面张力略有升高。

第二类：随着溶液浓度的增大，溶液表面张力开始降低得较快，以后降低得较慢。

第三类：随着溶液浓度的增大，溶液的表面张力开始急剧下降，达一定浓度后，表面张力趋于恒定，几乎不再随浓度的增大而改变。

一般的无机盐（如 NaCl、Na_2SO_4、KNO_3、NH_4Cl 等）和不挥发性无机酸、碱（如 H_2SO_4、NaOH 等）溶液的表面张力随溶液浓度变化的趋势具有图 2-18 中曲线Ⅰ的性质。由于这些物质的离子对水分子吸引趋向于把水分子拉向溶液内部，因此在增加溶液表面积时所做的功中，还必须包括这部分静电引力所消耗的功，所以溶液的表面张力增大。

能使溶液表面张力显著减小的溶质即表面活性物质分为两种。一种是醇（ROH）、醛（RCHO）、酸（RCOOH）、酯（RCOOR′）、酮（RCOR′）等可溶性有机化合物，其溶液的表面张力随这类溶质浓度变化的趋势具有图 2-18 中曲线Ⅱ的性质。另一种是硬脂酸钠，如肥皂 RCOONa、胺类（RNH_2）、烷基磺酸盐（RSO_3Na）、烷基硫酸盐（RSO_4Na）等。这类分子有着共同的特点，即分子是由亲水的极性基如—OH、—COOH 和憎水（亲油）的非极性基（碳氢基）组成的。由于亲油基自发地趋向于表面而力图离开水，因此增大溶液单位表面积所需的功比纯水当然要小些，因此溶液表面张力降低，表面活性物质的分子易于在溶液表面上浓集。

第三类是少量的这类物质溶入，就能使溶液的表面张力急剧下降，但降低到一定程度之后，变化又趋于平缓，如图 2-18 中曲线Ⅲ的性质。

上述第二类物质和第三类物质都有表面活性，统称为表面活性物质，但只有第三类物质才称为表面活性剂。

2.6.2 表面活性剂分子的结构特点

表面活性剂分子一般由非极性的亲油疏水的碳氢链部分和极性的亲水疏油的基团共同构成。极性基易与水分子结合，具有亲水性质，故称为亲水基；非极性基是长链烃基，不易与水分子结合，而易与油分子结合，具有亲油性质，故称为亲油基（也称为疏水基、憎水基）。一个表面活性剂分子的亲水基和亲油基处于分子的两端，形成形似火柴的不对称结构：亲水基为火柴头，对水和极性分子有亲和作用；亲油基为火柴梗，对油和非极性分子有亲和作用。因此表面活性剂是具有“两亲”（既亲水，又亲油）分子的特殊结构，称为两亲性质。

图 2-19 所示为表面活性剂两亲分子的结构。亲油基和水不能形成氢键，相互作用力也较弱；亲水基和水能生成氢键，相互作用力较强。碳氢链和水分子间并不存在排斥作用，只是它们间的吸引力小于水-水和极性基-水间的吸引力，故碳氢链表现出逃离水面而自相结合的趋势。由于表面活性剂两亲分子的结构，以及它在水溶液表面（或界面）呈定向排列，其极性端进入水相，非极性端进入空气相或油相，因而排列有序，如图 2-20 所示。由于排列在液体表面的极性头具有亲水性，因而能明显降低水的表面张力，改变了表面的润湿性能，并能产生乳化、破乳、起泡、消泡、分散、絮凝等方面的作用。

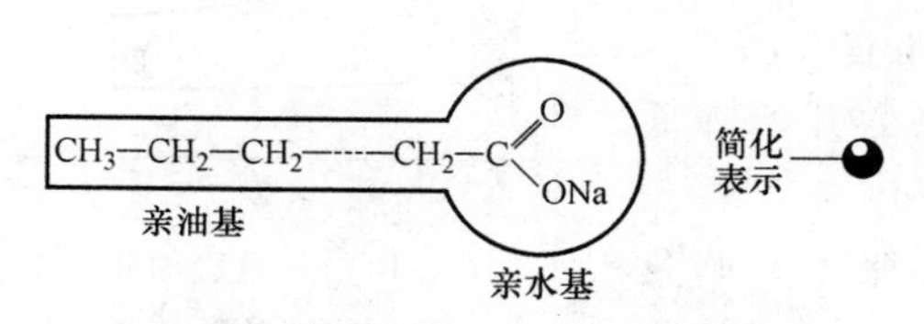

图 2-19　表面活性剂两亲分子的结构

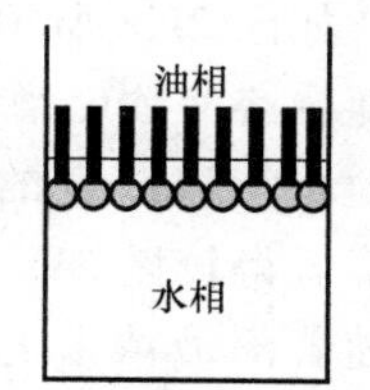

图 2-20　表面活性剂在两相界面的排列

构成表面活性剂的亲油基和亲水基的种类很多，有代表性的亲油基和亲水基见表 2-6。

表 2-6　表面活性剂的主要亲油基和亲水基

亲油基	亲水基
烷烃基 R—	羟酸基(脂肪酸基)—COONa
烷基苯基 $R-C_6H_4-$	羟基(多元基)—OH
烷基酚基 $R-C_6H_4-O-$	硫酸基 $-SO_3Na$
脂肪酸基 R—COO—	硫酸酯基 $-OSO_3Na$
脂肪酸酰胺基 R—CONH—	磷酸盐 $-\overset{O}{\overset{\|}{P}}(ONa)_2$

（续）

亲油基	亲水基
脂肪醇基 R—O—	胺盐、季铵盐—N^+—$(CH_3)_2$
脂肪氨基 R—NH—	吡啶鎓盐 —N^+⟨苯环⟩
马来酸烷基酯基 R—O—C(=O)—CH_2—CH_2—C(=O)—O—R	氨基酸—NH—CH_2CH_2COONa
烷基酮基 R—C(=O)—CH_2—	甜菜碱—$N^+(CH_3)_2CH_2COO$—
聚氧丙烯基 —O$\leftarrow$CH(CH_3)—CH_2—O$\rightarrow_n$	氧乙烯基—CH_2CH_2O—

表面活性剂加入水中，刚开始表面张力随表面活性剂浓度的增大而急剧下降，以后则大体保持不变（图 2-18 曲线Ⅲ），表面活性剂的这一性质是由其分子的两亲结构决定的。如图 2-21 所示，随着表面活性剂浓度的增大，水溶液中表面活性剂分子按 a～d 的顺序变化。

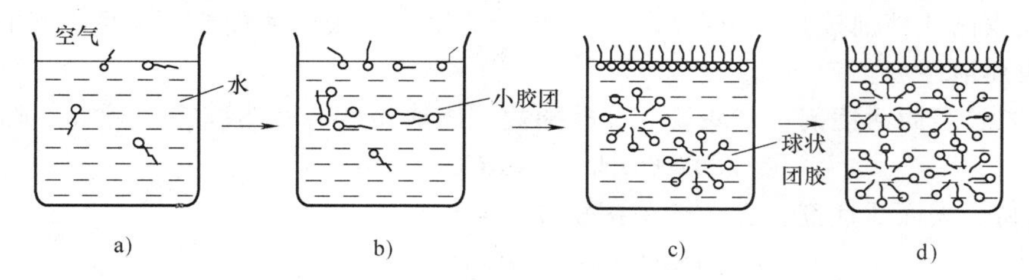

图 2-21　表面活性剂的浓度变化和在溶液内形成胶束的过程

a）极稀溶液　b）稀溶液　c）临界胶束浓度的溶液　d）大于临界胶束浓度的溶液

如图 2-21a 所示，在浓度极低时，空气和水的界面上还没有聚集很多的表面活性剂，空气和水几乎还是直接接触着的，水的表面张力下降不多，近于纯水状态，单层分子的排列没有那么整齐。

如图 2-21b 所示，溶液很稀时，稍稍增大表面活性剂的浓度，其中一部分表面活性剂很快定向地排列在水面，使水与空气的接触面积减小，使表面张力急剧下降，另一部分分散在水中，或单独存在，或三三两两地接触，把亲油基靠在一起，亲水基朝外，形成最简单的胶束。胶束是当溶液内表面活性剂分子数目不断增加时，其亲油部分相互吸引，结合在一起，亲水部分向着水，几十个或更多分子结合在一起形成的结合粒子。

如图 2-21c 所示，当表面活性剂浓度达到一定数值时，液面上排满了一层定向的表面活性剂分子，形成单分子膜。若再增加浓度，表面活性剂分子只能进入溶液，成几十、几百地聚集在一起，形成亲油基向里、亲水基向外的胶束。表面活性剂在液面定向排满一层形成单分子膜的最低浓度称为临界胶束浓度，相当于曲线开始平缓部分所对应的浓度。

图 2-21d 所示为表面活性剂溶液浓度已大于临界胶束浓度时的表面活性剂分子的状态，此时若再增加表面活性剂，由于这时液面情况已经形成单分子膜，空气和水的接触面积不会

再缩小，溶液内胶束数目增多，聚集数增加，表面张力是不变的。此状态对应图 2-18 所示曲线Ⅲ的水平部分。

优良的表面活性剂不但要具有亲水基和亲油基，而且它们的亲水、亲油性强弱必须匹配。亲油性太强会完全进入油相，亲水性太强则完全进入水相，因而不会像表面活性剂那样在油-水界面上定向排列，从而改变界面的性质。亲水基的强弱主要取决于亲水基的种类和数量；而亲油基的强弱除受基团种类结构影响外，还受烃链长短的影响。

一般地，亲油基为直链或支链烷烃，则以 8～20 个碳原子为宜；亲油基为烷基酚或苯基，则以 8～16 个碳原子为宜；若亲油基为烷基或萘基，则烷基数一般为 2 个，每个烷基碳原子数在 3 个以上。对于亲水基，其亲水性除取决于本身性质外，还取决于亲水基的数量，如多元醇中含有多个羟基，或聚环氧乙烷中含较多的氧乙烯基—CH_2—CH_2—O—，则会得到较强的亲水性。

2.6.3 表面活性剂的分类

表面活性剂的性质主要由亲水基决定，因此表面活性剂通常按亲水基的结构和性质分类。而亲水基的结构可分为两大类：溶解于水后能离解成离子的离子型表面活性剂和在水中不能溶解的非离子型表面活性剂。

1. 离子型表面活性剂

离子型表面活性剂按其所带电荷种类可以分为阴离子表面活性剂、阳离子表面活性剂和两性离子表面活性剂。

1） 阴离子表面活性剂：羧酸盐、硫酸酯盐、磺酸盐、磷酸酯盐等。例如，肥皂：

$$RCOONa \longrightarrow RCOO^- + Na^+$$

2） 阳离子表面活性剂：胺盐、季铵盐等。例如

$$C_{18}H_{37}NH_3Cl \longrightarrow C_{18}H_{37}NH_3^+ + Cl^-$$

3）两性离子表面活性剂：氨基酸（$RNHR_2COOH$）、氨基磺酸和它们的盐（$RNHR_2SO_3Na$）。两性表面活性物质在酸性和碱性溶液中可以显示不同的物质。例如，氨基酸在等电带显示非离子性：

$$RNHR_2COOH \rightleftharpoons RNH_2{}^+ + R_2COO^-$$

在碱性带显示阴离子性：

$$RNHR_2COOH + OH^- \rightleftharpoons RNHR_2COO^- + H_2O$$

在酸性带显示阳离子性：

$$RNHR_2COOH + H^+ \rightleftharpoons RNH_2{}^+ + R_2COOH$$

两性离子表面活性剂的优点是不论酸性或碱性介质中都能显示出它们的活性。

此种分类法便于我们正确选用表面活性剂。若某表面活性剂是阴离子型的，它就不能和阳离子型的物质混合使用，否则就会产生沉淀等不良后果。阴离子表面活性剂可作染色过程的匀染剂，与酸性染料使用时不会产生不良后果，因酸性染料在水溶液中也是阴离子型的。

2. 非离子型表面活性剂

非离子型表面活性剂含有在水中不电离的羟基—OH 和醚基—O—，并以它们作为亲水基。由于羟基和醚基的亲水性弱，只靠一个羟基或醚基弱亲水基不能将很大的憎水基溶于水中，必须有多个这样的亲水基才能发挥出亲水性。

非离子型表面活性剂在水溶液中由于不是以离子状态存在的，故稳定性高，不易受强电解质的影响，也不易受酸、碱的影响，与其他类型的表面活性剂的相溶性好，能很好地混合使用，在水和有机溶剂中，均具有较好的溶解性能，在一般固体表面上也不发生强烈吸附。所以在渗透检测中，通常采用非离子型的表面活性剂。

非离子型表面活性剂按亲水基主要分为聚乙二醇型和多元醇型两大类，其他还有聚醚型、配位键型非离子表面活性剂。

（1）聚乙二醇型非离子表面活性剂　聚乙二醇型非离子表面活性剂包括高级醇环氧乙烷加成物、烷基酚环氧乙烷加成物、脂肪酸环氧乙烷加成物和高级脂肪酰胺环氧乙烷加成物。

（2）多元醇型非离子表面活性剂　多元醇型非离子表面活性剂主要有甘油的脂肪酸酯、季戊四醇的脂肪酸酯、山梨醇及失水山梨醇的脂肪酸酯。

渗透检测中常用的表面活性剂有脂肪醇聚氧乙烯醚、烷基酚聚氧乙烯醚、失水山梨醇脂肪酸酯、聚氧乙烯失水山梨醇脂肪酸酯。

失水山梨醇月桂酸单酯商品名称为司盘-20，为油状物，溶于有机溶剂，适合作乳化剂，通常与其他水溶性表面活性剂复配使用。

司盘型表面活性剂是山梨醇和各种脂肪酸形成的酯。不同的脂肪酸决定了不同的商品牌号，如司盘-20 是失水山梨醇（山梨醇）和月桂酸生成的酯，司盘-40 是失水山梨醇与棕榈酸生成的酯。这类表面活性剂都是油溶性的，国内生产的为“乳化剂 S”系列产品。

使失水山梨醇脂肪酸酯与环氧乙烷发生加成反应，则获得聚氧乙烯失水山梨醇脂肪酸酯，商品名称为吐温。根据所用的脂肪酸的种类和所加成上的环氧乙烷数目不同，有不同的品种，如单月桂酸，环氧乙烷数为 21~22 时称为吐温-20；单棕榈酸，环氧乙烷数为 18~22 时称为吐温-40；单硬脂酸，环氧乙烷数为 18~22 时称为吐温-60；单油酸，环氧乙烷数为 21~26 时称为吐温-80；三油酸，环氧乙烷数为 22 时称为吐温-85 等。聚氧乙烯失水山梨醇脂肪酸酯具有乳化、增溶、润湿、分散等性能，大量用于食品和化妆品中作乳化剂等添加剂。表 2-7 列出了主要的司盘和吐温产品的化学成分及性能。

表 2-7　主要的司盘和吐温产品的化学成分及性能

商品名称	化学成分	*HLB* 值	熔点/℃
司盘-20	失水山梨醇月桂酸单酯	8.6	油状
司盘-40	失水山梨醇棕榈酸单酯	6.7	42~46
司盘-60	失水山梨醇硬脂酸单酯	4.9	49~53
司盘-65	失水山梨醇硬脂酸三酯	2.1	44~48
司盘-80	失水山梨醇油酸单酯	4.3	油状
司盘-85	失水山梨醇油酸三酯	1.8	油状
吐温-20	聚氧乙烯失水山梨醇月桂酸单酯	16.7	油状
吐温-40	聚氧乙烯失水山梨醇棕榈酸单酯	15.6	油状
吐温-60	聚氧乙烯失水山梨醇硬脂酸单酯	14.9	油状
吐温-65	聚氧乙烯失水山梨醇硬脂酸三酯	10.5	27~31
吐温-80	聚氧乙烯失水山梨醇油酸单酯	15	油状
吐温-85	聚氧乙烯失水山梨醇油酸三酯	11	油状

2.6.4　表面活性剂的亲水亲油平衡值（*HLB*）

表面活性剂分子中的亲水基的亲水性和亲油基的亲油性之比是衡量表面活性剂效率的重要指标，表示表面活性剂的亲水性，即

$$\text{表面活性剂的亲水性}=\frac{\text{亲水基的亲水性}}{\text{亲油基的亲油性}}$$

从亲油基考虑，当表面活性剂的亲水基不变时，亲油基部分越长（即相对分子质量越大），则水溶性越差，例如十八烷基的就比十二烷基的难溶解于水。因此，亲油性可用亲油基的相对分子质量来表示。对于亲水基，由于种类繁多，不可能都用相对分子质量来表示。但对聚乙二醇型非离子型表面活性剂而言，当亲油部分相同时，相对分子质量越大，其亲水性就越大。因此，非离子型表面活性剂的亲水性也可以用其亲水基的相对分子质量大小来表示，同亲油基的示值有相同的单位。基于以上观点，格里芬（Griffin）提出了用 *HLB* 值来表示表面活性物质的亲水性。

聚氧乙烯型非离子表面活性剂的 *HLB* 值计算公式为

$$HLB=\frac{\text{亲水基部分的相对分子质量}}{\text{表面活性剂的相对分子质量}}\times\frac{100}{5}$$

$$=\frac{\text{亲水基的相对分子质量}}{\text{亲油基的相对分子质量}+\text{亲水基的相对分子质量}}\times\frac{100}{5} \tag{2-23}$$

石蜡完全没有亲水性，$HLB=0$；完全是亲水基的聚乙二醇 $HLB=20$，所以非离子型表面活性剂的 *HLB* 介于 0~20 之间。$HLB=10$ 时，亲水性、亲油性均衡。*HLB* 值表征了表面活性剂的亲水亲油性。表面活性剂的 *HLB* 值越大，亲水性越强；*HLB* 值越小，亲油性越强。

【例 2-3】 已知表面活性剂辛基酚聚氧乙烯醚的分子式是 $C_8H_{17}C_6H_4(OCH_2CH_2)_{10}OH$，亲水基部分的分子结构是 $(OCH_2CH_2)_{10}OH$，求 *HLB* 值。分子量：O=16，C=12，H=1。

解：

亲水基部分的相对分子质量：$20C+41H+11O=20\times12+41\times1+11\times16=457$

亲油基部分的相对分子质量：$14C+21H=14\times12+21\times1=189$

总的相对分子质量：　$457+189=646$

因此　$$HLB=\frac{457}{646}\times\frac{100}{5}=14.1$$

聚乙二醇型非离子表面活性剂的 *HLB* 值计算公式为

$$HLB=\frac{E}{5} \tag{2-24}$$

式中　*E*——聚乙二醇部分的质量分数。

对于多数多元醇的脂肪酸酯非离子型表面活性剂，可用下式计算其 *HLB* 的近似值

$$HLB=20\times\left(1-\frac{S}{A}\right) \tag{2-25}$$

式中　*S*——酯的皂化值；

A——原料脂肪酸的酸值。

例如，甘油硬脂肪酸酯的 $S=161$，$A=198$，则 $HLB=20\times\left(1-\frac{161}{198}\right)=3.8$。

阴离子和阳离子表面活性剂不能用上述方法计算，因为阴离子表面活性剂和阳离子表面活性剂单位质量亲水基的亲水性一般比非离子表面活性剂要大得多，而且由于亲水基的种类不同，单位质量的亲水性的大小也各不相同。

可用试验方法来测定 *HLB* 值，其中以浊度法最为简便。该方法是将表面活性剂加到一定量的水中，根据表面活性剂分散溶解于溶液的程度不同，按表 2-8 中的标准对照估计。表 2-8也列出了不同 *HLB* 值范围对应的应用类型，可通过 *HLB* 值来选择合适的表面活性剂。

表 2-8 不同 *HLB* 值表面活性剂的水溶液外观及应用类型

HLB 值	水溶液外观	*HLB* 范围	用途
1~4	不分散	1~3	消泡作用
3~6	不良分散	3~6	油包水型乳化作用
6~8	搅拌后成乳状液分散	7~18	水包油型乳化作用
8~10	稳定乳状液分散体	12~15	润湿作用
10~13	半透明至透明分散体	13~15	洗涤作用
>13	透明溶液	15~18	增溶作用

表面活性剂的 *HLB* 值具有加和性，在使用两种以上表面活性剂的场合，混合表面活性剂的 *HLB* 值计算按式（2-26）计算：

$$HLB=\frac{W_A HLB_A+W_B HLB_B+W_C HLB_C+\cdots}{W_A+W_B+W_C+\cdots} \tag{2-26}$$

式中 HLB_A、HLB_B、HLB_C⋯——表面活性剂 A、B、C⋯的 *HLB* 值；

W_A、W_B、W_C⋯——表面活性剂 A 、B、C⋯的质量。

【例 2-4】 求 30g 失水山梨醇单油酸酯司盘-80（$HLB=4.3$）和 70g 聚氧乙烯失水山梨醇单油酸酯吐温-80（$HLB=15$）混合后的 *HLB* 值。

解： 由式（2-25）得混合后的 $HLB=\frac{30\times4.3+70\times15}{30+70}\approx11.8$

在液体渗透检测中，要用水冲洗多余的渗透剂，所采用的乳化剂 *HLB* 多半在 12~15 之间。表 2-9 列出了几种常用表面活性剂的化学组成、*HLB* 值、亲水性及应用范围。表中 *HLB* 值与用途的关系只是大致范围，在实际应用中并不严格符合这一界限。

2.6.5 表面活性剂的性质

表面活性剂分子由亲油基和亲水基两部分组成，亲水基和亲油基的比例、分子形状、分子的大小都会对表面活性剂的性质产生影响。表面活性剂的分子结构与其润湿、渗透、乳化、分散和增溶等应用性能相关。

1. 临界胶束浓度（*CMC*）

当表面活性剂在溶液中的浓度超过一定值时，表面活性剂分子会在溶液内部自聚，以亲油基通过分子间的吸引力相互结合在一起，而亲水基则朝向水中形成各种形式的胶束。形成一定形状的胶束所需要表面活性物质的最低浓度称为临界胶束浓度，以 *CMC* 来表示。形成胶束的过程称为胶团化作用。

表 2-9　几种常用表面活性剂的化学组成、*HLB* 值、亲水性及应用范围

名称	化学组成	*HLB* 值	亲水性	应用范围
石蜡	碳氢化合物	0	亲油	*HLB*=1.5~3 消泡剂
油酸	直链脂肪酸	1		
司盘-85	失水山梨醇三油酸酯	1.8		
司盘-65	失水山梨醇三硬脂酸酯	2.2		
阿特姆尔-67	单硬脂酸甘油酯	3.8		
司盘-80	失水山梨醇单油酸酯	4.3		*HLB*=3~6 W/O 乳化剂
司盘-60	失水山梨醇单硬脂酸酯	4.7		
MOA	脂肪醇聚氧乙烯醚	5.0		
司盘-40	失水山梨醇单棕榈酸酯	6.7		
司盘-20	失水山梨醇单月桂酸酯	8.6	亲水	*HLB*=7~9 润湿剂
明胶	明胶	9.8		
OΠ-7	烷基苯酚聚氧乙烯醚	12.0		*HLB*=8~18 O/W 乳化剂
润湿剂 JFC	脂肪醇聚氧乙烯醚	12.0		*HLB*=13~15 洗涤剂
乳百灵 A	脂肪醇聚氧乙烯醚	13.0		
TX-10	烷基苯酚聚氧乙烯醚	14.5		
吐温-60	聚氧乙烯失水山梨醇单硬脂酸酯	14.9		
吐温-80	聚氧乙烯失水山梨醇油酸单酯	15		
吐温-40	聚氧乙烯失水山梨醇棕榈酸单酯	15.6		*HLB* 在 16 以上 增溶剂
吐温-20	聚氧乙烯失水山梨醇月桂酸单酯	16.7		
肥皂	油酸钠	18.0		
聚乙二醇	聚乙二醇	20		
钾皂	油酸钾	20		

一般形成胶束的临界浓度为 0.02%~0.4%。在 *CMC* 值附近，由于胶束的形成，表面活性剂溶液的表面张力、渗透压、密度、蒸气压、光学性质、去污能力等理化性质会发生突跃，如图 2-22 所示。要充分发挥表面活性剂的作用（如去污作用，增加可溶性、润湿作用等），必须使表面活性剂的浓度大于 *CMC* 值。

（1）胶束的形状　在离子型表面活性剂溶液中，当浓度较小（低于 *CMC* 值）时，溶液中主要是单个的表面活性剂离子；当溶液浓度较大或接近 *CMC* 值时，溶液中有少量小型胶束，如图 2-23a 所示；在浓度为 *CMC* 值或略大于 *CMC* 值时，胶束在溶液中呈球形结构，如图 2-23b 所示；当溶液中表面活性剂浓度为 *CMC* 值的 20 倍或更大时，由于胶束大小或结合数增加不能再保持球形结构而变成棒状胶束，如图 2-23c 所示；当溶液浓度更大时，成为板状或层状胶束，如图 2-23d 所示。非离子型表面活性剂在水溶液中胶束的形状目前尚无定论。从已有的数据分析，当溶液浓度较稀时可能是球形胶束。

（2）胶束的大小　胶束大小的量度是胶束聚集数，胶束聚集数是结合成一个胶束的表面活性剂分子（或离子）平均数。一般常用光散射法测量，即先用光散射法测出胶束的相对分子质量——胶束量，再除以表面活性剂单体的相对分子质量就得到胶束聚集数。除光散

射法以外，也可以用扩散-黏度法、电泳淌度法或超离心法等测定胶束聚集数。

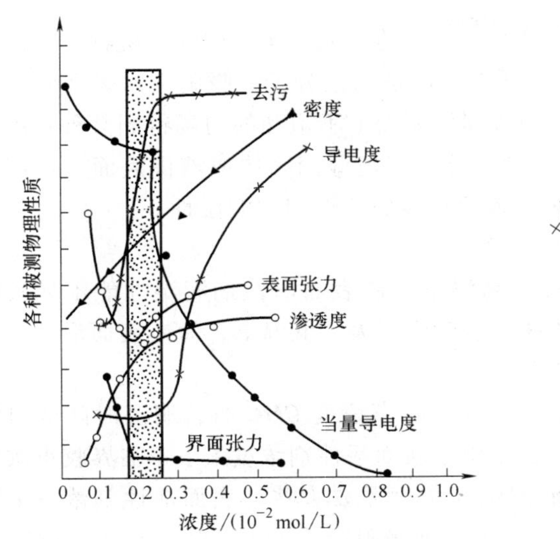

图 2-22　某表面活性剂水溶液的物理性质和浓度的关系

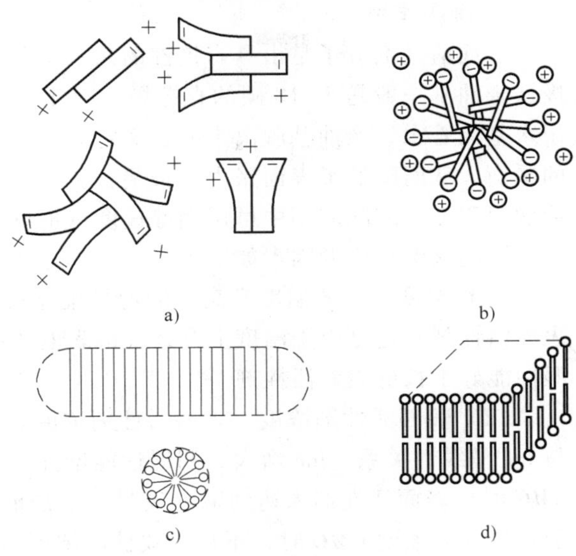

图 2-23　各种胶束形状
a）几种可能的小型胶束　b）球形胶束
c）棒状胶束　d）层状胶束

2. 表面活性剂在溶液表面上的吸附

表面活性剂分子是由亲水基与亲油基组成的两亲结构，亲水基使分子有进入水相的倾向；而亲油的碳氢长链则阻止其在水中溶解而从溶剂内部迁移，有逃离出水相的倾向。上述两种倾向平衡的结果是表面活性剂在表面聚集、亲水基伸向水中、亲油基伸向空气并形成单分子膜。表面活性剂在液体表面层中的浓度高于本体溶液中浓度的现象，称为正吸附。反之，溶质在表面层中的浓度低于本体溶液中的浓度，称为负吸附。表面活性剂在水表面吸附的结果是水表面似被一层非极性的碳氢链覆盖，从而导致水或水溶液的表面张力下降，表面性质大大改变。例如水不能润湿石蜡表面，但在水中加入适当的表面活性剂后，水就能润湿石蜡表面。

表面活性剂在气-液界面上相对聚集、定向排列，其亲水极性基朝向极性较大的一相，而亲油的非极性基朝向极性较小的一相，并形成单分子膜。在极性不同的任意两相界面，包括气-液、气-固、液-液、液-固界面上，均可发生上述现象。这一方面可使表面活性剂的分子处于稳定状态，另一方面也降低了两相界面上的界面能。

2.6.6　表面活性剂的作用

表面活性剂的分子具有不对称的两亲结构，这就决定了表面活性剂的界面吸附、分子的定向排列以及形成胶束等的基本性质，其结果都是使界面张力降低，使体系处于稳定状态。表面活性剂的许多用途都与这些基本性质有关，主要有润湿作用（渗透作用），用作润湿剂、渗透剂；乳化作用、分散作用和增溶作用，用作乳化剂、分散剂、增溶剂；发泡作用、消泡作用，用作起泡剂、消泡剂；还有洗涤作用，用作洗涤剂。

液体渗透检测主要是利用表面活性剂的润湿、增溶和乳化作用。

1. 润湿作用

表面活性剂分子是由具有极性的亲水基和具有非极性的亲油基所组成的有机物。它的非极性亲油基一般是8~18碳的直链烃，因此表面活性剂都是两亲分子。吸附在水表面时采用亲水基向着水、亲油基脱离水的表面定向。这种排列使表面上不饱和的力场得到某种程度上的平衡，从而降低了表面张力（或界面张力），使水能较好地湿润固体或液体表面，从而改善润湿程度。实际应用中可用润湿速度（时间）来评价表面活性剂的润湿性。

影响润湿作用的因素如下：

（1）温度　一般温度升高，润湿性能增强。高温下短链表面活性剂润湿性能不如长链表面活性剂。这是由于温度上升，长链表面活性剂溶解度增大；低温下，短链表面活性剂润湿性能好于长链表面活性剂。

（2）表面活性剂浓度　表面活性剂浓度 c 小于临界胶束浓度 CMC 时，润湿时间的对数与 $\ln c$ 呈线性关系。$\ln c$ 增大，润湿性能增强。这是由于表面活性剂浓度 c 小于临界胶束浓度 CMC 时，表面活性剂未达到饱和吸附，增加润湿性能浓度需要大些。表面活性剂浓度 c 大于临界胶束浓度 CMC 时，不再呈线性。浓度对固-液界面吸附影响不大，故一般浓度略高于 CMC 值即可。

（3）分子结构

1）亲油基。直链烷烃亲水基在链末端，直链碳原子数为12~18时，润湿性能最佳；相同的亲水基，随碳原子数量增多，HLB 值降低。HLB 值为7~15时，润湿性能最佳，例如烷基硫酸酯 R-OSO_3Na，R 为 C_{12}~C_{14}时，润湿性能最佳；直链烷基苯磺酸钠以 C_{10} 润湿性能最佳；支链烷基苯磺酸钠润湿性能较直链好，其中以2-丁基辛基最有效；磷酸酯盐以烷基为双亲基的润湿性能最好。

2）亲水基。亲水基在分子中间的润湿性能比在末端的好，如琥珀酸二异辛酯磺酸钠结构、渗透剂OT。

非离子表面活性剂：R 中碳原子数为7~10润湿能力最佳。

2. 增溶作用

表面活性剂在水溶液中形成胶束后具有使不溶于水的有机物的溶解度显著增大的能力，且此时溶液呈透明状，胶束的这种作用称为增溶。能产生增溶作用的表面活性剂称为增溶剂，被增溶的有机物称为被增溶物。如果在已增溶的液体中继续加入被增溶物，达到一定量后，溶液透明状变为乳浊状，这种乳液即为乳状液，在此乳状液中再加入表面活性剂，溶液又变得透明无色。虽然这种变化是连续的，但乳化和增溶本质上是不同的。增溶作用可使被增溶物的化学势能显著降低，使体系变得更稳定，即增溶在热力学上是稳定的，只要外界条件不变，体系不随时间变化，其过程是平衡可逆的；而且增溶形成完全透明、外观与真溶液相似的溶液体系。例如，100mL 100%的油酸钠水溶液可“溶解”苯达10mL之多而不呈混浊，而乳化在热力学上是不稳定的。

表面活性剂的增溶机理在胶束理论产生之后得到了正确的解释。当溶液中形成胶束以后，胶束内部相当于非极性“液相”，从而为非极性有机物的溶解提供了“溶剂”，结果发生增溶过程。可见，增溶过程实际上是增溶物分子溶入胶束内部，而在水中的浓度并没增加。X射线衍射的结果表明，增溶过程中，球状胶束和棒状胶束的直径变大，层状胶束的厚度变大，这就足以证实对于增溶机理的上述解释。

增溶作用具有广泛的应用，如肥皂、洗涤剂除去油污就是由于表面活性剂的增溶作用。

3. 乳化作用

两种互不相溶的液体，其中一相以微滴状分散于另一相中，这种作用称为乳化作用。乳化作用往往不会自动发生或长久存在。例如，将油和水放在一起进行剧烈搅拌，虽然也能形成暂时的乳化状态，但搅拌一旦停止，油与水又马上分为上下两层，这是由于油、水间存在着较大的界面张力，油在搅拌作用下变成微滴之后，油、水间的接触面积会大大增加，表面自由能迅速增大，成为一种内能很高的不稳定体系，以致一旦停止搅拌，便会分为两层，恢复成为两相接触面积最小的稳定状态。如果在油和水中加入一定量合适的表面活性剂再进行搅拌，由于表面活性剂在油-水界面上有定向吸附的能力，亲水基伸向水，亲油基伸向油，从而降低了油-水间的界面张力，使体系的界面能下降。在降低界面张力的同时，表面活性剂分子紧密地吸附在油滴周围，形成具有一定机械强度的单分子保护膜，当油滴相互接触、碰撞时，这种保护膜能阻止油滴的聚集，从而使乳液稳定存在。这种能使乳化作用顺利发生的表面活性剂称为乳化剂。乳化剂一般有如下几种物质：

1）表面活性剂，如肥皂、洗涤剂等。

2）具有亲水性质的大分子化合物，如明胶、蛋白质、树胶等。

3）不溶性固体粉末，如 Fe、Cu、Ni 的碱式硫酸盐，$PbSO_4$、Fe_2O_3、$CaCO_3$、黏土、炭黑等。

如果选择离子型表面活性剂作为乳化剂，还会在油-水界面上形成双电层和水化层，都有进一步防止油滴聚集的作用。如果选择非离子型表面活性剂作为乳化剂，则会在油滴周围形成比较牢固的水化层，起防凝聚作用。

经乳化作用形成的油-水分散体系称为乳状液。乳状液有两种类型：一种是水包油型（油/水型），以 O/W 表示，水包油型是油类液体以微粒状分散在水中，其中油是分散相，或称内相（不连续相）、水是分散介质，或称外相（连续相），例如牛奶就是奶油分散在水中形成 O/W 型乳状液；另一种是油包水型（水/油型），以 W/O 表示，油包水型是水呈微粒状分散在油中，其中水是内相（不连续相、分散相）、油是外相（连续相、分散介质），例如新开采出的含水原油就是缩小水珠分散在石油中形成的 W/O 型乳状液。一般，亲水性强的乳化剂易形成 O/W 型乳状液，而亲油性强的乳化剂易形成 W/O 型乳状液：

根据油、水性质的不同，可对乳状液进行鉴别，方法如下：

（1）染色法　苏丹Ⅲ为油溶性染料，在乳状液中加入少量此种染料，如乳状液整体呈红色，则为 W/O 型乳状液；若染料保持原状，经搅拌后仅液珠带色，则为 O/W 型乳状液。若在乳状液中加入少量甲基橙，乳状液整体呈红色，则为 O/W 型乳状液；染料保持原状，经搅拌后仅液珠带色，则为 W/O 型乳状液。为提高鉴别的可靠性，往往同时以油溶性染料和水溶性染料先后进行试验。

（2）稀释法　O/W 型乳状液能与水混溶，W/O 型乳状液能与油混溶，利用这种性质可判断乳状液类型。例如，将乳状液滴于水中，若液滴在水中扩散开来，则为 O/W 型的乳状液；若浮于水面，则为 W/O 型乳状液。还可以沿盛有乳状液的容器壁滴入油或水，若液滴扩散开来，则分散介质与所滴的液体相同；如液滴不扩散，则分散介质与所滴的液体不同。

（3）电导法　水、油的电导性相差很大，借此可确定乳状液的类型。O/W 型乳状液较

W/O 型乳状液导电性大数百倍，所以在乳状液中插入两电极，在回路中串联氖灯。当乳状液为 O/W 型时，灯亮；为 W/O 型时，灯不亮。

（4）滤纸润湿法　此法适用于重油和水的乳状液，将乳状液滴于滤纸上，若液体能快速展开，在中心留下一小滴油，则乳状液为 O/W 型的；若乳状液不展开，则为 W/O 型的。此法对于在纸上能铺展的油、苯、环己烷、甲苯等所形成的乳状液不适用。

（5）光折射法　利用水和油对光的折射率不同可鉴别乳状液的类型。令光从左侧射入乳状液，乳状液粒子起透镜作用，若乳状液为 O/W 型的，粒子起集光作用，用显微镜观察仅能看见粒子左侧轮廓；若乳状液为 W/O 型的，与此相反，用显微镜只能看到粒子右侧轮廓。

乳化剂都是表面活性剂，但不是所有的表面活性剂都能成为良好的乳化剂，只有在水中能形成稳定胶束的表面活性剂才具有良好的乳化分散能力。乳化剂应有适当的 *HLB* 值，例如非离子表面活性剂，其 *HLB* 值为 8~18 时，可形成 O/W 型乳液，3~6 时，则可形成 W/O 型乳液。乳化剂与被乳化物应有相似的分子结构，应能显著地降低被乳化物与水之间的界面张力。乳化剂应具有强烈的水化作用，在乳化粒子周围形成水化层或使乳化粒子带有较高电荷，以阻止乳化粒子的聚集。

乳化剂的乳化作用在液体渗透检测的清洗过程（如清除试件表面多余的渗透剂）中起着重要的作用。清洗过程是指清洗试件表面上多余渗透剂的过程。对于试件表面多余的渗透剂的清洗有三种方法：用水清洗、用乳化剂清洗以及用溶剂清洗。其中，用溶剂清洗是利用渗透剂与溶剂（化学试剂）之间发生化学反应，生成另一种物质；或是溶剂稀释、溶解渗透剂而清洗掉试件表面上多余渗透剂。用水清洗和用乳化剂清洗主要是利用表面活性剂的乳化作用以达到清洗试件表面多余渗透剂的目的。下面主要分析如何利用表面活性剂的乳化作用去除试件表面多余的渗透剂。

渗透检测中使用的渗透剂属于油类物质，所以只有采用 O/W 型的表面活性剂才能清除掉试件表面多余的渗透剂。表面活性剂分子本身具有性质不同的极性基团，即亲水基和亲油基。当渗透剂里含有这样的表面活性剂时，其亲油基一端与渗透剂相连，亲水基一端游离在空气中，定向整齐地排在渗透剂的表面上。当用水清洗试件表面多余的渗透剂时，亲水基很快与水结合在一起，由于用的是 O/W 型表面活性剂，这种表面活性剂亲水极性大于亲油极性，加上水的冲洗，从而减弱渗透剂在试件上的附着力，在水分子的吸引和水压的作用下，渗透剂很容易以液滴形式从试件上脱落下来。离开试件表面的渗透剂液滴内同样含有表面活性剂，那些表面活性剂分子迅速、自发、定向而整齐地排列在液滴的整个表面层上，亲水基朝向水，亲油基朝向渗透剂液滴内，在液滴表面形成了单分子膜，使那些从试件表面上脱落下来的渗透剂液滴稳定地分散于水中，并随水流而被冲掉，从而达到洗涤试件表面上多余渗透剂的目的，如图 2-24 所示。

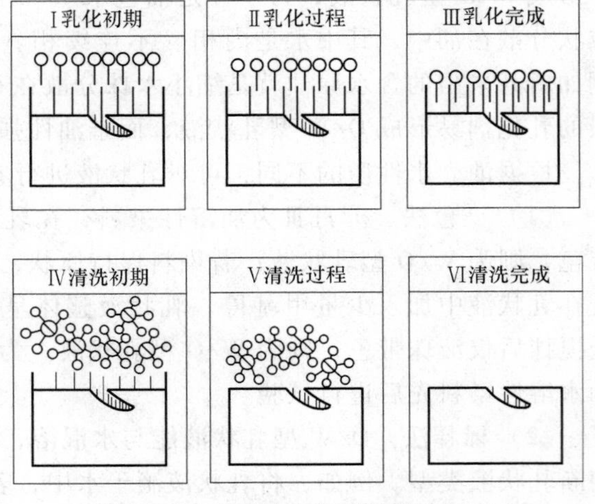

图 2-24　利用乳化作用的清洗过程

以上是自乳化渗透剂内含有表面活性剂的成分，利用表面活性剂的乳化作用，用水直接清洗掉试件表面多余渗透剂的过程。

至于后乳化渗透剂内不含表面活性剂，为了清洗掉试件表面上多余的渗透剂，必须多加一道乳化工序，即在试件表面上存有多余渗透剂的情况下，涂敷一层乳化剂。对于试件表面多余的渗透剂，乳化剂的亲油基伸入渗透剂内，亲水基游离于空气中，在水的作用下，试件表面上多余的后乳化渗透剂与自乳化渗透剂一样可以达到清洗的目的。其清洗的原理与自乳化渗透剂的清洗相同。

2.7 渗透检测中的光学基础

2.7.1 光与电磁波谱

光是由一种称为光子的基本粒子组成的，具有粒子性与波动性，即具有波粒二象性。

光的波动性是指光是一种电磁波，是能量的一种存在形式，它可以通过电磁辐射方式从一个物体传播到另外一个物体。因此光的本质是一种电磁波。从图 2-25 所示的电磁波谱可见，广义地说，光包括紫外线、可见光和红外线三部分，位于 X 射线和微波之间。从狭义上讲，光指的就是可见光。可见光是波长在 380~780nm 范围内的电磁波，是电磁波谱中能够引起人眼视觉感受到光亮的部分。波长比紫光更短的部分（10~400nm）称为紫外线（或称紫外光 UV）。

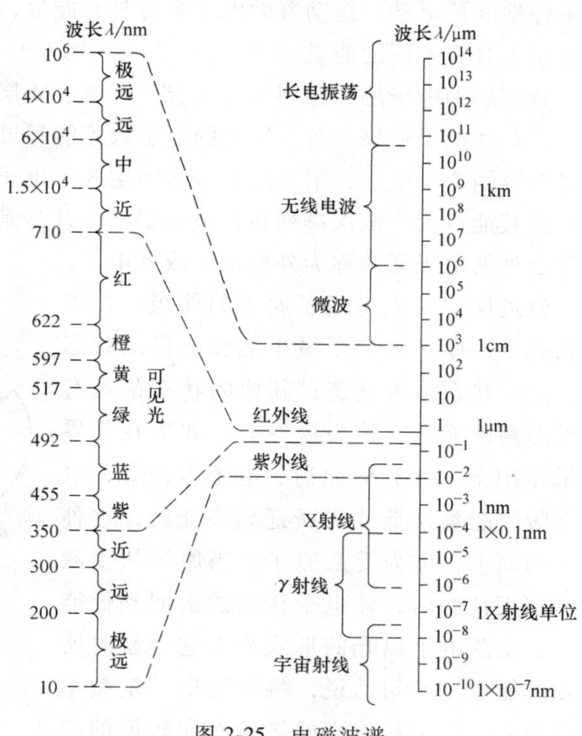

图 2-25　电磁波谱

荧光渗透检测所用紫外线的波长为 330~390nm，中心波长为 365nm，属于 A 类紫外线，称为 UV-A 或长波紫外线。波长为 280~320nm 的紫外线称为 UV-B 或中波紫外线，又称红斑紫外线，UV-B 具有使皮肤变红的作用，还可引起晒斑和雪盲，不能用于荧光渗透检测。波长为 100~280nm 的紫外线为 UV-C 或短波紫外线，UV-C 具有光化和杀菌作用，能伤害眼睛，也不能用于荧光渗透检测。

波长比红色光更长的电磁波部分（780nm~2mm）称为红外线（或称为红外光 IR），波长再长的电磁波部分为无线电波。红外线主要产生热效应（红外加热）。

光的粒子性是指光束是微粒流，这些微粒就是光子。光子的运动速度就是光速。不同波长的光具有不同的能量，即由不同能量的光子组成。光子具有的能量 E 与光的频率成正比。

$$E = h\nu \tag{2-27}$$

光子所具有的能量 $h\nu$ 是频率为 ν 的光所具有的能量的最小单位，不能再进行分割，故光子又称为光量子。在光和其他物质相互作用时，能量的交换是按 $h\nu$ 的形式一份一份地进行的，即能量是不连续的。

干涉、衍射和偏振表明光是一种波，光电效应和康普顿效应表明光是一种粒子。大量光子的传播规律体现为波动性，频率越低、波长越长的光，其波动性越显著。个别光子的行为体现为粒子性，频率越高、波长越短的光，其粒子性越显著。光在传播过程中往往表现出波动性，在与物质发生作用时往往表现为粒子性。光既具有波动性，又具有粒子性，因此说光具有波粒二象性。

2.7.2　发光原理

原子由原子核和核外电子组成的。原子核位于原子的中心，电子在原子核外按照一定规律不停地绕核运动，运动着的电子本身具有能量，这能量与它所处的轨道层有关，即不同的轨道层上具有不同的能量。

轨道层即电子层，分别称为 K 层、L 层、M 层、N 层……在同一电子层中，还可以分为 s、p、d、f 电子亚层。每一层上的电子数不能超过 $2n^2$ 个（n 表示电子层数）。因此，第 1 层上最多容纳 2 个电子，第 2 层上最多容纳 8 个电子，第 3 层最多容纳 18 个电子……核外电子根据其能量大小依次排列在各电子层上。凡是满足 $2n^2$ 个电子的电子层称为闭合层，在闭合层以外的电子通常称为外层电子或外电子。

轨道层实际上构成了原子的能级。在正常状态下，原子将处于最小能级的稳定状态中。这个状态称为基态；其他的状态都具有比基态高的能量，称为激发态。如果在外界能量作用下，如光的照射、电子轰击等，电子将吸收能量从低能级跃迁到高能级，这种状态的原子，称为受激原子。当原子从受激态回到正常态时，即电子从高能级回到低能级时，受激电子以光的形式放出它受激时所吸收的能量，换句话说，将发射出一定频率的谱线来。原子从较高的激发态向较低的激发态或基态跃迁的过程就是辐射能量的过程，这个能量以光子的形式辐射出去就是原子发光现象，如图2-26所示。

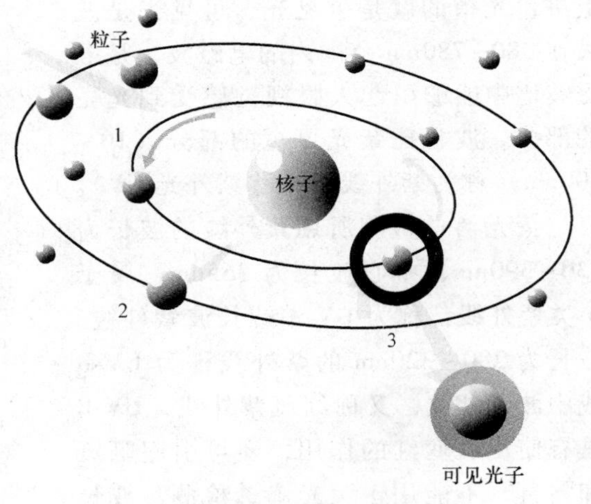

图 2-26　原子发光原理

分子中电子的状态比原子中电子的状态更为复杂，分子的能级比原子能级要复杂得多。原子的内壳层电子在其原子核附近原来的位置上运动，但分子中各原子的外层电子所处的状态与单个原子的外电子所处状态完全不同，存在两种情况：一种情况是原子的外层电子组成电子对，为分子内互相结合的原子所共有，如同它们共同围绕两个原子核在轨道上运动一样，即由共价键组成共价化合物；另一种情况是当金属元素和非金属元素的原子相互接近时，前者可能失去最外层电子而成为正离子，后者可能获得电子使电子层充满而成为负离子。正负离子在库仑力作用下结合成分子，即由离子键组成离子化合物。在外界能量的作用下，分子同样可以处于受激状态，当它回到正常态时也将释放能量，该能量同样以光的形式辐射出，也发射出一定频率的谱线来。

2.7.3　光的吸收和光致发光

1. 光的吸收

光在介质中传播时部分能量被介质吸收，光的吸收遵守如下规律：

$$I = I_0 e^{-\alpha L} \tag{2-28}$$

式中　I_0——入射光强，单位为 cd；

I——透射光强，单位为 cd；

L——光在介质中通过的距离，单位为 cm；

α——吸收系数，单位为 cm^{-1}。

上述规律先由 P. 布给于 1729 年通过实验得到，后由 J. H. 朗伯利用一个简单假设从理论上推出，故称布给-朗伯定律。1852 年，A. 比尔通过实验证明，当光被溶解在透明溶剂中的物质所吸收时，若浓度不太大，溶质分子间的相互影响可以忽略，则吸收系数 α 与溶液浓度 c 成正比，即

$$\alpha = \chi c$$

式中　χ——与浓度无关的物质常数。

吸收规律可写成

$$I = I_0 e^{-\chi c L} \tag{2-29}$$

式（2-29）称为比尔定律，常被用来测定溶液的浓度。

渗透检测着色（荧光）强度的度量指标之一为消光值 K，是指光线通过渗透剂被吸收的程度。光线通过有色溶液后部分光线被溶液吸收，使透射光强度减弱。消光值 K 与渗透剂中染料的浓度及光线所透过的液层厚度的乘积成正比，可表示为

$$K = \lg \frac{I_0}{I} = acL \tag{2-30}$$

式中　K——消光值；

I_0——入射光强；

I——透射光强；

L——光线所透过的渗透剂液层厚度；

c——渗透剂中染料的浓度；

a——比例常数。

由此可见，渗透剂的消光值 K 越大，着色（荧光）强度就越大，缺陷显示越清晰。溶液的消光值一般用比色光度计测定。

如果介质对光的吸收程度与波长无关，则称为一般吸收；对某些波长或一定波长范围内的光有较强吸收，而对其他波长的光吸收较少，则称为选择吸收。大多数染料和有色物体的颜色都是选择吸收的结果。多数物质对光在一定波长范围内吸收较少（表现为对光透明），而在另一些波段内则对光有强烈的吸收（表现为不透明），例如对可见光透明的普通玻璃对红外线和紫外线都有强烈吸收。

当光线照射物质时，可能全部被吸收或部分被吸收，也可能不被吸收。例如，当白光照射于一片黄色玻璃时，白光中的蓝光被吸收，而其他颜色的光透过该玻璃而呈现黄色。这是由于各种物质的分子具有不同的结构，因而具有它们特殊的频率，当所照射的光线和被照射的物质的分子具有相同的频率时，则发生共振现象，这种共振过程是物质分子对光能吸收过程，即光被该物质分子所吸收。白光中的黄光在通过黄色玻璃时不被吸收，是由于黄光的振动频率和该玻璃分子中电子的振动频率不相同造成的。当然，白光中的黄光虽不被黄色玻璃所吸收，但并不意味着黄色光和黄色玻璃分子之间没有发生任何作用。实际上，当透过黄色玻璃时，黄光的速度被降低了，这说明黄光本来所具有的能量（光能）在通过黄色玻璃时损耗了一部分。

物质分子吸收光能时，发生了能量转移。根据量子理论，分子从光线中吸收的能量是以光量子为单位的，每个量子所具有的能量与它的频率成正比。分子具有一系列的能级，各能级之间相差不大。当自某一能级转移至能量较高的其他另一能级时，它吸收了等于这两个能级之差的能量。在光线照射下，物质的分子吸收了一部分能量，跃迁至较高能级而成为激发分子。而在很短的时间内（约 10^{-8}s），它们首先因撞击而以热的形式损失掉一部分能量。从能量守恒与转换观点来看，受激分子以光的形式所放出的能量，不可能比它受激时所吸收的能量多。由式（2-27）可知，能量的减少即表现为分子从受激状态转变到正常状态，所放出的光波波长总是长于入射光（激发物质）的波长。

2. 光致发光

光致发光是指物体依赖外界光源进行照射，从而获得能量，产生激发导致发光的现象；也指物质吸收光子（或电磁波）后重新辐射出光子（或电磁波）的过程。在正常状态下，原子将处于具有最小能量的基态中。如果在外界能量的作用下，如光照射、电子转移等，则电子将吸收能量，从低能级的轨道跃迁到高能级的轨道，这就使电子的能量升高，由基态跃迁到能量较高的激发状态。高能级的激发态相对于基态是一种不稳定的状态，因此，会在很短的时间内自发地向能量较低的基态过渡，这就使处于高能状态的电子自发地跳跃到较低能级的轨道上。电子由高能级轨道跃迁到低能级轨道时，将辐射出一定能量的光子，当光子的波长在可见光的波长范围内时，就会出现光致发光现象。从量子力学理论上，这一过程可以描述为物质吸收光子跃迁到较高能级的激发态后返回低能级，同时放出光子的过程。

能产生光致发光现象的物质，称为光致发光物质。光致发光物质通常分为两种：一种是磷光物质。另一种是荧光物质。两者之间的区别在于：在外界光源停止照射后，仍能持续发光的，称为磷光物质；在外界光源停止照射后，立刻停止发光的，称为荧光物质。

荧光渗透检测时用紫外线照射荧光渗透剂的发光就属于光致发光的过程。荧光渗透剂中的荧光染料属于荧光物质，它能吸收紫外线的能量发出荧光。不同的荧光物质发出的荧光颜色不同，波长也不同，它们的波长一般为 510~550nm。因为人眼对黄绿色光较为敏感，故在荧光渗透检测中，常使用能发出黄绿色荧光（波长约为 550nm）的荧光物质，如 YJP-2、YJP-25 等。

着色渗透剂里含有的荧光染料大多为油溶性染料，其中以偶氮系染料最多，它们都具有偶氮基、羟基和胺基结构。这类物质溶于溶剂中，在日光的照射下，吸收光能，同时也放出红色光线的谱线来，所以着色渗透检测的缺陷显示多为红色。着色渗透剂的颜色强度称为着色强度，与溶液的浓度成正比。

荧光渗透剂的发光现象有赖于渗透剂中荧光物质发光。荧光物质大多数也是油类物质，它们彼此在结构上也是不完全一样的，不同荧光物质的分子有不同的本征频率，吸收入射光能后所产生的荧光波长也不完全一样，因而荧光颜色有差异。

图 2-27 所示为分子内的光物理过程。由图 2-27 可知，荧光物质发生荧光的过程可以分为四个步骤：①处于基态最低振动能级的荧光物质分子受到紫外线的照射，吸收了和它所具有的特征频率相一致的光线，跃迁到第一电子激发态的各个振动能级；②被激发到第一电子激发态的各个振动能级的分子，通过无辐射跃迁，降落到第一电子激发态的最低振动能级；③降落到第一电子激发态的最低振动能级的分子，继续降落到基态的各个不同振动能级，同时发射出相应的光量子，这就是荧光；④到达基态的各个不同振动能级的分子，再通过无辐射跃迁回到基态的最低振动能级。

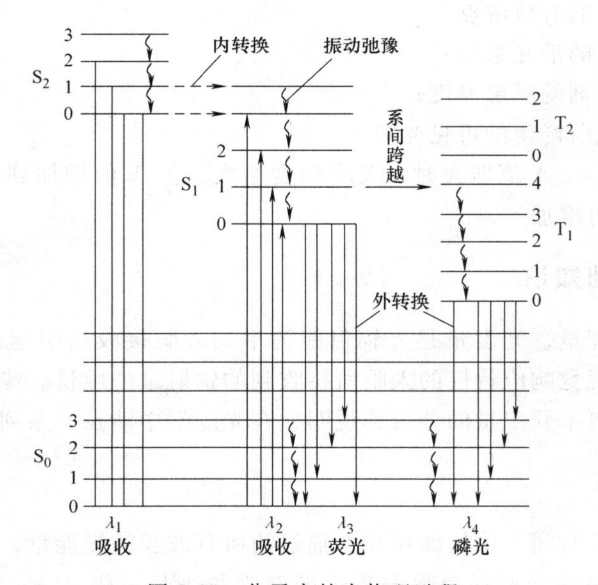

图 2-27 分子内的光物理过程

由此可见，分子产生荧光必须具备如下两个条件：

1）分子必须具有与所照射光的辐射频率相适应的结构，才能吸收激发光。

2）吸收了与其本身特征频率相同的能量之后，必须具有一定的荧光量子产率。

荧光量子产率 φ 也称荧光效率或量子效率，它表示物质发射荧光的能力。荧光量子产率定义为荧光物质吸光后发射的荧光的光子数与所吸收的激发光的光子数之比值，通常用下式表示

$$\varphi = \frac{发射的荧光的光子数}{吸收的激发光的光子数}$$

在产生荧光的过程中，涉及许多辐射和无辐射跃迁过程，如荧光发射、内转移、系间跨跃和外转移等。很明显，荧光的量子产率与上述每一个过程的速率常数都有关。

用数学式来表达这些关系可得

$$\varphi = kf/(kf + \sum ki)$$

式中　kf——荧光发射过程的速率常数；

$\sum ki$——其他有关过程的速率常数的总和。

凡是能使 kf 值升高而使其他 ki 值降低的因素，都可增强荧光。

实际上，对于强荧光分子（如荧光素），其量子产率在某些情况下接近 1，说明 $\sum ki$ 很小，可以忽略不计。一般来说，kf 主要取决于化学结构，而 $\sum ki$ 则主要取决于化学环境，同时也与化学结构有关。磷光的量子产率与此类似。

荧光渗透剂的荧光发光效率指荧光染料吸收紫外线转换成可见荧光的效率，直接影响荧光强度的大小。荧光渗透剂发光时各变量的关系可表示为

$$I_f = \varphi I_0 (1 - e^{-KcX}) \tag{2-31}$$

式中　I_f——可见光内测定的荧光强度；

I_0——被检试件表面测定的紫外线强度；

c——荧光染料的有效浓度；

K——荧光染料的消光系数；

X——荧光渗透剂的膜层厚度；

φ——染料系统所产生的可见光量。

由此可知，当 K、c、X 值增大时，荧光强度增大。但 X 值增加到一定厚度时，由于自熄作用，荧光强度不再增加。

2.7.4　光度学基础知识

光是一种客观物理量，光度量是光辐射能为平均人眼接收所引起的视觉刺激大小的度量，即具有平均人眼视觉响应特性的人眼所接收到的辐射量的度量。渗透检测检验场地光环境及检测光源的评价离不开定量的分析和说明，在光度学中涉及一系列的物理光度量，用于描述光环境与光源特征。

1. 辐射通量

辐射通量是指单位时间、单位面积元上辐射的所有波长的光能量，即光源表面上单位面积的辐射功率，用来描述光源辐射强弱程度的客观物理量。辐射通量用 ϕ_e 来表示，单位是瓦特（W）或焦耳/秒（J/s）。

如图 2-28 所示，设光源表面 S 向所有方向辐射出各种波长的光，此光源表面的一个面积元 dS 的辐射情况，可以用单位时间内该面积元 dS 辐射出来的所有波长的光能量（也就是通过该面积元的辐射功率）表示，这就是面积元 dS 的辐射通量。

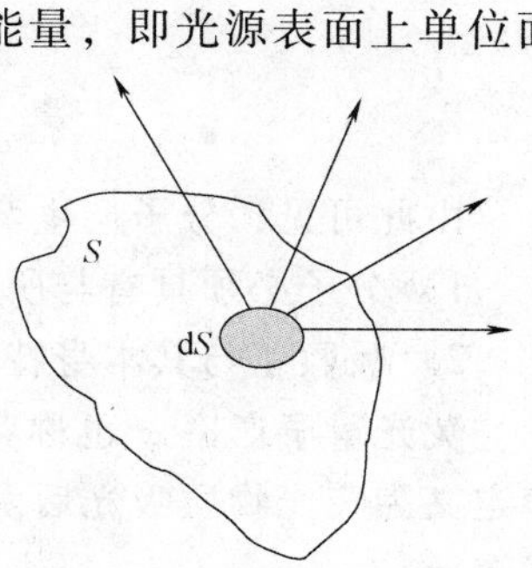

S
dS

图 2-28　辐射通量

对于光源上任一面积的辐射通量，不同波长的光在其中所占的比例是不同的，设 $e(\lambda)$ 为辐射通量随波长 λ 变化的函数，

又称谱辐射通量密度。

从光源面积元 dS 辐射出来的波长在 $\lambda \sim \lambda + \mathrm{d}\lambda$ 间的光辐射通量为

$$\mathrm{d}\phi_e = e(\lambda)\mathrm{d}\lambda$$

于是，从面积元 dS 发出的各种波长的总辐射通量为

$$\phi_e = \int_0^{\infty} e(\lambda)\mathrm{d}\lambda \tag{2-32}$$

2. 光谱光视效率

人眼对不同波长（或颜色）的光波具有不同的灵敏度，即当具有相同的辐射通量而波长不同的光作用于人眼时，人所感受到的明亮程度也是不一样的。人对不同波长光响应的灵敏度是波长的函数，称为光谱光视效率函数，简称视见函数。

国际照明委员会（CIE）所测定的标准光度观察者的光谱光视效率 $v(\lambda)$ 的数值见表 2-10。图 2-29 所示为明视觉和暗视觉的光谱光视效率实验曲线，其纵坐标为光谱光视效率。明视觉以 $v(\lambda)$ 表示，暗视觉以 $v'(\lambda)$ 表示。暗视觉曲线的峰值向短波方向移动了约 50nm，当不同的单色光辐射通量能够产生相等强度的视觉时，$v(\lambda)$ 与这些单色光的辐射通量成反比。实验表明，在同等辐射功率的情况下，空气中波长为 555nm 的黄绿光（频率为 540×10^{12} Hz 单色辐射）对人眼造成的光刺激强度最大，光感最强，曲线具有最大值。通常取这个最大值作为单位 1。例如对于波长为 660nm 的红光来说，光视效率的相对值是 0.061，也就是说，为了使它引起和波长为 555nm 的光相等强度的视觉，所需的辐射量是波长为 555nm 的光的辐射通量的 1/0.061 = 16 倍左右，或者说黄绿光对人眼的刺激比同样功率的红光或蓝光要强。

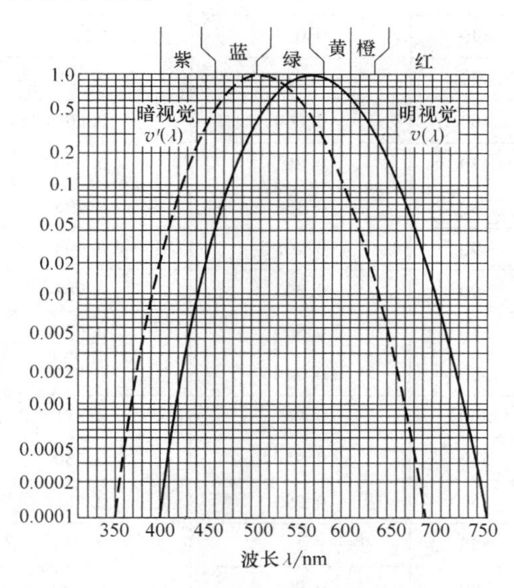

图 2-29　光谱光视效率曲线

3. 光通量

辐射通量表示光源或某一面积输出的光能量。而光源的照明效果是依据人眼的感觉来评定的，受人眼的光谱光视效率函数的影响。光通量是光源在单位时间内发出的光的总量，描述客观辐射通量在人的眼睛中引起的主观视觉强度，以 ϕ_v 表示，单位是流明（1m）。

光通量的数值很大程度上依赖光源辐射通量的多少，辐射通量中只有 380～760nm 波长的光的辐射才能引起人眼的光刺激，所以光通量的数值还取决于人眼的光谱光视效率 $v(\lambda)$，对于明视觉，有 $\phi_v = \int \mathrm{d}\phi_v(\lambda) = K_m \int_0^{\infty} v(\lambda)e(\lambda)\mathrm{d}\lambda$

式中　$e(\lambda)$——辐射通量的光谱分布；

$v(\lambda)$——光谱光视效率；

K_m——辐射的光谱（视）效能的最大值，单位为 lm/W。

表 2-10 CIE 标准光度观察者的光谱光视效率 $v(\lambda)$

λ/nm	明视觉 $v(\lambda)$	暗视觉 $v'(\lambda)$	λ/nm	明视觉 $v(\lambda)$	暗视觉 $v'(\lambda)$
380	0.0000	0.000589	580	0.870	0.1212
390	0.0001	0.002200	590	0.757	0.0555
400	0.0004	0.00929	600	0.631	0.03315
410	0.0012	0.03484	610	0.503	0.01593
420	0.0040	0.0966	620	0.381	0.00737
430	0.0116	0.1988	630	0.265	0.003335
440	0.023	0.3281	640	0.175	0.001497
450	0.038	0.455	650	0.107	0.000677
460	0.060	0.567	660	0.061	0.0003129
470	0.091	0.676	670	0.032	0.0001480
480	0.139	0.793	680	0.017	0.0000715
490	0.208	0.904	690	0.0032	0.00003533
500	0.323	0.982	700	0.0041	0.00001780
510	0.503	0.977	710	0.0021	0.00000914
520	0.710	0.935	720	0.00105	0.00000478
530	0.862	0.811	730	0.00052	0.000002546
540	0.954	0.650	740	0.00025	0.000001379
550	0.995	0.481	750	0.00012	0.000000760
555	1	0.430	760	0.00006	0.000000425
560	0.995	0.3288	770	0.00003	0.000000248
570	0.952	0.2076	780	0.000015	0.000000139

在单色辐射时，明视觉条件下的 $K_m=683\text{lm/W}$（$\lambda_m=555\text{nm}$）。光通量和辐射通量之间的换算由理论和实验可知，1W 的波长为 555nm 的黄绿光（频率为 $540\times10^{12}\text{Hz}$）的单色辐射的辐射通量等于 683lm 的光通量，或 1lm 的波长为 555nm 的黄绿光（频率为 540×10^{12} Hz）的单色光通量等于 1/683W = 0.001464 的辐射通量。

4. 发光强度

发光强度简称光强，定义为发光体在给定方向的立体角元 $d\Omega$ 内传输的光通量 $d\phi_v$ 除以该立体角元之商，即单位立体角内发出的光通量，可表达为

$$I=\frac{d\phi_v}{d\Omega} \tag{2-33}$$

式中 I——发光强度，单位为 cd。

发光强度是表征光源发光能力大小的物理量，也是表示光源向空间某一方向上单位立体角内所辐射的光通量的大小。在数量上 1cd = 1lm/sr。1cd 是指单色光源（频率为 540×10^{12} Hz，波长 0.555μm）的光，在给定方向上（该方向上的辐射强度为 1/683W/sr）的单位立

体角内发出的发光强度。

如果在有限立体角 Ω 内传播的光通量 ϕ_v 是均匀分布的，则

$$I=\frac{\phi_v}{\Omega} \tag{2-34}$$

式中　Ω——立体角。

一个任意形状的封闭锥面所包含的空间称为立体角。如图 2-30所示，以任一锥体顶点 O 为球心，任意长度 r 为半径作一球面，被锥体截取的一部分球面面积为 S，则此锥体限定的立体角 Ω 为

$$\Omega=\frac{S}{r^2}$$

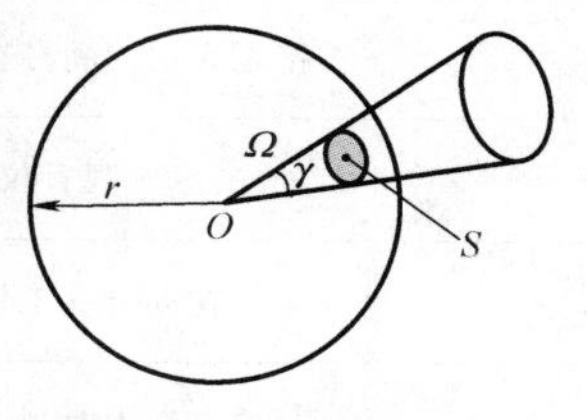

图 2-30　立体角示意图

立体角的单位是球面度（sr），以圆球为例，整个球的表面积为 $4\pi r^2$，则这个球所占的空间（即立体角）为

$$\Omega=\frac{4\pi r^2}{r^2}=4\pi$$

均匀发光体（如点光源）在各个方向均匀发光，则得点光源辐射的光通量

$$\phi_v=4\pi I \tag{2-35}$$

5. 照度

照度是表征受照面被照明程度的物理量，它可用入射在受照物体单位面积上的光通量的数值来度量，以 E 表示。如图 2-31 所示，如果照射在物体面积元 dS 上的光通量为 $d\phi_v$，则照度可表示为

$$E=\frac{d\phi_v}{dS} \tag{2-36}$$

照度的单位是勒克斯（lx）。1lx 是 1lm 的光通量均匀分布在 $1m^2$ 的表面上所产生的照度，即 $1lx=1lm/m^2$。如果受照表面均匀受光，即受照表面上照度处处相等，则受照表面所接受的照度为

$$E=\frac{I}{S}$$

对于点光源来说，$d\phi_v=Id\Omega$，因而照度

$$E=\frac{Id\Omega}{dS}=\frac{I\cos\alpha}{R^2} \tag{2-37}$$

式中　R——点光源距受光物体面积元 dS 中心的距离；

　　α——光束中轴线与受光处表面法线之间的夹角。

由此可见，点光源所造成的照度与光源到受照面的距离的平方成反比，而与光线入射角的余弦成正比。因为在大多数情况下，物体不是自己发光的，所以照度有重要的意义。

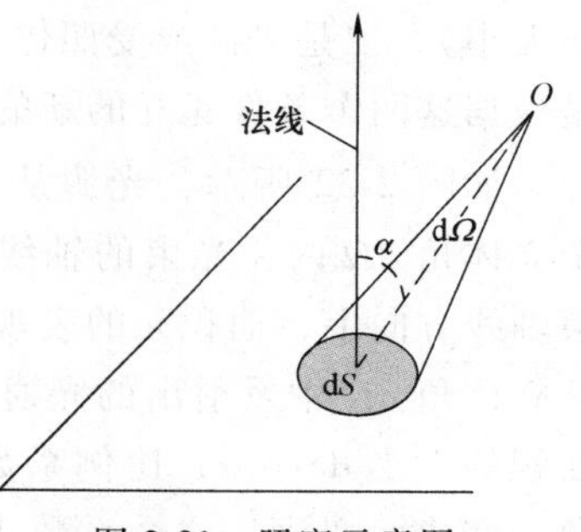

图 2-31　照度示意图

表 2-11 列举了一些实际情况下照度的近似值。

在点光源垂直照射的情况下，光线入射角 $\alpha=0°$时

$$E_0 = I/R^2$$

表 2-11 一些实际情况下的照度的近似值

实际情况	照度/lx
无月夜星光在地面上所产生的照度	3×10^{-4}
接近天顶的满月在地面所产生的照度	0.2
观看仪器的示值	30~50
在办公室工作时所需的照度	20~100
检查视力时视力表上应有的照度	100~300
晴朗的夏日在采光好的室内的照度	100~500
夏日太阳不直接射到的露天地面的照度	1000~10000

此时，被照面上的照度和光源的发光强度成正比，和光源到被照面间的距离平方成反比。这个结论是照度的距离平方反比定律。

同样，由式（2-37）可知，当投射光距离不变，而光线入射角为 α 时，则照度的表达式可写为

$$E = E_0\cos\alpha \tag{2-38}$$

式（2-38）表明被照射表面的照度和表面法线与光线方向之间夹角的余弦成正比，这就是照度余弦定理。

综上所述，垂直于光线方向的被照射表面的照度具有最大值。随着 α 角的增大，照度减小。所以使用照度计测量被测面照度时，必须使照度计调节到正确位置。照度计位置不准时，测得的读数不是被测面的照度，计算所得的被测面有效光通量会偏小。

6. 亮度

人们能够识别物体的形状和明暗，是由于光源或受照物体反射的光线进入人眼，在视网膜上成像。视觉上的明暗程度取决于进入眼睛的光通量在视网膜上所成物像的照度。因此，确定物体的明暗要考虑两个因素：一是光源或受照体在指定方向上的投影面积（决定物像的大小），二是光源或受照体在该方向上的发光强度（决定物像上的光通量密度）。亮度就是根据这两个条件建立的新的光度量参量。

如图 2-32 所示，光源从某一面积元 dS 出发，包围在一个立体角 dΩ 内，光束的轴线与 dS 法线成一个角度 α。在光束轴线方向上，面积元的表观面积是 d$S\cos\alpha$。根据朗伯定律，从立体角 dΩ 中发射出的光通量 dϕ_v 正比于 dΩ 和发光体表观面积的大小 d$S\cos\alpha$，比例系数和发光面的性质有关，不随 α 角的变化而变化。这个系数用 L 表示，称为光源的亮度，它是表征发光表面发光能力的强弱并与发光表面特性有关的物理量，可以用单位面积的光源表面在法线方向的单位立体角

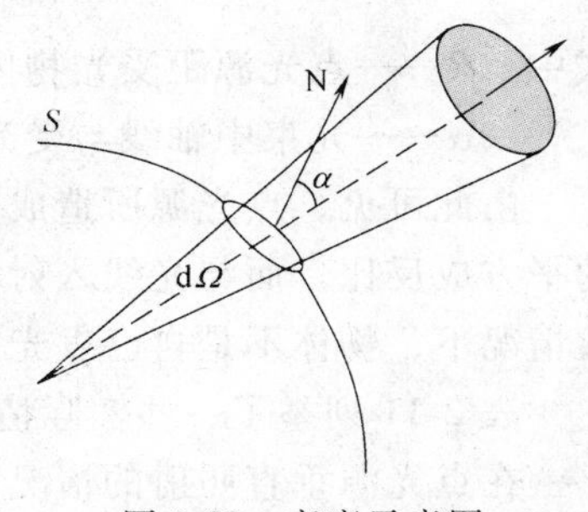

图 2-32 亮度示意图

内发出的光通量来量度。于是，$d\phi_v = L(dS\cos\alpha)d\Omega$，因此

$$L=\frac{d\phi_v}{(dS\cos\alpha)d\Omega} \tag{2-39}$$

式中　L——亮度，单位为 cd/m^2。

在亮度均匀的条件下，亮度可用下式计算

$$L=\frac{I}{S}$$

应当指出，光源的亮度常常在各个方向上不相同，所以在提到一点或一个有限表面的亮度时，需要指明方向。

综上所述，光通量、发光强度、照度和亮度这四个光度量有不同的应用领域，并且可以互相换算。光通量表征光源辐射能量的大小。发光强度用来描述光通量在空间的分布密度。照度说明受照物体的受光表面光通密度。亮度表示光源或受照物体表面的明暗差异，它不但与光源有关，而且与物体表面吸收和反射特性有关。

2.7.5　目视观察的条件

视网膜是引起人眼视觉的关键器官，人眼的视网膜上有锥状细胞和杆状细胞两类含有光敏物质的感光细胞。人眼能在一个相当大的范围内适应视场亮度。当人眼适应大于或等于 $3cd/m^2$ 的视场亮度后，视觉由锥状细胞起作用，这是人眼的明视觉响应；当人眼适应小于或等于 $3\times10^{-5}cd/m^2$ 视场亮度之后，视觉只由杆状细胞起作用，这是人眼的暗视觉响应。锥状细胞具有高分辨力和颜色分辨能力；杆状细胞的视觉灵敏度比锥状细胞高数千倍，但不能辨别颜色。由于杆状细胞没有颜色分辨能力，故夜间人眼观察景物呈灰白色。

人眼对各种不同波长的辐射光有不同的灵敏度，并且不同人的眼睛对各波长的灵敏度也常有差异。对大量具有正常视力的观察者所做的实验表明：在较明亮的环境中，人眼视觉对波长在 555nm 左右的绿色光最敏感；在较暗条件下，人眼对波长为 512nm 的蓝绿光最敏感，如图 2-33 所示。

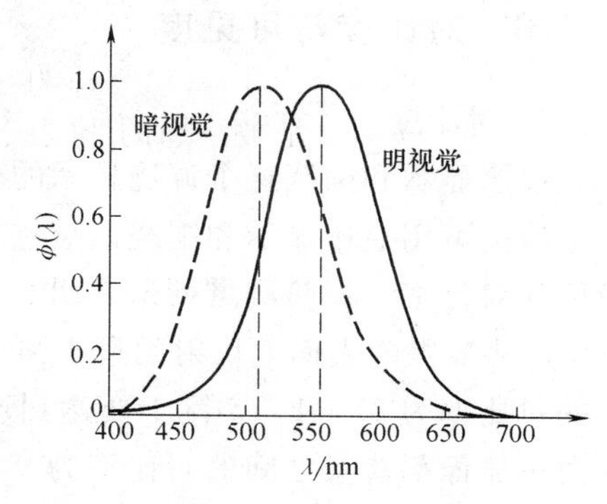

图 2-33　人眼的光谱灵敏度曲线

人眼能在不同亮暗程度的条件下工作，这是因为眼睛对不同亮度条件有适应的能力，这种能力称为眼睛的适应。眼睛的适应是一种当周围照明条件发生变化时眼睛所产生的变化过程，可分为对暗适应和对亮适应两种。前者发生在自光亮处到黑暗处的时候，后者发生在自黑暗处到光亮处的时候。当环境亮度从亮到暗时，就出现锥状细胞向杆状细胞活动的转换，此时眼睛的敏感度提高，适应于感受十分微弱的光能。暗适应过程是逐渐完成的，其刺激瞳孔的增大，使进入眼睛的光能量增加。正常眼的暗适应过程是：最初 5min 对光的敏感度提高很快，以后渐慢；8~25min 对光的敏感度又增加很快，以后渐慢；约 30min 达到完全暗适应状态，之后不再随时间而变化。同样，当由暗处到亮处要产生炫目现象，这表明对光适应也要有一定的时间，但适应过程需几分钟。眼睛对光适应时，敏感度降低，由

于在照度良好的条件下，不影响眼睛的工作能力。

渗透检测通常依赖于检测人员对显示的观察，所以为目视观察提供的照明是很重要的。

着色检测的显示是在白光源下进行观察的，太阳光、白炽灯、荧光灯管或蒸气汞灯都是很好的光源。白光源的光谱特征是希望被渗透剂反射的成分弱而其他成分强，在试件上能得到满意的白色显像剂背景，而渗透剂的显示则较暗，从而可获得最大的反差。泛光的可见面较大，有利于观察大型的相对平整的表面。对于形状复杂的零件，灯光很难照到整个表面，最有效的办法是用手提式点光源照明。着色检测时，观察所使用的白光的波长范围为400~760nm，检测场地、被检试件表面白光照度不低于1000lx，现场检测时，至少应不低于500lx。

荧光渗透检测的缺陷显示要在黑暗的检验室中于黑光灯的照射下观察。黑光是一种比可见光波长更短的不可见光，其波长范围为330~390nm，中心波长为365nm，一般用黑光灯得到。紫外线能使荧光渗透剂产生荧光，荧光检测就是利用荧光渗透剂受紫外线照射而激发产生荧光这一现象为基础的。其荧光波长为520~550nm，其中心波长为550nm，呈黄绿色。眼睛在暗场环境下对黄绿色波长范围内的光有最高的视觉灵敏度。眼睛对黑光相对来说不太敏感，特别是存在可见光时。在暗场时，眼睛的敏感度会急剧增加。

检验室里的可见光对检测结果会有很大的影响，可见光越强，观察荧光显示越困难，能够辩认出荧光显示所需的黑光辐照度就越大。暗室白光照度不大于20lx，黑光照度不小于1000μW/cm^2。检验员进入暗室至少要有5min适应暗室的时间。检测时黑光进入眼睛或黑光反射到眼睛会引起视觉模糊。但是黑光并无害处，经过一段时间眼睛模糊的视觉就会消失。若发花比较严重，可以开始戴一副黄色玻璃眼镜，不准戴墨镜或变色镜，这会降低完成检验的效果和质量。

2.7.6 对比度与可见度

1. 对比度

痕迹显示和围绕这个痕迹显示的表面背景之间的亮度或颜色（光）之差，称为对比度。渗透检测可用痕迹显示和围绕该痕迹显示的表面背景之间反射光的相对量来表示，这个相对量称为对比率。试验测量结果表明，从纯白色表面上反射的最大光强度约为入射白光强度的98%，从最黑的表面上反射的最小强度约为入射白光强度的30%。这表明黑白之间能得到最大的对比率为33∶1。实际上要达到这个比值极不容易，试验测量结果表明，黑色染料显示与白色显像剂背景之间的对比率为9∶1，而红色染料显示与白色显像剂背景之间的对比率却只有6∶1。

采用着色检测时，红色染料显示与白色显像剂背景之间的最高对比率约为6∶1。采用荧光检测时，荧光显示与不发荧光的背景之间的对比率（即使周围环境不可避免有些微弱的白光存在）可达300∶1，甚至达1000∶1，在完全暗的情况下，可达无穷大。由于着色渗透检测时的对比率远小于荧光渗透检测时的对比率，因此荧光渗透检测有较高的灵敏度。

着色渗透检测时，红色染料显示与白色显像剂背景之间应形成鲜明的色差。荧光渗透检测时，背景亮度必须低于要求显示的荧光亮度。

2. 可见度

可见度是观察者在一定的本底、外部光等条件下能看到显示的一种特征。与显示的颜色、背景的颜色、显示的对比度、显示本身反射或发射光的强度、周围环境光线的强弱及观察者的视力等因素有关。人眼在强的白光下对光强度的微小差别不敏感，对颜色的对比度差别的辨别能力很强；在暗场中，辨别颜色和颜色对比度的本领很差，但能看见微弱的光源，对黄绿色光具有良好的可见度。荧光渗透检测时采用的荧光渗透剂，在紫外线照射下，发黄绿色荧光，因而缺陷显示在暗室里具有较好的可见度。

技能训练　液体表面张力的测定——毛细管法

一、目的

1）了解液体的毛细现象。

2）了解液体的润湿和不润湿现象。

二、设备和器材

毛细管、放大镜、渗透剂、恒温浴槽、试管、支架、乳胶橡胶管、液体相对密度天平、注射器。

三、检测原理

由式（2-16）可知，当液体对毛细管的润湿角 $\theta \to 0°$时，$\cos\theta = 1$，则有

$$\alpha = \frac{rh\rho g}{2}$$

只要知道毛细管半径 r，测得液体在毛细管上升高度 h 之后，便可计算液体的表面张力。具体实验时，可用以下方法进行计算：

$$\alpha_{水} = h_{水} g \rho_{水} r/2$$

$$\alpha_{测} = h_{测} g \rho_{测} r/2$$

$$\alpha_{水}/\alpha_{测} = (h_{水} g \rho_{水} r/2)/(h_{测} g \rho_{测} r/2)$$

$$= (h_{水}\rho_{水})/(h_{测}\rho_{测})$$

$$\alpha_{测} = \alpha_{水} h_{测}\rho_{测}/(h_{水}\rho_{水})$$

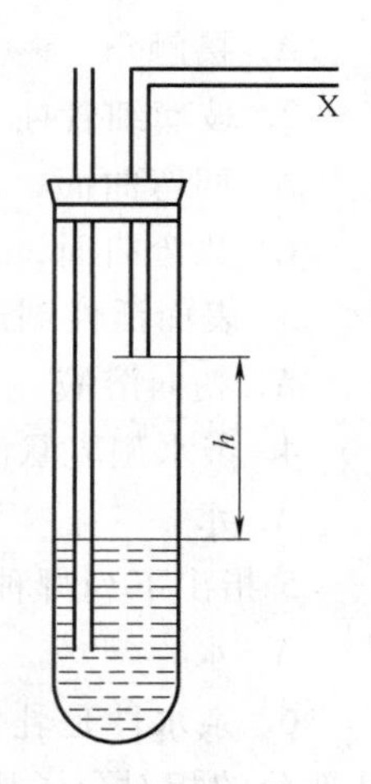

图 2-34　毛细管法测量表面张力

由上式可知，只要测出水及被测液体在同一毛细管中的上升高度，就可算出被测液体的表面张力。

如果毛细管半径 r 未知，可用下面的两种方法进行测量：①将汞注入毛细管，测定毛细管内汞柱高 L 时的质量，已知汞的密度及汞柱的长度，根据圆柱体公式可计算出毛细管半径；②以水为基准物（即水在各温度下的表面张力为已知），用同一毛细管先用水进行测量，则可利用公式求出毛细管的半径。

四、测试内容和步骤

1）先将毛细管冲洗干净，并用待测液体冲洗（洗后管壁不留水珠），然后将毛细管洗

净并干燥。在试管中倒入被测液体，置于恒温浴槽中（注意垂直放置），如图 2-34 所示。

用注射管或吸管通过 X 管慢慢地将空气吹入试管中，待毛细管内液体升高后，停止吹气并使试管内外压力相等，待液体回到平衡位置，用读数显微镜测量其高度 h。测定完毕后，从 X 管吸气，降低毛细管内的液面高度，停止吸气，并使管内外压力相等，恢复到平衡位置测量高度。如果毛细管洁净，则两次测量的高度应相等，否则应清洗毛细管。

用上述方法测定数次，直到数据重现性较好为止，取出毛细管，用吸管将毛细管内液体吸出，洗净。

2）用同样的方法测定蒸馏水和渗透剂中毛细管液面上升的高度。

3）用液体相对密度天平测定在 20℃时渗透剂的相对密度。

复 习 题

一、判断题（正确的画√，错误的画×）

1. 润湿液体在毛细管中呈凹面并且上升，不润湿液体在毛细管中呈凸面，并且下降的现象，称为毛细现象。（ ）

2. 一定成分的液体在一定的温度和压力下，表面张力系数值一定。（ ）

3. 非离子型表面活性剂的 *HLB* 值较高时，可起乳化作用，较低时，也可能起乳化作用。（ ）

4. 因为毛细作用，渗透检测方法检测多孔型表面试件也很适合。（ ）

5. W/O 表示亲油型乳化剂，油是分散介质，水是分散相。（ ）

6. 表面活性剂的 *HLB* 值越高，则亲水情况越好。（ ）

二、选择题（从四个答案中选择一个正确答案）

1. 影响渗透剂渗入表面缺陷的速度最主要的因素是（ ）。

A. 接触角　B. 渗透剂的密度　C. 润湿能力　D. 以上都不对

2. 玻璃细管插入水银槽内，细管内水银面呈（ ）。

A. 凹弯曲面，有一定爬高　B. 凸弯曲面，接触角小于 90°

C. 凸弯曲面，低于管外应液面　D. 凹弯曲面，接触角小于 90°

3. 表面活性剂形成胶团时，亲油基（ ），亲水基（ ）。

A. 朝向溶液　B. 朝向水中　C. 聚集于胶团之中　D. 不聚集于胶团之中

4. 亲水型乳状液，外向为（ ），内向为（ ），乳化形式为（ ）。

A. 水　B. 油　C. O/W　D. W/O

5 指出下列哪种液体的表面张力系数最大（ ）。

A. 水　B. 煤油　C. 丙酮　D. 乙醚

6. 亲水性是乳化剂的一个重要指标，常用 *HLB* 值表达，即（ ）。选项中，a 为亲水基部分的相对分子质量，b 为乳化剂的相对分子质量。

A. $HLB=20(a/b)$　B. $HLB=20(b/a)$

C. $HLB=20ab$　D. $HLB=20a^2/b$

7. 红色渗透剂与白色显像剂的比率约为（ ）。

A. 33∶1　B. 6∶1　C. 9∶1　D .9∶2

8. 在可见光范围内，如果下列各种颜色亮度相同，其中哪种颜色最容易发现。(　　)

A. 红色　B. 黄-绿色　C. 蓝色　D. 紫色

9. 荧光渗透剂中的荧光材料对哪种波长的辐射最敏感？(　　)

A. 700nm　B. 250Å　C. 3650Å　D. 330nm

三、问答题

1. 自然界中的物质有哪三种状态？各有什么特点？

2. 什么是表面张力？试举例说明自然界存在表面张力的现象。什么是表面张力系数？表面张力系数与哪些因素有关？

3. 表面张力产生的原因是什么？

4. 简述黏附力、内聚力和附着层的定义。润湿现象产生的原因是什么？

5. 润湿的类型有哪些？

6. 试阐述液体润湿固体的条件。

7. 什么是接触角？接触角与润湿程度的关系是什么？

8. 试写出湿润方程，并作出简图，注明方程中各符号。

9. 试写出任意弯曲液面下的附加压强——拉普拉斯公式的表达式。讨论平面、球面和圆柱面的附加压强。

10. 附加压强与曲率半径的关系是什么？

11. 什么是毛细管和毛细现象？毛细现象产生的原因是什么？

12. 试写出湿润液体在毛细管上升高度的计算式，并指出各符号的意义。

13. 试写出两平行板间润湿液面高度表达式，并指出各符号的意义。

14. 什么是吸附现象？渗透检测中哪些地方发生吸附？

15. 物理吸附和化学吸附的区别有哪些？

16. 什么是溶解度？它对渗透检测灵敏度有何影响？

17. 什么是表面活性与表面活性物质？试通过表面活性分子结构简述其特性。

18. 溶液表面张力与浓度的关系如何，试分别画图说明。

19. 表面活性剂分子结构的特点是什么？表面活性剂的“两亲”性质是指什么？

20. 表面活性剂降低溶液表面张力的原因是什么？

21. 表面活性剂的分类如何？渗透检测中，为什么通常采用非离子型的表面活性剂？

22. 什么是 *HLB* 值？简述 *HLB* 值不同时对应的作用关系。试写出单一成分和多种成分的非离子型表面活性剂 *HLB* 值计算式。

23. 试阐述不同 *HLB* 值表面活性剂对应的用途。

24. 计算 500g 润湿剂 JFC（$HLB=12.0$）与 1500g MOA（$HLB=5.0$）混合的 *HLB* 值。

25. 计算月桂醇聚氧乙烯醚 $C_{12}H_{25}(OC_2H_4)_{10}$ 的 *HLB* 值（已知 $C=12$，$H=1$；$O=16$）。

26. 在液体渗透检测中，主要利用的是表面活性剂的哪些作用？

27. 表面活性剂的乳化作用指的是什么？什么是乳状液？乳状液的类型有哪些？

28. 对乳状液进行鉴别的方法有哪些？如何进行鉴别？

29. 可见光、紫外线、荧光三者的区别是什么？试写出三者的波长范围。

30. 紫外线谱是如何分区的？荧光渗透检测所用紫外线波长范围是多少？属于哪类紫外辐射？可见光的波长范围是多少？

31. 什么是光致发光？什么是磷光物质？什么是荧光物质？

32. 分子产生荧光必须具备的条件是什么？什么是荧光量子产率？

33. 简述辐射通量、光谱光视效率、光通量、发光强度、照度和亮度的定义及各自的单位。

34. 渗透检测目视观察的条件是什么？

35. 什么是对比度和可见度？从对比度和可见度方面简述荧光检测和着色检测的差别。

第3章　渗透检测剂

渗透检测剂是用来检验试件表面开口缺陷的试剂，它包括渗透剂（渗透作用）、清洗剂（清洗作用）、乳化剂（乳化作用）和显像剂（显像作用）等。

3.1　渗透剂

渗透剂是一种具有很强渗透能力的溶液。渗透剂能渗入表面开口的缺陷并由显像剂吸附回渗，从而显示缺陷的痕迹。渗透剂的性能直接影响渗透检测的灵敏度。

3.1.1　渗透剂的分类

渗透剂按所含染料成分可分为荧光渗透剂、着色渗透剂和荧光着色渗透剂三大类。荧光渗透剂含有荧光染料，在黑光照射下，缺陷图像发出黄绿色荧光，需在暗室的黑光灯下观察缺陷图像。着色渗透剂含有红色染料，在白光下观察缺陷图像，缺陷显示红色。荧光着色渗透剂含有特殊染料，缺陷图像在白光下显示鲜艳的暗红色，在黑光照射下显示明亮的荧光。

渗透剂按溶解染料的基本溶剂分为水基渗透剂和油基渗透剂两大类。水基渗透剂以水为基本溶剂，在水中溶解染料。水基渗透剂中加有特殊表面活性剂，降低了水的表面张力，从而提高了水的润湿能力。油基渗透剂的基本溶剂是“油”类物质，例如航空煤油、灯用煤油、5号机械油和200号溶剂汽油等。与水基渗透剂相比，油基渗透剂的渗透能力强，检测灵敏度较高。

渗透剂按多余渗透剂的去除方法可分为水洗型渗透剂、后乳化型渗透剂和溶剂去除型渗透剂三种。水洗型渗透剂又分为水基渗透剂和自乳化渗透剂，水基渗透剂直接用水去除试件表面多余的渗透剂。自乳化型渗透剂是在油基渗透剂中加入一定数量的乳化剂，试件表面多余的渗透剂也可以直接用水清洗去除；后乳化型渗透剂中不含乳化剂，试件表面多余渗透剂的去除需要增加乳化剂乳化这一工序，才能用水清洗去除。根据乳化剂乳化形式的不同，后乳化型渗透剂又分为亲油性后乳化型渗透剂与亲水性后乳化型渗透剂两种。溶剂去除型渗透剂是用有机溶剂将试件表面多余的渗透剂去除。

按渗透检测灵敏度水平分类，渗透剂可分为很低、低、中、高、超高五类。水洗型荧光渗透剂有低、中、高灵敏度水平。后乳化型荧光渗透剂有标准（中等）、高、超高灵敏度水平。着色渗透剂有低、中灵敏度水平。

此外，根据特殊应用场合需要，还有一些专用的渗透剂，如与液氧相容的渗透剂、低硫钠渗透剂和低氟氯渗透剂等。

3.1.2　渗透剂的组成

通常，渗透剂是由溶质和溶剂组成的溶液。有少数渗透剂是悬浮液，如过滤型微粒渗透剂是发光染料微粒悬浮于渗透剂中。溶液型渗透剂的主要成分是染料、溶剂、表面活性剂以及其他多种用于改善渗透剂性能的附加成分。荧光染料是荧光渗透剂的发光剂，着色染料是着色渗透剂的颜色显示剂。溶剂用于溶解染料并起渗透作用。表面活性剂用于降低表面张力，增强润湿作用。这里主要介绍溶液型渗透剂的组成。

渗透剂的成分见表 3-1。

表 3-1　渗透剂的成分

渗透剂的种类		荧光染料	着色染料	溶剂	表面活性剂
荧光渗透剂	水洗型	√		√	√
	后乳化型	√		√	
	溶剂去除型	√		√	
着色渗透剂	水洗型		√	√	
	后乳化型		√	√	
	溶剂去除型		√	√	△

注：△表示根据需要，有时使用代用溶剂。

1. 染料

（1）荧光染料　荧光染料是荧光渗透剂的发光剂，荧光染料要求发光强，色泽鲜艳，对可见光和紫外线照射的稳定性好，对试件无腐蚀，容易清洗等。由于人们对波长为 550nm 的黄绿色最敏感，所以要求荧光染料发出黄绿色的荧光。目前常用的荧光染料有：①花类化合物，如 YJP-15、YJP-35 和 YJP-1；②萘酰亚胺化合物，YJN-68、YJN-42 和 YJN-47；③咪唑化合物，如 YJI-43；④香豆素化合物，如 MDAC。比较它们的性能可发现，花系荧光染料具有荧光强、色泽鲜明、对光和热稳定性较好等优点。例如，用花系荧光黄染料（YJP-15）配成的荧光渗透剂就兼有这些特点，尤其在紫外线或日光照射下，荧光强度无明显下降，从而可以延长使用寿命。

荧光染料的荧光强度和波长与所用的溶剂及其浓度有关。如 YJP-15 在氯仿中呈强黄绿色荧光，在石油醚中呈绿色荧光，而且前者强度较后者大。荧光强度随着染料浓度的增大而增强，但浓度达到某一数值后即不再继续增强，甚至会减弱。

为提高荧光渗透剂的荧光强度，一种荧光渗透剂中往往要加入两种以上的荧光染料，组成激活系统，起到“串激”作用。“串激”就是第二种染料发出的荧光谱与第一种染料的吸收谱相一致。这时，第一种染料在溶液中吸收第二种染料的荧光得到激发，增强了自身发出的荧光强度。由此可知，“串激”并非两种染料荧光谱的简单叠加，而是第二种染料增强了第一种染料的荧光强度，第二种荧光染料发出的波长比第一种染料的波长要短，它所吸收的也是更短的波长，这样可以充分利用激发光源的全部能谱。例如，香豆素化合物吸收波长为 365nm 的紫外线发出的 425～440nm 蓝紫色光谱，恰好与花系或萘酰亚胺系的吸收光谱（430nm 左右）相重合并被其吸收，放出 510nm 的绿色荧光，从而增大了萘酰亚胺系染料在紫外线照射下发出的黄绿色荧光强度。

（2）着色染料　着色染料是着色渗透剂的颜色显示剂，着色染料必须鲜明地对缺陷部位染色，才能与显像剂的白色衬底形成鲜明的对照。着色染料要求色泽鲜艳，颜色浓，易溶解；与显像剂形成鲜明的对比色泽；易清洗、杂质少，无腐蚀性，对人体无危害。一般使用容易引起人们注意且对白色反差好的红颜色。

染料有油溶型、醇溶型及油醇混合型三类。一般着色渗透剂的着色染料多为油溶型的红色染料，如苏丹红、烛红128、烛红223、油溶红、荧光桃红、刚果红等，其中尤以偶氮系染料中的苏丹IV使用最广，它的化学名称为偶氮苯。偶氮-β萘酚的分子式为 $C_6H_5N_2 \cdot COH_4 \cdot N_2 \cdot C_{10}H_6(OH)$。它们大都具有偶氮基（—N=N—）、羟基、氨基结构，一般不溶于水，而溶于乙醇、油脂等溶剂。

2. 溶剂

渗透剂的溶剂所起的作用一方面是溶解染料，另一方面是对缺陷部位起渗透作用。多数情况下将几种溶剂组合使用，在各成分的特性达到平衡的基础上组成配方。

溶剂大致可分为基本溶剂和起稀释作用的溶剂两大类。基本溶剂必须具有充分溶解染料、鲜明地发挥荧光颜色与着色染料的色泽等条件，此外，还要求具有高沸点下难以挥发、对金属不腐蚀、没有或基本没有气味等特点。根据以上要求，一般使用高沸点酯类、高沸点乙醇类和多元醇衍生物等。

稀释溶剂除具有调节黏度与流动性目的外，还起降低材料费的作用。它要求具备的条件是与基本溶剂互溶、对金属不腐蚀、无难闻气味、毒性小等。一般使用链型或环状碳氢化合物。

（1）荧光渗透剂溶剂　干粉状态的荧光染料在紫外线照射下并不发射明亮的荧光，染料溶解到溶剂中才可发射出明亮的荧光。荧光染料的发光强度和波长与所用的溶剂及染料在该溶剂中的溶解度有关。因此，对于选定的荧光染料，为得到理想的黄绿色荧光，选择合适的有机溶解染料是很重要的。试验证明，荧光强度随荧光染料在溶剂中浓度的增加而增加，但浓度增加到某一极限值时，浓度再增加，荧光强度不再继续增强，反而还出现减弱的现象。因此，不能单靠增加浓度来提高荧光强度。

渗透剂中的溶剂应具有良好的溶解性和较强的渗透力。渗透剂灵敏度的高低不仅取决于染料溶解在溶剂中所具有的荧光强度（即波长）和发光强度，还取决于渗透剂（即溶剂）的渗透能力。

染料在溶剂中（如煤油）的溶解度很低，故需采用中间的溶剂，如苯醇、酮、醚、酯、氯仿等。先将染料溶解在中间溶剂中，然后再与溶剂互溶，得到符合要求染料浓度的溶液，为了使这种溶液具有良好的互溶性，使染料在低温下不从溶剂中分离出来，渗透剂中需加一定量的耦合剂，如乙二醇单丁醚、二乙二酸丁醚等，同时使渗透剂具有较好的乳化性、清洗性和互溶性。

邻苯二甲酸二丁酯是常用的溶剂。煤油表面张力小，润湿能力强，也是一种良好的溶剂。但是煤油对染料的溶解度小，若加入邻苯二甲酸二丁酯，不仅可提高对染料的溶解度，在较低温度下使染料不致沉淀出来，还可以调整渗透剂的黏度和沸点，减少试剂的挥发，使渗透剂具有优良的综合性能。

在选择溶剂时，应尽量选择那些易于水洗，对试件及容器无腐蚀、不易挥发、气味小、毒性小、闪点高、相对密度小、黏度低、表面张力系数小、价格便宜的溶剂。

一些有机溶剂的物理常数见表3-2。

（2）着色渗透剂溶剂　着色渗透剂中使用的溶剂是用来溶解染料的，也起渗透作用。溶剂的选择主要依据染料的化学结构，应选择与着色染料结构和极性相似的溶剂，如苏丹IV与水杨酸甲酯、苯甲酸甲酯的结构相似。常用染料的溶剂有煤油、松节油、苯、乙醇、乙二醇、水杨酸甲酯、水杨酸异戊酯及α-溴代萘等。着色渗透剂中也常用二甲苯或苯作溶剂。这些溶剂具有渗透力强、对染料溶解能力大等优点，但它们有一定的毒性，挥发性也较大。

表 3-2　一些有机溶剂的物理常数

化合物名称	密度/(g/cm³)	表面张力系数/(×10⁵N/cm)	黏度/(×10⁻⁶m²/s)	闪点/℃
水	0.9992	72.8	1.004	—
乙醇	0.789	23	1.521	57
乙二醇	1.115	47.7	17.85	232
乙醚	0.736	17.01	0.3161	49
丙酮	0.70	23.7	0.3218	0
甲乙酮	0.8007	27.9	0.524	—
乙二醇单丁醚	0.904	—	—	165
苯	0.876	28.87	0.5996	0.5996
二甲苯	0.880	30.03	—	—
萘	0.665	21.8	0.61	30
四氯乙烯	1.5953	35.6	0.988	—
煤油	0.84	23	1.65	40
邻苯二甲酸二丁酯	1.048	—	—	315

3. 表面活性剂

水洗型渗透剂中添加了一定量的表面活性剂，并分散在渗透剂中，利用水分进行自乳化，有利于水洗。表面活性剂应能与溶剂充分互溶，防止荧光染料或着色染料的性能老化，对金属不腐蚀。

表面活性剂吸附在油-水界面上，降低油-水界面的张力，起乳化作用，所以称为乳化剂。水洗型渗透剂中加入的乳化剂是水包油型乳化剂，如 OΠ—10、OΠ—7、乳百灵 A、JFC、MOA、吐温-80 和斯盘-20 等。

乳化剂与水混合后，其黏度随含水量多少而变化。在某一含水量范围内，黏度有极大值，高于或低于此范围，黏度较小。这个范围称为凝胶区，如图 3-1 所示。利用乳化剂的凝胶现象可提高渗透剂的检验灵敏度。清洗试件时，试件表面接触大量的水，使被清洗的渗透剂中乳化剂的含水量超过凝胶区范围，此时黏度小而易被清洗掉。缺陷处的渗透剂接触水很少，含水量处于凝胶区，不易被水洗掉，故提高了检验灵敏度。

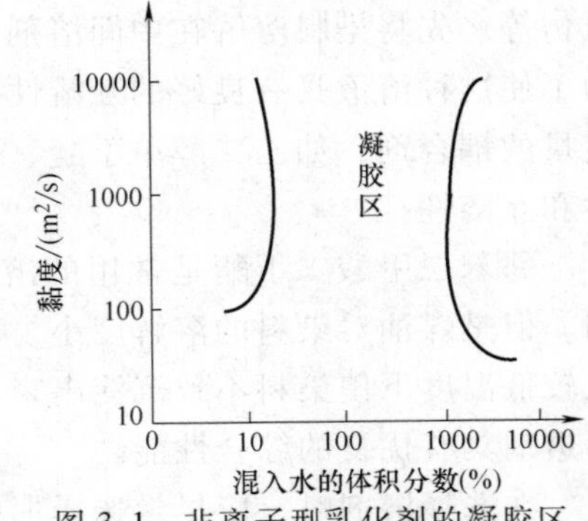

图 3-1　非离子型乳化剂的凝胶区

表面活性剂除了有乳化作用外，还能起到一定的增溶作用，可提高染料和溶剂的互溶性。

一种表面活性剂往往达不到良好的乳化效果，通常选择两种或两种以上的表面活性剂组合使用。水洗型荧光渗透剂应具有遇到大量的水可自乳化，混入微量的水时，不发生混浊，反而能将其溶化，并且不发生性能老化等特性。为此，通常选择 *HLB* 值较低与较高的两种以上的表面活性剂组合使用。

3.1.3　渗透剂的性能

1. 渗透剂的综合性能

理想的渗透剂应具备以下主要性能：

1）渗透剂渗透性好，能较容易地渗入试件表面细微的缺陷中去。

2）渗透剂具有较好的截留性能，能较好地保留在表面开口的缺陷中，即便是浅而宽的开口缺陷也不容易被清洗出来。

3）清洗性好，容易从试件表面清洗去除。

4）有良好的润湿显像剂的能力，可充分润湿试件且不产生难闻气味。

5）操作性良好，扩展成薄膜时，对荧光渗透剂仍有足够的荧光亮度；对于着色渗透剂，应仍有鲜艳的颜色。

6）储存保管中需保持稳定，稳定性不受温度变化的影响。

7）有较好的化学惰性，不使金属腐蚀、变色。

8）闪点高，不易着火。

9）对操作人员的健康无害。

10）废液及清洗的排水处理简单。

2. 渗透剂的物理化学性能

渗透剂的物理化学性能主要包括渗透性能、黏度、密度、挥发性、闪点、化学稳定性、发光强度、化学惰性、含水量、容水量、溶解性及毒性等。

（1）渗透剂的物理性能

1）表面张力与接触角。表面张力和润湿能力是确定一种渗透剂是否具有高的渗透性能的两个最主要因素。渗透剂的表面张力用表面张力系数来表示。由于液体的渗透性在相当程度上取决于它的表面张力系数，因此作为渗透剂主体的溶剂应选用表面张力系数低的液体，如苯、煤油、甲苯、乙醇、松节油及乙酸乙酯等。水的表面张力系数较大，因而渗透性较差，当用水作为着色渗透剂和荧光渗透剂的溶剂时，应加入一些能降低表面张力系数的表面活性剂，以提高渗透性。渗透剂接触角表示渗透剂对试件表面或对缺陷的润湿能力。一种好的渗透剂应具有不太大的表面张力和较小的接触角。渗透剂的渗透性能与被检试件的材料、表面状态和清洁程度有关。

渗透剂的渗透能力是用渗透剂在毛细管中上升的高度来衡量的，从液体在毛细管中上升高度的公式（2-15）中可知：渗透剂的渗透能力与表面张力系数和接触角的余弦的乘积成正比。渗透检测中常用静态渗透参量（*SPP*）来表征渗透剂渗入缺陷的能力。静态渗透参量（*SPP*）用下式表示：

$$SPP=\alpha\cos\theta \tag{3-1}$$

式中　*SPP*——静态渗透参量；

α——表面张力系数；

θ——接触角。

静态渗透参量值越大，渗透剂渗入缺陷的能力越强。当接触角 $\theta\leqslant5°$ 时，$\cos\theta\approx1$，因此 $SPP=\alpha$。因而可以近似地说，静态渗透参量是当 $\theta\leqslant5°$ 时的表面张力，这时渗透剂具有较强的渗透能力。

静态渗透参量的单位通常以 mN/m 或 N/m 为单位，其换算关系为

$$1\text{N/m}=10^3\text{mN/m}$$

2）黏度。黏度是液体分子间存在内摩擦力而互相牵制的表现，是用来衡量液体流动时的阻力的物理量。渗透剂性能用运动黏度来表示，运动黏度的单位是 m^2/s 。

液体在毛细管中上升的高度与液体黏度无关，因此黏度对渗透剂的渗透能力没有影响。水为低黏度液体，20℃时的黏度为 $1.004\times10^{-6}m^2/s$，但水的渗透性能不好。煤油的黏度在20℃时为 $1.65\times10^{-6}m^2/s$，比水的黏度高，但煤油却是良好的渗透剂。

黏度不影响渗透剂渗入缺陷的能力，但因黏度与流体的流动性有关，故对渗透剂的渗透速率有较大的影响。渗透剂的渗透速率常用动态渗透参量（*KPP*）来表征，它表示受检试件浸入渗透剂所需的相对停留时间，动态渗透参量用下式表示：

$$KPP=\frac{\alpha\cos\theta}{\eta} \tag{3-2}$$

式中 *KPP*——动态渗透参量；

α——表面张力系数；

θ——接触角；

η——黏度。

动态渗透参量的单位是 m/s。由式（3-2）可知，黏度对动态渗透参量的影响很大，黏度越高，动态渗透参量越小。黏度大的渗透剂不能很快地涂覆在试件表面，渗入表面开口缺陷中所需的时间较长，不易从试件表面上滴落下来，损耗较大，污染较大。黏度值太低的渗透剂容易渗入表面开口缺陷中去，但在去除表面多余渗透剂的操作中也容易被水冲洗掉。缺陷显像后，若擦去显示再次显像，其重复显示的能力较差。

黏度值大小是渗透剂的一项重要指标。各种渗透剂的运动黏度一般在 $(4\sim10)\times10^{-6}$ m^2/s（38℃）时较为适宜。

3）密度。渗透剂的主要成分是低密度的有机溶剂，如煤油等，一般密度均小于 $1g/cm^3$。渗透剂的密度比水小，水进入渗透剂（后乳化型的）中能沉于槽底，不会对渗透剂产生严重污染。水洗时，渗透剂漂浮在水面上，很容易溢出槽外。

在不同温度下，渗透剂的密度是不相同的，除水外，液体的密度与温度成反比，温度越高，密度越小，渗透能力越强。渗透剂制造厂给定的密度性能指标值是在某一温度条件下测得的。渗透剂的密度值可采用液体相对密度天平测量，也可用相对密度计直接测定。

当水洗型渗透剂被水污染时，由于乳化剂的作用，使水分散在渗透剂中，因而使渗透剂的密度增大，导致渗透能力下降。

4）挥发性。挥发性是指化合物由固体或液体变为气体或蒸气的过程，可用液体的沸点或液体的蒸气压来表征。沸点大，难挥发；沸点小，易挥发。容易挥发的渗透剂着火的危险性也越大。在渗透检测过程中，易挥发的渗透剂在滴落过程中易干在试件表面上，给水洗带来困难；也容易干在缺陷中而不易回渗到试件表面，严重时会导致难以形成缺陷的显示，使检测失败。因此，渗透剂应以不易挥发为好。

在实际的渗透检测中，一般在不易挥发的渗透剂中加入一定量的挥发性液体，这有利于缺陷的检出，提高检测灵敏度。渗透剂在试件表面滴落时，一方面，易挥发的成分挥发掉，使染料的浓度得以提高，有利于提高缺陷显示的着色强度或荧光强度；另一方面，渗透剂从

缺陷中渗出时，易挥发的成分挥发掉，从而限制了渗透剂在缺陷处的扩散面积，使缺陷显示轮廓清晰，更有利于检测人员的观察。

5）闪点和燃点。渗透剂的闪点是液体在温度上升过程中，液面上方挥发出充分可燃性蒸气与空气混合，以明火与之接触时，会发生短暂的闪光（一闪即灭）现象时的渗透剂最低温度。闪点并不是燃点，燃点是液体遇到明火可形成连续燃烧（持续时间不小于5s）的最低温度。燃点高于闪点。通常，闪点低，燃点也低，引起着火的危险性大。从安全方面考虑，渗透剂的闪点越高，则越安全。

测定闪点的方法有开口杯法和闭口杯法两种，开口杯法测定的闪点要比闭口杯法高15~25℃。开口杯法是将试样盛于开口油杯中进行试验，测出的闪点称为开口闪点。闭口杯法是将试样置于带盖的油杯中，盖上有一可开闭的窗孔，加热过程中窗孔关闭，测试闪点时窗孔打开，测得的闪点称为闭口闪点。闭口杯法的测定重复性比开口杯法好，且测得的数值偏低，不会超出使用安全值，故渗透检测中常采用闭口闪点。

对于水洗型渗透剂，原则上要求闭口闪点大于50℃；而对后乳化型渗透剂，闭口闪点一般为60~70℃。便携式喷罐内的渗透剂闪点低，内部压力随时间温度而变化，使用时应特别注意避免接触烟火，室内操作时，应具有良好的通风条件。

6）电导性。对静电喷涂渗透剂，由于被检试件接正极并接地，喷枪头装有负高压电极（电压可至-100~-80kV），喷枪提供负电荷给渗透剂，故要求渗透剂有较大的电阻，以避免产生逆弧传给操作者。

7）发光强度。通常进入缺陷的渗透剂数量极少，为了达到肉眼可辨的程度，液体必须具有足够的荧光亮度或鲜艳的色泽。

着色强度和荧光强度用两种方法来度量：一种是用渗透剂的消光值大小，另一种是用渗透剂的临界厚度的大小。消光值越大，着色强度越大，缺陷显示越清晰。被显像剂吸附上来的渗透剂层厚度达到某一值时，再增加其厚度，该渗透剂的着色（或荧光）强度也不增加，此时的液层厚度就称为渗透剂的临界厚度。可见，临界厚度越小，着色（或荧光）强度就越大，越有利于缺陷的显示。

一般用黑点试验的方法来衡量荧光渗透剂的发光强度。黑点直径越小，荧光渗透剂发光强度越强。

（2）渗透剂的化学性能

1）化学惰性。渗透剂应不腐蚀盛放渗透剂的容器。渗透剂的pH值一般控制在7~8范围内，在使用过程中被水污染而引起pH值上升或下降，会导致对被检材料的腐蚀或与盛放容器发生反应。因此，使用时需根据被检试件材料的耐蚀能力来确定pH值的实际控制范围。

硫、钠等碱金属的存在，在高温下会对某些金属试件产生热腐蚀现象，尤其镍基合金试件。钛合金试件很容易与卤族元素（如氟、氯）发生作用，在使用中产生热腐蚀应力裂纹。因此，宇航、原子能等工业用的渗透剂都要限制渗透剂中S、Cl、Na、F等元素的含量。对盛装液氧的装置，渗透剂应不与液氧发生反应，油基或类似的渗透剂不能满足这一要求，需使用特殊的渗透剂。用来检验橡胶、塑料等试件的渗透剂也应不与其反应，应采用特殊配制的渗透剂。

2）对光和热的稳定性。渗透剂的稳定性是指渗透剂对光、热和温度的耐受能力，即渗透剂在长期储存或使用时，在光、热和温度的影响下不发生变质、分解、混浊及沉降等现象。

荧光渗透剂对黑光的稳定性是相当重要的，可用荧光渗透剂的耐光试验测得。荧光渗透剂在$1000\mu W/cm^2$的黑光下连续照射1h，用照射前的荧光亮度值与照射后的荧光亮度值的百分比来表示荧光渗透剂的稳定性，其稳定性应在85%以上；着色渗透剂在强白光照射下不应褪色。渗透剂对温度的稳定性包括冷、热稳定性，即在高温和低温下，渗透剂都应保持良好的溶解度，不发生变质、分解、混浊和沉淀现象。

3）含水量和容水量。渗透剂中水分的含量与渗透剂总量之比的百分数称为含水量。渗透剂在使用中很容易被水污染，当渗透剂的含水量超过某一极限时，会出现分离、混浊、凝胶或灵敏度下降等现象，这一极限值称为渗透剂的容水量。

渗透剂含水量越小越好。通常规定不超过5%（体积分数）。渗透剂的含水量采用蒸馏法测量。渗透剂的容水量指标越高，抗水污染的性能越好。

4）清洗性。清洗性包括乳化性和水洗性两项技术指标。要求渗透剂在规定的水洗温度、压力、时间等条件下，试件表面多余渗透剂在水洗后，应达到不残留明显的荧光背景或着色底色的程度。否则，在试件表面上会造成不良衬度，影响检验效果。其测试用表面经过吹砂的试片进行。

5）溶剂溶解性。渗透剂的溶剂溶解性指渗透剂被清洗的溶剂溶解的能力和渗透剂的溶剂对染料的溶解度。渗透剂中的溶剂对溶解度的性能要求主要涉及两个方面：一方面是渗透剂的溶剂溶解性，它是衡量渗透剂清洗性能的重要指标，如果溶剂溶解性差，则很难清洗掉试件表面多余的渗透剂，造成不良的背景，影响检测的效果；另一方面是渗透剂中的溶剂对染料具有良好的溶解性，渗透剂是将染料溶解到渗透溶剂中而配成的，染料在渗透溶剂中的溶解度高，就可以得到高浓度的渗透剂，因而可以提高渗透剂的发光强度或着色强度，提高检验灵敏度。

6）毒性。渗透剂的毒性主要取决于用于配制渗透剂的各组分的毒性。在渗透检测中常用最高允许浓度来表示毒性强弱。渗透剂的主要成分是煤油，煤油的允许吸入量为500mg/L。一般检测剂的毒性与煤油相差不大，近年来发展的低毒型材料甚至比煤油的毒性还低。尽管如此，操作者也应避免皮肤长时间接触渗透剂，以免吸进渗透剂的蒸气。

渗透剂制造厂家应对配制好的渗透剂进行毒性试验，毒性允许浓度值越大，毒性越低。

3.1.4 荧光渗透剂

荧光渗透剂的染料是荧光染料，检测时在黑光灯下观察。常用的荧光渗透剂有水洗型、后乳化型和溶剂去除型三种。

1. 水洗型荧光渗透剂

水洗型荧光渗透剂的基本成分是荧光染料、油基渗透溶剂、互溶剂和乳化剂等。水洗型荧光渗透剂有水基型和自乳化型两种。

（1）水基型荧光渗透剂　水基型荧光渗透剂的基本成分是荧光染料和水，以水作溶剂，在水中溶解荧光物质。水的渗透能力比较差，但在水中加入适量的表面活性剂可以降低水的表面张力，从而把水变成一种比较好的渗透溶剂。但即便如此，水仍达不到油基或醇基渗透溶剂那样好的渗透能力，因此其检测灵敏度低，只能用于对检测灵敏度要求不高的试件。一些与油基或醇基渗透剂可能发生化学反应而被破坏的部件（如塑料、橡胶等制成的部件）常采用水基渗透剂。

水基型荧光渗透剂常用的配方是：增白洗衣粉（荧光染料）+100%水（渗透溶剂）。这种配方具有毒性低、易清洗、安全无毒以及易配制等特点。

（2）自乳化型荧光渗透剂 自乳化型荧光渗透剂的基本成分是荧光染料、油性溶剂、渗透溶剂和乳化剂等。由于自乳化型荧光渗透剂含有乳化剂，可直接用水冲洗，成本较低。它具有洗涤方便，在黑光灯下具有明亮荧光，操作简单，检测费用低等优点；但其灵敏度不高，且遇水后易污染。水洗型渗透剂中含有的乳化剂易与水相混溶，酸和铬酸盐有水存在时易与渗透剂的染料发生化学反应，故酸和铬酸盐将影响检测灵敏度。

自乳化型荧光渗透剂的配方较复杂，不同类型不同牌号的配方各不相同。表 3-3 给出了一种自乳化型荧光渗透剂的典型配方。

表 3-3 自乳化型荧光渗透剂的一种典型配方

成分	比例(体积分数)	作用	成分	比例(体积分数)	作用
10 号变压器油	66%	渗透溶剂	MOA-3	9%	乳化剂
邻苯二甲酸二丁酯	17%	溶剂	6502	6%	乳化剂
三乙醇胺油酸皂	2%	乳化剂	YJP-43	0.2/100mL	荧光染料

各种水洗型的荧光渗透剂的检验灵敏度和从试件表面上去除的难易程度是有差异的。按其检验灵敏度高低可分为超低灵敏度、低灵敏度、中（标准）灵敏度、高灵敏度和超高灵敏度五个等级。超低灵敏度和低灵敏度的水洗型荧光渗透剂易于从粗糙表面上去除，主要应用于轻合金铸件的检验，典型牌号有 ZY11、Ardrox-970P22、Magneflux-ZL19、HM220 和 MARKTEC-P110A 等；中等灵敏度水洗型荧光渗透剂主要用于精密铸钢件，精密铸铝件，焊接件以及铝、镁铸件机加工后的检验，典型牌号有 ZY21、Ardrox-970P23、Magneflux-ZL60D 和 MARKTEC-P122 等；高灵敏度的水洗型荧光渗透剂难以从粗糙表面上去除，要求有良好的机加工表面，常用于涡轮叶片类的精密铸件机加工后的检验，典型牌号有 ZY31、Magneflux-ZL67、Ardrox-970P25 和 MARKTEC-P130 等。

水洗型荧光渗透剂还有超低灵敏度和超高灵敏度两种灵敏度等级。属于超低灵敏度的荧光渗透剂有 Magneflux-ZL5B、Ardrox-970P21 和 MARKTEC-P 100 等，属于超高灵敏度的荧光渗透剂有 ZY41、Magneflux-ZL56、Ardrox-970P26E 和 MARKTEC-P141D 等。

2. 后乳化型荧光渗透剂

后乳化型荧光渗透剂的基本成分是荧光染料、油基渗透溶剂、互溶剂和润滑剂，不含乳化剂。由于乳化剂的渗透能力差，渗透速度慢，因而保留在缺陷中的荧光渗透剂不容易在单独的乳化工序中与乳化剂混合，不会因为表面荧光渗透剂乳化后进行水洗时控制不当而造成过洗现象，故后乳化荧光渗透剂能发现非常细微的缺陷。在严格控制乳化时间的情况下，能不使浅而宽的开口缺陷中的荧光渗透剂被乳化到，所以也能检验试件表面浅而宽的开口缺陷。

后乳化型荧光渗透剂显示缺陷的重复性较好，这也是由于后乳化型荧光渗透剂中不含有乳化剂。当第一次试验后，残留在缺陷中的荧光渗透剂可以用溶剂去除掉，第二次渗透时，荧光渗透剂又可渗入缺陷中去，故重复显现效果好。而水洗型渗透剂中含有乳化剂，当用溶剂清洗时，只能将荧光渗透剂中的油基成分清洗掉，而将乳化剂保留在缺陷中，使第二次渗透困难，重复显示缺陷的效果不好。除此之外，由于后乳化荧光渗透剂不含乳化剂，故不能吸收水分，即使有水也将因为密度大于荧光渗透剂而沉到槽底，所以水对后乳化型荧光渗透剂的污染影响很小。酸和铬酸盐对后乳化型荧光渗透剂的影响也不像水洗型荧光渗透剂那样明显，这是因为酸和铬酸盐仅在有水存在的情况下才与荧光染料发生反应。一般来说，后乳化型荧光渗透剂具有渗透能力强、检测灵敏度高、在紫外线照射下有较强的荧光辉度、在缺陷中的保留性好等特点，特别适于检测浅而细微的缺陷，适用于要求较高的试件检测。

后乳化型荧光渗透剂的检测灵敏度高，要求被检试件表面光洁、无不通孔和螺纹等。粗糙表面的试件若采用后乳化型荧光渗透剂检测，会使清洗困难、荧光背景过深、假缺陷显示多而造成检测灵敏度下降。采用此种荧光渗透剂，必须严格控制乳化时间才能保证检测灵敏度高。由于要进行单独的乳化工序，故操作复杂，检测周期长，检测费用高。

后乳化型荧光渗透剂分为亲油性和亲水性两大类。亲油性后乳化型荧光渗透剂与亲水性后乳化型荧光渗透剂可以通用，仅在去除时使用的乳化剂不同而已。前者使用亲油性乳化剂，后者使用亲水性乳化剂。例如美国磁通公司各种灵敏度等级的亲油性与亲水性后乳化型荧光渗透剂的型号是相同的，区别仅在前者使用 ZE-4B 型亲油性乳化剂，后者使用 ZR-10B 亲水性乳化剂（质量分数为 20%）；英国阿觉克斯公司也一样，前者使用 9PR3 型亲油性乳化剂，后者使用 9PR12 型亲水性乳化剂（质量分数为 10%）；还有日本美柯达公司，前者使用 E400 型亲油性乳化剂，后者使用 R500 型亲水性乳化剂（质量分数为 30%）。

后乳化型荧光渗透剂按其灵敏度不同，可分为低灵敏度、标准（中）灵敏高、高灵敏度和超高灵敏度四类。标准灵敏的后乳化型荧光渗透剂应用于各种变形材料的机加工试件的检测，此类荧光渗透剂典型牌号的有 HY21、Ardrox985P12、Magneflux-ZL2C 和 MARKTEC-P220 等。高灵敏度的后乳化型荧光渗透剂应用于检验灵敏度要求较高的变形材料的机加工试件。此类典型荧光渗透剂有 HY-31、Magneflux-ZL 27A、Ardrox985P13 和 MARKTEC-P230 等。超高灵敏度的后乳化型荧光渗透剂仅在特殊情况下使用，用于发动机上关键的机加工锻件，如涡轮盘、涡轮轴等。此类荧光渗透剂典型的有 HY-41、Magneflux-ZL37、Ardrox985P14 和 MARKTEC-P240 等。

后乳化型荧光渗透剂的配方见表 3-4 和表 3-5。

表 3-4　后乳化型荧光剂的配方（一）

配制顺序	成分及其作用	成分比例（体积分数）	清洗种类	性能和特点
1	灯煤或 5 号机械油（渗透溶剂）	25%	乳化剂+水	配方有较高的灵敏度，可发现宽 0.7μm 的微裂纹，配方稳定性好，毒性较低，且对钢和轻合金基本无腐蚀
2	邻苯二甲酸二丁酯（互溶剂）	65%		
3	LPE305（表面活性剂）	10%		
4	YJP-15（荧光染料）	0.45g/100mL		
5	荧光增白剂 PEB（增白剂）	2g/100mL		

3. 溶剂去除型荧光渗透剂

溶剂去除型荧光渗透剂的基本成分与后乳化型荧光渗透剂类似，它可用于不允许接触水的试件检测，适合外场检测和对大试件作局部检测。此类渗透剂用溶剂擦拭去除，灵敏度高，适用于无水场所的渗透检测。

表 3-5　后乳化型荧光渗透剂的配方（二）

配制顺序	成分及其作用	成分比例（体积分数）	清洗种类	性能和特点
1	灯煤或 5 号机械油（渗透溶剂）	10%	乳化剂+水	配方有较高的灵敏度，可发现宽 0.7μm 的微裂纹，配方稳定性较好，且对钢或铝合金基本无腐蚀
2	邻苯二甲酸二丁酯（互溶剂）	80%		
3	LPE305（表面活性剂）	10%		
4	YJP-15（荧光染料）	0.85g/100mL		
5	荧光增白剂 PEB（荧光染料）	4.25g/100mL		

溶剂去除型荧光渗透剂分为低灵敏度、中灵敏度、高灵敏度和超高灵敏度四种等级。所有同等级的水洗型荧光渗透剂和后乳化型荧光渗透剂均可作为同等级灵敏度的溶剂去除型荧光渗透剂使用。溶剂去除型荧光渗透剂仅在去除试件表面多余渗透剂时使用。

溶剂去除型荧光渗透剂的配方见表 3-6。

表 3-6　溶剂去除型荧光渗透剂的配方

配制顺序	成分及其作用	比例（体积分数）	清洗剂种类	性能和特点
1	YJP-1（荧光染料）	0.25g/100mL	丙酮	该配方灵敏度一般，低毒，成本低廉，配制方便
2	煤油（溶剂、渗透溶剂）	85%		
3	航空煤油（增光剂）	15%		

3.1.5　着色渗透剂

着色渗透剂中所含的染料是着色染料，一般可分为水洗型着色渗透剂、后乳化型着色渗透剂和溶剂去除型着色渗透剂三类。

1. 水洗型着色渗透剂

水洗型着色渗透剂有两种，一种是水基的，另一种是油基（自乳化）的。

（1）水基型着色渗透剂　水基型着色渗透剂以水作溶剂，在水中溶解红色染料。作为溶剂的水无色、无味、无毒、不可燃，且来源方便，因而有使用安全、不污染环境、价格低廉等优点。有些同油类接触容易引起爆炸的部件（如盛放液态氧的容器）进行着色检测时应采用水基型着色渗透剂。目前，水基型着色渗透剂的灵敏度不高，所以这类配方的应用还有很大的局限性。水基型着色渗透剂的典型配方见表 3-7。

表 3-7　水基型着色渗透剂典型配方

成分	比例（体积分数）	作用	性能和特点
刚果红	2.4g/100mL	染料（酸性）	该配方灵敏度低，无毒，使用安全，不污染环境，成本低廉，配制方便
水	100mL	溶剂	
氢氧化钾	0.6g/100mL	中和剂	
表面活性剂	2.4g/100mL	润湿	

（2）自乳化型着色渗透剂　自乳化型着色渗透剂的基本成分是在高渗透性油液内溶解油溶性的红色染料，且着色渗透剂本身含有乳化剂。当试件用自乳化型着色渗透剂渗透后，即可用水直接冲洗，从而达到清除试件表面多余渗透剂的目的。由于自乳化型着色渗透剂中加入一定量的乳化剂，故渗透性能受影响，其检测灵敏度也有所降低。着色渗透剂容易吸收水分，当吸收的水分达到一定量时，着色渗透剂就会产生混浊、沉淀等被水污染的现象。为提高自乳化型着色渗透剂的抗水污染能力，可适当增加亲油性乳化剂的含量，以降低着色渗透剂的亲水性。此外，由于非离子型乳化剂遇水后会产生凝胶现象，采用非离子型乳化剂的着色渗透剂本身就有一定的抗水污染能力，在一定程度上，可以提高检测灵敏度。自乳化型着色渗透剂的配方见表 3-8。

表 3-8　自乳化型着色渗透剂的配方

配制顺序	成分及其作用	比例（体积分数）	清洗剂种类	性能和特点
1	油基红（染料）	1.2g/100mL	水	配方含亲水性较强的乳化剂吐温-60，它能产生凝胶现象。汽油和二甲基萘有增强凝胶现象的作用。该配方毒性低，但灵敏度一般，且化学稳定性差，配置较长时间后有沉淀物
2	二甲基萘（溶剂）	15%		
3	α-甲基萘（溶剂）	20%		
4	200 号溶剂汽油（渗透剂）	52%		
5	萘（助溶剂）	1g/100mL		
6	吐温-60（乳化剂）	5%		
7	三乙醇胺油酸皂（乳化剂）	8%		

2. 后乳化型着色渗透剂

后乳化型着色渗透剂的基本成分是在高渗透性油液和有机溶剂内溶解油溶性红色颜料，添加润湿剂、互溶剂等附加成分，不含乳化剂。这类着色渗透剂的特点是渗透力强、检测灵敏度高，因而在实际检测中应用较广，它特别适用于检查浅而微细的表面缺陷，但不适于检测表面粗糙的试件，也不适合有不通孔和螺纹的试件。

溶剂去除型着色渗透剂的基本成分与后乳化型着色渗透剂相似，故后乳化型着色渗透剂通常可以直接作为溶剂去除型渗透剂使用。溶剂去除型着色渗透剂通常采用低黏度、易挥发的溶剂作为渗透溶剂，故这种渗透剂的渗透能力强、可用丙酮等有机溶剂直接擦洗去除，检测时常与溶剂悬浮式显像剂配合使用，可得到与荧光法相近的灵敏度。后乳化型着色渗透剂配方见表 3-9 。

表 3-9　后乳化型着色渗透剂配方

配制顺序	成分作用	比例（体积分数）	清洗剂种类	性能和特点
1	苏丹红Ⅳ染料	0.8g/100mL	乳化剂	该配方渗透力强，检测灵敏度高。乙酸乙酯倒入苏丹红Ⅳ要防止出现结块，每加一种溶剂，必需搅拌均匀
2	乙酸乙酯溶剂	5%		
3	航空煤油溶剂、渗透	60%		
4	松节油溶剂、渗透	5%		
5	变压器油增光剂	20%		
6	丁酸丁酯助溶剂	10%		

3. 溶剂去除型着色渗透剂

溶剂去除型着色渗透剂的应用最广，多装在压力喷罐中使用，与清洗剂、显像剂配套出售，适用于大型试件的局部检测和无电无水的野外作业，但成本较高，效率较低。由于使用喷罐，对闪点和挥发性的要求也不像在开口槽中使用的渗透剂那样严格。总体上，着色渗透剂的灵敏度较低，不适于检测细微的疲劳裂纹、应力腐蚀裂纹或晶间腐蚀裂纹。试验表明：着色渗透剂能渗透到细微裂纹中去，但要形成同荧光渗透剂所能得到的显示，需要体积之比大得多的着色渗透剂。溶剂去除型着色渗透剂配方见表3-10。

表3-10 溶剂去除型着色渗透剂配方

成 分	比例（体积分数）	清洗剂种类	作用及配制顺序
甲{异丙醇	20%	丙酮或HD—BX清洗剂	荧光桃红经乙醇助溶后，再与异丙醇相混，丙基红、苏丹Ⅳ均由OT助溶，然后两种染剂互相混合，组成色深较高的复合剂，最后加入少量邻苯二甲酸二丁酯作抑制剂
甲{乙醇	60%		
甲{荧光桃红	染料		
OT	10%		
乙{丙基红	染料		
乙{苏丹Ⅳ	染料		
邻苯二甲酸二丁酯	10%		

3.1.6 特殊类型的渗透剂

1. 高灵敏度水洗型荧光渗透剂

高灵敏度水洗型荧光渗透剂的基本成分与一般的水洗型荧光渗透剂相同。但要达到与后乳化型荧光渗透剂相同程度的高灵敏度，还应具备如下性能：荧光亮度比一般水洗型荧光渗透剂高，更易观察，即使渗透剂的液膜厚度（膜厚）变小，也应保持高亮度；水洗时，缺陷内部的渗透剂比一般的渗透剂难冲洗，相反应残留更多的渗透剂。

缺陷越小，渗入缺陷的渗透剂量越少，因而荧光亮度减弱。如果将具有某一荧光亮度的渗透剂的液膜厚度减小至某一界限点以下，极薄层荧光渗透剂不能发出荧光。为了使液膜在薄至一般渗透剂的界限点以下时仍能保持较高的亮度，必须使荧光染料具有更高的亮度，选择更易观察的荧光波长，并使其含量比一般的渗透剂更高。

通常在将水添加到水洗型荧光渗透剂中时，在水很少的情况下，由于成分中表面活性剂的作用，水的粒子变成可溶性，不会发生混浊。然而，随着水量的不断增加，水的粒子便开始分散，形成油包水（W/O）型乳浊液。当向这种乳浊液增添水时，它会逐渐变黏（形成黏稠物）。但如果继续加水，达到某一界限时，则发生相的转换，形成水包油（O/W）型乳浊液，并且，黏度也在这时急速下降。此时正是适合水洗清除的状态。检查内部窄小的缺陷时，缺陷内部的供水不如表面部分，因此，可长时间持续在稠化状态，起堵塞作用，防止渗透剂脱出。高灵敏度水洗型荧光渗透剂正是着眼于此，为使稠化状态长时间持续，需在成分（溶剂与表面活性剂）及其配比上合理调配。如果表面上残余的渗透剂的稠化状态持续时间过长，则不利于水洗，因此一定要互相兼顾。

2. 反应型着色渗透剂

反应型着色渗透剂是在渗透剂中加入无色的碱性染料，如罗丹明型的乳胺体或结晶紫型的内酯体，这些染料具有油溶性，将其溶解到溶剂中后，就能构成无色以至淡黄色的渗透剂。显像剂中特别添加酸性白土以及酚醛树脂等固体酸性粉末这一类成分。当缺陷内部的渗透剂被显像剂吸收时，渗透剂中的乳胺体或内酯体便与显像剂中的固体酸反应，使乳胺环或内酯环开环后，发出颜色，分别成为罗丹明型染料（红色）和结晶紫型染料（蓝色）。这两种染料可以指示缺陷部分，为检测提供方便。

3. 着色荧光渗透剂

着色荧光渗透剂是在渗透溶剂中溶解一种特殊的染料，它在白光下呈鲜艳的暗红色，而在黑光灯照射下发出明亮的荧光。这种渗透剂在白光下检测具有着色检测的灵敏度，而在黑光灯下检测则具有荧光检测的灵敏度，也就是一种渗透剂能同时完成两种灵敏度的检测，故又称为双重灵敏度的渗透剂。需要指出的是，着色荧光渗透剂不是将着色染料和荧光染料同时溶解到渗透溶剂中配制而成的。由于分子结构上的原因，着色染料若与荧光染料混合到一起，将会猝灭荧光染料所发出的荧光。

4. 高温下使用的渗透剂

对高温试件进行检测时，涂覆在试件上的荧光渗透剂中的染料很快遭到破坏，荧光猝灭。因此，通常的荧光渗透剂不能用于高温试件的检测。高温下使用的渗透剂应能在短时间内与高温试件接触而不被破坏，用这种渗透剂进行检测时，检测速度应尽量快，要在染料未完全破坏前完成检测。

5. 过滤性微粒渗透剂

过滤性微粒渗透剂是一种固体染料微粒悬浮于液体溶剂中的悬浮液，固体染料微粒是比要检测的裂纹的宽度还要大一点的微粒。过滤性微粒渗透剂一般是油基的，喷涂在被检测的多孔性材料表面。当渗透剂流进开口缺陷时，染料微粒就会聚集在开口的缺陷处，这些留在表面的微粒沉积就可以提供缺陷显示。根据实际需要，这种微粒可以是着色染料，也可以是荧光染料。这种过滤性微粒渗透剂显示缺陷示意图如图 3-2 所示。

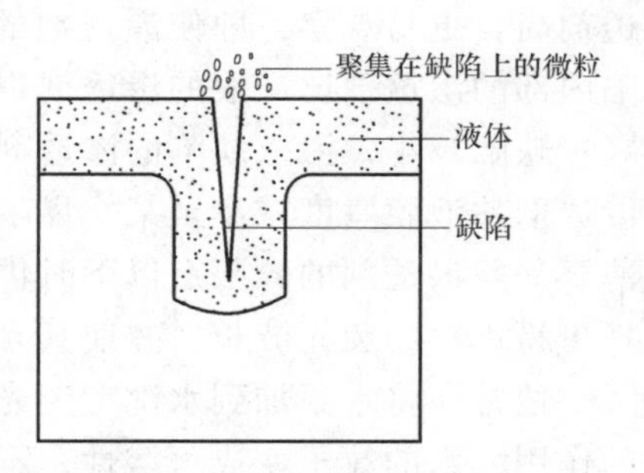

图 3-2　过滤性微粒渗透剂显示缺陷示意图

过滤性微粒渗透剂中的发光染料微粒的大小和形状必须适当，若微粒过细，则这些微粒虽然随着渗透剂的流动而聚积到缺陷的位置，但又会很快地渗入缺陷的内部，减少聚积到缺陷上部的微粒的数量，从而降低灵敏度。若微粒过大，则其流动性差，不能随渗透剂流动，难以形成缺陷显示。微粒的形态最好是球形，使其具有较好的流动性。微粒的颜色应选择与被检件表面颜色反差大的那一种，以提高灵敏度。

渗透剂中悬浮微粒的液体溶剂应根据被检试件材料的不同而各不相同。通常，这种液体使用水或石油类溶剂。例如检测混凝土时，可使用含有分散剂的水；但检测陶土制品时，由于水可引起陶土制品的分离，不能使用水，而常使用石油类溶剂。渗透剂中悬浮微粒的液体溶剂必须能充分润湿被检试件的表面，以使微粒能自由地流动到缺陷上，从而显示出缺陷。这种液体的挥发性不能太大，否则微粒在流动中就会被干燥在试件表面上；挥发性也不能太小，否则流动性太差，会使渗透剂长时间残留在表面上。

使用这种渗透剂之前应充分搅拌，待微粒均匀后方可使用。施加渗透剂时，最好用喷枪喷涂，压力以 20~30Pa 为宜；不允许刷涂，因为刷涂会妨碍微粒的流动，在微粒上划出伪缺陷显示。使用这种渗透剂，不需要显像剂。过滤性微粒渗透剂是一种比较适于检测粉末冶金试件、碳石墨制品及陶土制品等材料的渗透剂。

3.1.7 渗透剂的性能鉴定（测试）方法

1. 外观

荧光渗透剂和着色剂在白光下观察应清澈透明，色泽鲜艳，无变色、浑浊、分层、沉淀等现象。着色渗透剂在白光下观察应是红色。荧光渗透剂在黑光灯照射下应发出黄绿色或绿色荧光。着色荧光渗透剂在日光下观察，其颜色是红色、橙色或紫色。

2. 润湿性

荧光渗透剂和着色渗透剂应很容易润湿铝板表面。把渗透剂涂到清洁、光滑的铝板表面，并涂抹成薄膜，10~15min 后观察，薄膜层不应起泡或收缩。

3. 腐蚀性

在磨光的 ME20M 镁合金、7A04 铝合金和 30CrMnSiA 钢的试样上评定。按 100mm×10mm×4mm 的规格加工成试样，把试样清洗干净并干燥，然后将试样分别置于三个装有渗透剂的玻璃试管中，让试样一半浸入渗透剂中，一半留在液面以上，把试管用橡皮塞塞紧，不应进水。把试管置于 50℃±1℃ 的恒温水槽中，经 3h 后，将试样从试管中取出，用蘸有无水乙醇的棉花擦净并干燥，目视查看试样表面有无失光、变色或腐蚀现象。如果试样的两半没有明显的不同，说明渗透剂基本无腐蚀。

4. 含水量

水洗型渗透剂的含水量用水分测定器来测量。测量方法为如图 3-3 所示，取 100mL 渗透剂和 100mL 无水溶剂（如二甲苯）置于容量为 500mL 的圆底玻璃烧瓶中，摇动 5min，使其均匀混合，用电炉、酒精灯或小火焰煤气灯加热烧瓶，并控制回流速度，使冷凝管的斜口每秒滴下 2~4 滴液体。含水量按下式计算：

$$含水量=\frac{集水管中水的容量(mL)}{100(mL)}\times 100\% \qquad (3-3)$$

标准中规定水洗型渗透剂的含水量不应超过 5%。

后乳化型荧光渗透剂含水量的测定：对于后乳化型荧光渗透剂，水进入槽中，对荧光渗透剂性能影响比水洗型小，其含水量测定可将一根两端开口的、内径为 3mm 的玻璃管直立插入荧光渗透剂槽的底部，将上端封住，吸入荧光渗透剂和水，从玻璃管荧光渗透剂和水分层处，直接按比例测出含水量。假如不明显，可在紫外线下进行观察。

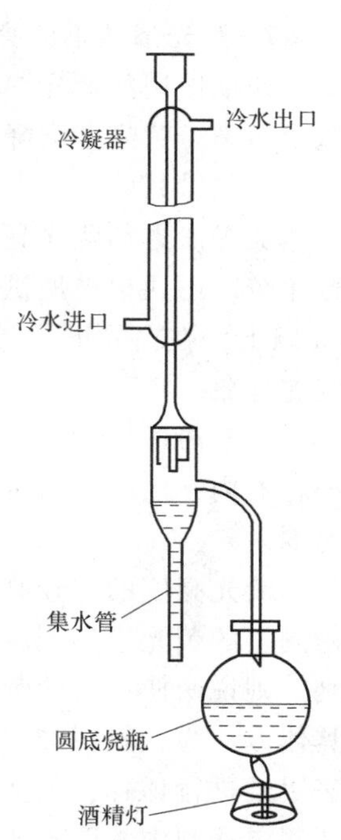

图 3-3　蒸馏法测含水量

5. 容水量

容水量的测定方法是以一定量的水逐次加入渗透剂中，每加一次将渗透剂与水摇晃均匀，并观察是否有混浊、凝胶、分层等现象，检查灵敏度是否下降。记录逐次加水的量，当出现上述现象时加水即刻停止。容水量按下式计算

$$容水量=\frac{加入水的体积}{渗透剂的体积+加入水的体积}\times 100\% \tag{3-4}$$

水洗型渗透剂在开口槽中使用时，需要测量其容水量，具体的测量方法是：取 50mL 渗透剂置于 100mL 的量筒中，以 0.5mL 的增量逐次往渗透剂中加水，每次加水后，用塞子塞住量筒，颠倒几次，并观察渗透剂是否有混浊、凝胶、分层等现象，检查灵敏度是否下降。记录逐次加入水的量，当出现混浊、凝胶或检验灵敏度下降现象时为止，则

$$容水量=\frac{加入水的总量(mL)}{50mL+加入水的总量(mL)}\times 100\%$$

6. 渗透剂灵敏度测试

使用中的渗透剂与未使用过的清洗剂或乳化剂和显像剂组成渗透检测系统，按渗透检测标准规定的工艺操作采用组合 B 型试块上的五点压痕进行检测，各灵敏度等级的渗透剂所显示的裂纹点数应不少于表 3-11 的规定。

表 3-11 渗透检测灵敏度等级与显示点数

检测灵敏度等级	检测灵敏度所处的水平	五点试片所能显示的星形裂纹
1 级	低灵敏度	1~2
2 级	中灵敏度	2~3
3 级	高灵敏度	3~4
4 级	超高灵敏度	4~5

7. 荧光渗透剂的亮度比较测定

长期使用的荧光渗透剂，由于试件预处理未清洗干净或使用中混入杂质会对荧光渗透剂造成污染，荧光亮度降低，从而达不到缺陷检测灵敏度。因此荧光渗透剂使用一段时间以后，要测量其荧光亮度。

荧光渗透剂荧光亮度的粗略测定方法是：将使用中的渗透剂和标准渗透剂在紫外线下进行比较，用两根玻璃试管，一根装上标准渗透剂，另一根装上使用的渗透剂，密封后放置 4h 以上，在白光下或紫外线下比较颜色的鲜艳程度或荧光亮度，并观察渗透剂是否有分层、沉淀现象。

标准渗透剂的制备方法是：在每批新的合格的渗透剂中取出 500mL，并储存在密闭的玻璃容器内，注明材料批号标志，避免阳光的照射，防止温度对它的影响，以此作为标准渗透剂。

荧光亮度的比较测定可用黑光辐照度计测定，其方法步骤为：分别用标准荧光渗透剂和待测量的荧光渗透剂浸湿两张干净滤纸并烘干，在紫外光下比较，若两者发光强度无明显差别，则说明使用中的荧光渗透剂发光强度合格；若有明显差别，再做进一步比较适应试验。具体方法为：将标准渗透剂和待测渗透剂各取 10mL，分别装入试管，并分别加入 90mL 二氯甲烷进行稀释；裁剪尺寸为 80mm×80mm 的滤纸 10 张，各取 5 张分别浸入标准渗透剂和待测渗透剂中。取出放入 85℃ 以下温度的烘箱中烘干（约 10min）；打开荧光亮度计，用黑光灯对准荧光板，调节黑光灯的高度，使荧光亮度计指示值为 250lx。固定好黑光灯和荧光

亮度计不动。取出荧光板，分别插入烘干的滤纸，测出两种荧光渗透剂的亮度值（各5次），其平均值为该种荧光渗透剂的亮度值。当使用过的荧光渗透剂的亮度低于标准荧光渗透剂亮度的75%时，该荧光渗透剂便不能继续使用，应予以报废；两者的读数之差除以浸入标准荧光渗透剂的滤纸读数所得的百分数应不大于25%，若大于25%，则使用的荧光渗透剂报废。

着色渗透剂的色泽与着色染料的性质、溶液所溶解的染料量有关，颜色越深，溶液对光的吸收能力越强，因此可用消光值来衡量着色渗透剂的色泽。测定时可选择一种液体作为标准液进行光电比色，读取各种着色渗透剂的比色值，即消光值。

8. 渗透剂的可去除性校验

渗透剂的可去除性常采用吹砂钢试块进行试验。

（1）水洗型渗透剂的去除性校验　将试块浸入被测渗透剂中，然后将试块以大约60°的角度滴落10min。滴落结束后，将试块放入冲洗设备中冲洗30s。冲洗设备应装有两个喷嘴，喷洗水的表压为0.2MPa，水温为21℃±3℃。再在66℃±3℃的干燥箱内干燥90s，与用相同灵敏度的标准渗透剂按同样的方法处理的试块在黑光或白光下进行对比，使用过的渗透剂的本底不应多于相同灵敏度等级的标准渗透剂的本底。

（2）亲油性后乳化型渗透剂的去除性校验　先将试块浸入被测渗透剂中，然后将试块以大约60°的角度滴落10min。再将试块浸入乳化剂中，取出后以倾斜60°的角度滴落1min。滴落结束后，立即将试块放入冲洗设备中。冲洗设备应装有两个喷嘴，喷洗水的表压为0.2MPa，水温为21℃±3℃。再在66℃±3℃的干燥箱内干燥90s，与用相同灵敏度的标准渗透剂按同样的方法处理的试块在黑光或白光下进行对比，使用过的渗透剂的本底不应多于相同灵敏度等级的标准渗透剂的本底。

（3）亲水性后乳化型渗透剂的去除性校验　先将试块浸入被测渗透剂中，然后将试块以大约60°的角度滴落10min。滴落结束后先在冲洗设备中进行预水洗，预水洗水压为0.2MPa，水温为21℃±3℃，冲洗15s。随后浸入乳化剂中，乳化时间应尽量短，约5s，一般最长不超过2min。再用水压为0.2MPa的水冲洗30s，热风干燥或在干燥箱内干燥后，与用相同灵敏度的标准渗透剂按同样方法处理的试块在黑光或白光下进行对比，使用过的渗透剂的本底不应多于相同灵敏度等级的标准渗透剂的本底。

（4）溶剂去除型渗透剂的去除性校验　将溶剂去除型渗透剂施加在吹砂试块的表面，然后将试块以大约60°的角度滴落10min。先用清洁无毛的抹布或纸巾擦去多余的渗透剂，再用蘸有清洗剂的清洁无毛的抹布或纸巾擦拭，与用相同灵敏度的标准渗透剂按同样方法处理的试块在黑光或白光下进行对比，使用过的渗透剂的本底不应多于相同灵敏度等级的标准渗透剂的本底。

9. 灵敏度黑点试验

渗透剂的灵敏度用A型试块及C型试块进行测定。试块的一半用标准渗透剂，另一半用测量中的渗透剂，两者进行比较。荧光渗透剂可用黑点试验法测定灵敏度。

黑点试验又称新月试验，是测量荧光渗透剂扩展成多厚的薄膜时，在一定强度的黑光照射下，具有最大发光亮度的一种方法。这一厚度就是临界厚度。由于临界厚度以上的荧光亮度与临界厚度处相同，故常用临界厚度值来表示荧光渗透剂在黑光辐照下的发光强度。临界厚度越小，黑点半径就越小，发光效率越高，灵敏度也越高。

黑点试验的方法为：在一块平玻璃板上滴几滴荧光渗透剂，将一块曲率半径为 1.06m 的平凸透镜的凸面压在荧光渗透剂上，这时透镜与平板之间的荧光渗透剂呈薄膜状，如图 3-4 所示。在透镜与平板相接触的一点，荧光渗透剂的厚度为零，接触点附近的荧光渗透剂形成薄膜，离中心越近，薄膜越薄。

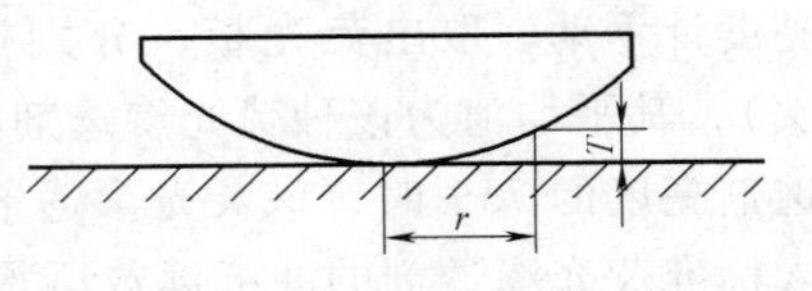

图 3-4　黑点试验示意图

在紫外线的照射下，临界厚度以上的薄膜能发出最大的荧光亮度，而在接触点处及临界厚度以下的极薄层荧光渗透剂不能发出荧光，而形成黑点。黑点越小，说明临界厚度越小。临界厚度计算公式为

$$T=\frac{r^2}{2R}=\frac{d^2}{8R} \tag{3-5}$$

式中　T——临界厚度；

r——黑点半径；

d——黑点直径；

R——透镜曲率半径 。

由式（3-5）可知，黑点直径越小，临界厚度越小，说明荧光渗透剂的发光强度越高，超亮的荧光渗透剂的黑点直径可达 1mm 以下，只有针尖大小。

【例 3-1】 在上述黑点试验中，测得的黑点直径为 4mm，请问此荧光渗透剂的临界厚度为多少？

解：$T=\frac{d^2}{8R}=\frac{4^2}{8\times1.06\times10^3}\text{mm}=1.9\times10^{-3}\text{mm}$

答：荧光渗透剂的临界厚度为 1.9×10^{-3}mm。

10. 渗透剂的温度稳定性试验

渗透剂的温度稳定性可通过耐热耐冷试验测定。试验时可将渗透剂样品密封于玻璃瓶内，将样品从室温冷却至-18℃，保温 8h；然后加热至 66℃，保温 8h，接着冷却至室温；最后观察样品中有无沉淀和分离层。目视检验渗透剂不应有离析现象。

11. 荧光渗透剂的黑光稳定性试验

荧光渗透剂的黑光稳定性试验所用的试样和仪器与荧光渗透剂亮度比较试验相同。将 10 张滤纸浸入到制备好的用于测试的荧光渗透剂中，取出干燥 5min 后，把其中 5 张滤纸试样悬挂在无强光、无强热和无强大空气流的地方；其余 5 张滤纸试样应暴露在稳定均匀的黑光下照射 1h，辐照强度是 800μW/cm²。照射后，按照荧光渗透剂亮度比较试验规定的方法测试。暴露于黑光下的滤纸试样的平均荧光亮度与未暴露于黑光下的滤纸试样的平均荧光亮度相比较，所得比值的百分数对不同灵敏度等级的荧光渗透剂要求是：低灵敏度和中灵敏度荧光渗透剂要求不低于 50%，高及超高灵敏度荧光渗透剂要求不低于 70%。

12. 渗透剂的热稳定性试验

渗透剂的热稳定性试验与荧光渗透剂的黑光稳定性试验相似。具体方法为：将 10 张滤纸浸入到制备好的用于测试的渗透剂中，取出干燥 5min 后，将其中 5 张滤纸试样悬挂在无强光、无强热和无强大空气流的地方；其余 5 张滤纸试样放置于干净的金属板上，装入调到 121℃±2℃空气的烘箱 1h。再按渗透剂亮度比较试验规定的方法，交替测出渗透剂的荧光亮

度。对于装入烘箱的试样，应在与金属板未接触的一面来测定。暴露于高温下的滤纸试样的平均渗透剂亮度与未暴露于高温下的滤纸试样的平均渗透剂荧光亮度相比较，所得比值的百分数对不同灵敏度等级的渗透剂要求是：低及中灵敏度渗透剂要求不低于 60%，高及超高灵敏度渗透剂要求不低于 80%。

13. 槽液寿命试验

取 50mL 被检渗透剂装入直径为 150mm 的耐热烧杯中，然后放入对流烘箱内，在 50℃±3℃的温度下保温 7h，取出后冷却至室温。目视检查试样，不应显示有离析、沉淀或形成泡沫。

14. 渗透剂的储藏稳定性试验

在 16~38℃温度范围内，未使用过的密封装满的渗透剂在仓库条件下存放 1 年，性能应满足各项技术指标。

15. 渗透剂的黏度测定

可按照 GB/T 265—1988 规定的方法测定。

16. 渗透剂的闪点测定

可按 GB/T 261—2008 规定的方法测定。一般要求水洗型渗透剂的闭口闪点应大于 50℃，后乳化型渗透剂的闭口闪点应为 60~70℃。

17. 持续停留时间试验

渗透剂在 20℃±5℃温度条件下停留 4h 后，进行可去除性检查应合格。

3.2　清洗剂

3.2.1　清洗剂的分类

渗透检测中的清洗剂可用于被检试件表面预处理、去除被检试件表面多余渗透剂及被检试件表面后处理等各个环节。采用清洗剂去除试件表面污垢、油脂。清洗剂有水、有机溶剂和乳化液等。

水是自然界存在的重要的溶剂。在工业清洗中，水既是多数化学清洗剂的溶剂，又是许多污垢的溶剂。在清洗中，凡是可以用水除去污垢的场合，就不用其他溶剂和各种添加剂。

常用的有机溶剂有两类：一类是有机烃类，如煤油、汽油、丙酮、甲苯等；另一类是有机氯化烃类，如三氯乙烯、四氯乙烯等。第一类溶剂毒性小，对大多数金属无腐蚀作用，但易燃；第二类溶剂除油速度快，效率高，不燃，允许加温操作，除油液能再生循环使用，对大多数金属（铝、镁除外）无腐蚀作用，但毒性很大。由于大部分有机溶剂易燃或有毒，因此操作时要注意安全，保持良好的通风换气。

在有机溶剂（如汽油）中添加约 10%（体积分数）的乳化剂和 10~100 倍的水，就成为乳化液。乳化液适于去除大量油脂等，乳化液体系中，乳化剂有促使溶有油脂的溶剂乳化、分散，形成乳浊液而将油脂带离被检试件表面的作用。

3.2.2　清洗剂的性能

清洗剂的性能要求是恰好溶解渗透剂，清洗时挥发适度；储存保管中保持稳定，不使金属腐蚀与变色，无不良气味，毒性少等。一般多使用链型碳氢化合物，此外也使用环状碳氢化合物和具有不燃性的氯的碳氢化合物等。清洗剂不应与荧光渗透剂发生化学反应，不应猝灭荧光染料的荧光。如果试件表面足够光洁，不用清洗剂即能清除干净的场合，就尽量不用清洗剂，而用干净不脱毛的抹布或纸巾沿一个方向擦拭，这对提高检查灵敏度是有利的。清洗剂的特性见表3-12。

表3-12　清洗剂的特性

试验项目	试验装置及方法	特性
外观		是无色透明的油状液体，不含沉淀物
相对密度	相对密度天平	一般为0.7~0.9，不燃性的清洗剂为1.3~1.4
闪点	闪点仪	一般为可燃性的，但也有不燃性的
清洗性	使用涂敷过溶剂清洗型渗透剂的试样	能够清洗除掉渗透剂，不降低检测能力
储存稳定性	15.6~37.8℃下储存一年后，进行清洗性试验	性能不降低

3.2.3　溶剂清洗剂

溶剂去除型渗透剂采用有机溶剂去除，有机溶剂能直接溶解渗透剂而达到清洗试件表面多余渗透剂的目的。溶剂去除型渗透剂是一种无色透明的液体，常用于无水源情况下直接清洗，这对野外和高空等现场作业具有明显的优点。目前常用的清洗剂原料有酒精、丙酮、汽油、二氯乙烯、四氯化碳、变压器油、苯及二甲苯等，这些原料在单独使用时不仅成本高，而且有些原料毒性较高，因此需配制一种在成本、使用效果和低毒等方面兼优的溶剂清洗剂。溶剂清洗剂有可燃的和不可燃的，可燃性溶剂清洗剂的密度一般为0.7~0.9g/cm^3，容易着火，如汽油、丙酮、酒精等。不可燃的溶剂清洗剂有三氯乙烯、三氯乙烷等。三氯乙烯、三氯乙烷中含有卤族元素，对某些试件有应力腐蚀作用，且毒性大，一般不适于手工清洗。

表3-13是HD-BX乳化型清洗型配方，HD-BX溶剂型清洗剂对油、醇、酯、酮、醚等单方和组合配方都有较好的清洗能力，成本低于酒精与丙酮。

使用溶剂清洗剂的注意事项如下：

1）溶剂清洗剂的闪点一般较低，在使用过程中会引起火灾且有损健康，如恶心、头痛和身体无力等，所以，检验场地应通风良好。

2）当检查必须在封闭区域进行时，检查人员应有同伴陪同工作；在封闭罐中工作时，必须向检验人员提供足够的通风或提供呼吸空气的设备或装置。

3）在火源附近不应使用可燃性溶剂。检验场地禁止吸烟。

表 3-13　HD-BX 乳化型清洗型配方

配方材料	用量/mL
乙醇	3
加氢饱和煤油	5
异三醇	5

3.3　乳化剂

渗透检测中的乳化剂用于乳化不溶于水的试件表面上多余渗透剂的洗涤材料，是后乳化型渗透检测中不可缺少的组成部分。

3.3.1　乳化剂的分类与组成

乳化剂以表面活性剂为主体，为调节黏度、调整与渗透剂的配比性、降低材料费等，可适当添加溶剂。有的新型乳化剂是在使用前用水稀释到预定的浓度，经调制后就可使用。

乳化剂分为亲水性和亲油性两大类。*HLB* 值为 8~18 的乳化剂称为亲水性乳化剂，乳化形式是水包油型（O/W 型），它能将油分散在水中；*HLB* 值为 3.5~6 的乳化剂称为亲油性乳化剂，乳化形式是油包水型（W/O 型），它能将水分散在油中。

1. 亲水性乳化剂

亲水性乳化剂在使用时应当用水稀释到 5%~20%（按体积比）的浓度，通常是 5%的浓度。亲水性乳化剂的水溶液的浓度越高，乳化能力越强，乳化速度越快，因而乳化时间太短难以控制，且乳化剂拖带损耗大。亲水性乳化剂水溶液的浓度太低时，乳化能力弱，乳化速度慢，从而需要较长的乳化时间，使得乳化剂有足够的时间渗入表面开口缺陷中去，缺陷中的渗透剂也容易用水洗掉，因而达不到后乳化渗透检测应有的高灵敏度。因此，需要根据被检试件的大小、数量、表面粗糙度等情况，通过试验来选择最佳浓度，或按乳化剂生产厂家推荐的浓度使用。

亲水性乳化剂的乳化作用过程如图 3-5 所示 。

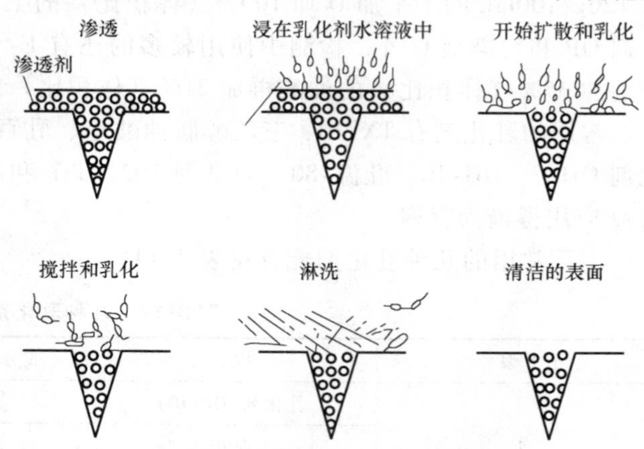

图 3-5　亲水性乳化剂的乳化作用过程

2. 亲油性乳化剂

亲油性乳化剂通常按供应状态使用，不需要加水稀释。如果乳化剂黏度大，扩散到渗透剂中的速度就慢，容易控制乳化，但乳化剂拖带损耗大。乳化剂黏度低则扩散到渗透剂中去的速度快，乳化速度快，需要注意控制乳化时间。

亲油性乳化剂通过扩散过程与渗透剂相互作用，从而起一种溶剂的作用，使试件表面多余的渗透剂能被去除。亲油性乳化剂的乳化作用过程如图 3-6 所示。

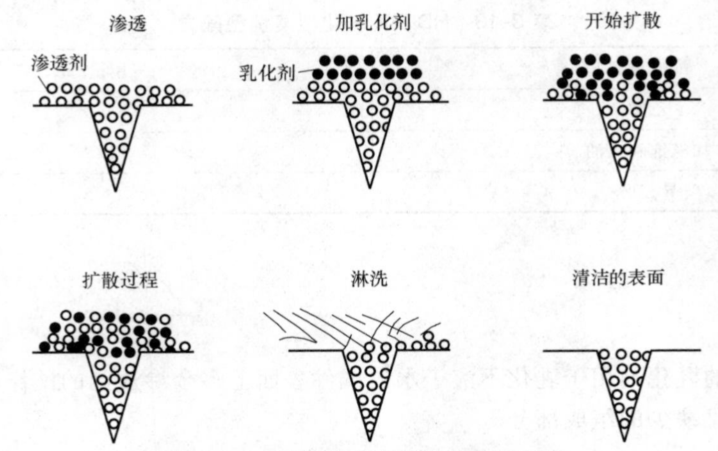

图 3-6　亲油性乳化剂的乳化作用过程

亲油性乳化剂的基本要求是对水和渗透剂具有一定的容许量。

亲油性乳化剂应允许添加体积分数为 5% 的水，并允许混入体积分数为 20% 的渗透剂，且仍应像新的乳化剂一样，能够有效地被水清洗掉，达到所要求的渗透检测灵敏度。减少乳化剂受渗透剂污染的方法有：增加渗透剂的滴落时间，加强滴落后乳化前的预水洗，减少进入乳化剂的渗透剂。

用 50%（体积比）的乳化剂 OP 加 40%（体积比）的工业乙醇，再加 10%（体积比）的工业丙酮混合后就是一种实际检测中使用的乳化剂。匀染剂 O，又叫平平加 O 或乳化剂 O，属于非离子型乳化剂。这种乳化剂也常与其他溶剂配合使用：60%（体积比）平平加 O 加 5%（体积比）油酸，再加 35%（体积比）丙酮，加热（水浴）混合后即可使用。或者将 120g/100mL 的平平加 O 加 100%（体积比）的工业乙醇，加热（水浴）后混合。除了乳化剂 OP 和匀染剂 O 外，检测中使用较多的还有 E-100 乳化剂，它是由 44%（体积比）的煤油加 35%（体积比）的油酸再加 21%（体积比）的三乙醇胺制成的。

常用的乳化剂有 TX-10、三乙醇胺油酸皂、乳百灵 MOA-3 三乙醇胺、平平加 O-20、乳化剂 OH-7、OH-10、吐温-80、匀染剂 102、Txp 和净洗剂 6501 等。其中乳化剂 OP、匀染剂 O 应用得最为普遍。

工厂常用的几种乳化剂配方见表 3-14。

表 3-14　几种乳化剂配方

配方编号	成分	成分比例(体积分数)	备注
1	乳化剂(OP-10)	50%	
	工业乙醇	40%	
	工业丙酮	10%	
2	乳化剂(平平加)	120g/100mL	水溶加热，互溶成膏状物即可用
	工业乙醇	100%	

3.3.2　乳化剂的性能要求

乳化剂要求乳化效果好，能很容易地乳化并清洗后乳化型渗透剂；外观（色泽、荧光颜色）上能与渗透剂清楚地区别开；受少量水或渗透剂污染时，不降低乳化剂的去除性能；与渗透剂的配比适度且无不良气味，便于操作；储存保管中能保持稳定；稳定性不受温度变化影响；对金属及盛放容器不腐蚀变色；对操作者的健康无害；闪点高，挥发性低，废液与去除污水的处理简单。

对于不同的材料和不同的检验要求，应选择不同的乳化剂。例如，铝镁合金的检验不能用三乙醇胺油酸皂；对浅而细的缺陷用高灵敏度的乳化剂；对易于积存乳化剂、形状不规则的试件，最好用喷涂法，施加低灵敏度的乳化剂。

对于乳化剂除了有以上要求外，还应具备如下性能：

1）所选择的乳化剂与被乳化物的化学结构相似时，乳化效果好，即根据“相似相溶”法则选择乳化剂。所选乳化剂的亲油基要与渗透剂的油基和染料的化学结构相似，使其具有良好的互溶性。

2）乳化的目的是将多余的渗透剂去除掉，故乳化剂还应具有良好的洗涤作用。可根据乳化剂的 *HLB* 值来选择乳化剂。*HLB* 值在 11~15 范围内的乳化剂，既具有乳化作用又具有洗涤作用，是比较理想的清洗剂。

3）通过试验来选择最佳乳化剂使用浓度，或按乳化剂制造厂推荐的浓度使用。通常乳化剂制造厂推荐的浓度为 5%~20%（体积分数）。一般要根据被检试件的大小、数量、表面粗糙度等情况选择最佳浓度。

4）乳化剂耐水和耐污染能力要强，化学稳定性要好。

3.3.3 乳化剂性能的校验

（1）外观检查　在黑光或白光下观察时，荧光渗透剂和着色渗透剂与其相匹配的乳化剂的颜色应有明显的差别。

（2）乳化性能试验　乳化剂的去除性校验以未使用过的乳化剂和未使用过的渗透剂为标准，与使用过的乳化剂和渗透剂的乳化性能进行比较，若去除性低于标准时，应为不合格。

乳化剂性能的校验方法如下：

1）取两块吹砂钢试片，用溶剂擦洗或蒸气除油，并冷却至室温。

2）将两块吹砂钢浸入适当的后乳化渗透剂中，垂直悬挂滴落 3min 后，用压力为 0.2MPa、温度为 21℃±3℃的水冲洗，冲洗时间为 30s。

3）将一个试片浸入待测量的乳化剂中，另一个浸入标准乳化剂中，时间为 30s，取出后垂直滴落 3min，再以相同的清洗条件去除表面渗透剂。

4）试片在热空气烘干箱中干燥或吹干。

5）在黑光或白光下观察荧光背景或着色背景，若两块试片底色相似，则使用中的乳化剂仍可使用；若底色相差悬殊，则应更换乳化剂。

亲水乳化剂的浓度可用折光仪进行检查，当浓度与标准乳化剂的浓度变化相差 3%时，则该乳化剂按不合格处理。喷涂用乳化剂的浓度用折光仪检查时，其浓度不应超过 5%。

（3）亲油性乳化剂的允许含水量试验　在亲油性乳化剂中加入 5%（体积分数）的水，搅拌均匀后观察乳化剂，不应产生凝胶、离析、混浊、凝聚或形成分层。加入 5%（体积分数）的乳化剂，当其与相应的渗透剂配用时，渗透剂不能产生凝胶、离析、混浊、凝聚或在渗透剂面上形成分层，同时，该相应的渗透剂的去除性能应符合要求。

（4）亲水性乳化剂的容水量测定　浓缩的亲水性乳化剂的允许容水量应不低于5%（体积分数）。

（5）温度稳定性试验　亲油性乳化剂和浓缩的亲水性乳化剂，其温度稳定性检查方法与渗透剂检查方法相同。乳化剂的组分不得离析。

（6）亲油性乳化剂的槽液寿命试验　亲油性乳化剂的槽液不应出现离析、沉淀或泡沫。

（7）亲水性乳化剂的浓度　亲水性乳化剂在进行各项试验检查时，应根据制造厂推荐的方法稀释。

3.4 显像剂

显像剂是渗透检测中的另一关键材料，它施加于试件表面，加快缺陷中截留渗透剂渗出和增强渗透显示的材料。显像剂的显像过程与渗透剂渗入缺陷的原理是一样的，都属于毛细现象。显像剂中的显像粉末非常细微，其颗粒为微米级。当这些微粒覆盖在试件表面时，微粒之间的间隙类似于毛细管，因此缺陷中的渗透剂很容易沿着这些间隙上升，并回渗到试件表面，形成显示。

3.4.1 显像剂的分类与组成

1. 显像剂的分类

显像剂按使用方法可大致分为干式显像剂和湿式显像剂两大类，其成分虽然各不相同，但其主要作用都是能吸出渗入缺陷内部的渗透剂的显像粉末。干式显像剂是以干燥的白色粉末作为显像剂。湿式显像剂有水悬浮显像剂（将白色显像粉末悬浮于水中）、溶剂悬浮显像剂（显像粉末悬浮于有机溶剂中）和水溶解显像剂（将白色显像粉末溶解于水中）。此外，还有塑料薄膜显像剂（将白色显像粉末悬浮于树脂清漆中）。

（1）干式显像剂　干式显像剂是荧光渗透检测中最常用的显像剂，通常是白色的无机粉末，如氧化镁、碳酸镁、二氧化硅、氧化锌等。粉末应是轻质、松散、干燥的，粒度为1~3μm，使用状态的密度小于0.075g/cm³，运输包装下的密度应该小于0.13g/cm³。显像剂要求吸水、吸油性能好，润湿性好，并仅在试件表面上形成一层薄膜。显像剂在黑光照射下应不发荧光，对被检试件和存放容器不腐蚀，无毒，对人体无害。

（2）湿式显像剂

1）水悬浮显像剂。水悬浮显像剂是将干式显像粉末按每升水加30~100g的比例配制成的，为了得到良好的悬浮性和润湿作用，显像剂中还应加入一定量的表面活性剂，为防止显像剂中的水腐蚀试件或容器，悬浮液中还应加入一定量的防锈剂。同时为了防止渗透剂对白色粉末的润湿面过大，造成缺陷图像无限制地扩展，使相邻缺陷痕迹连成一片而无法分辨，悬浮液中还应加一定量的限制剂。另外，显像剂的粉末含量应控制在使试件表面形成均匀的薄层，太多会造成显像剂薄膜太厚，遮盖显示，太少将不能形成均匀的显像剂薄膜。

水悬浮显像剂一般呈弱碱性，它一般不会对钢铁材料试件产生腐蚀，但长时间残留在铝、镁试件上，会产生腐蚀麻点。

水悬浮显像剂要求试件表面有较小的表面粗糙度值，使用前要充分搅拌均匀。该类显像剂易沉淀结块，不适用于水洗型渗透检测剂体系，检测灵敏度比较低。

2）水溶解显像剂。水溶解显像剂是将显像剂结晶粉末溶解在水中，克服了悬浮式显像剂容易沉淀、不均匀、可能结块的现象。溶解在水中的显像材料在显像剂中的水分从试件表面上蒸发掉后，能形成一层与试件表面贴合较好的显像剂薄膜。水溶解显像剂中也应加入适当的防锈剂、润湿剂。水溶解显像剂结晶粉末多为无机盐类，白色背景不如水悬浮显像剂，要求试件表面较为光洁，该类显像剂不适用于水洗型渗透检测剂体系，也不适用于着色渗透检测系统。

3）溶剂悬浮显像剂。溶剂悬浮显像剂是将显像粉末加在挥发性的有机溶剂中，再加上适量的表面活性剂构成的，有时还加一些限制剂和稀释剂。由于有机溶剂挥发快，故又称为速干式显像剂。溶剂作为一种悬浮剂，具有悬浮吸附剂（白色粉末）的作用，它们一般都为酯类、醇类或酮类有机溶剂，如醋酸酯、乙醇、异丙醇、丙酮等。为保证使用安全，应尽量采用高沸点的有机溶剂。使用的溶剂应不熄灭荧光。显像粉末又称为吸附剂，它除了对缺陷中渗透剂有较强的吸附作用外，其白色衬底对缺陷图像还具有较好的衬托作用。常用的限制剂有胶棉液、醋酸纤维素、过氯乙烯树脂及糊精等。溶剂悬浮显像剂常用胶棉液作限制剂。限制剂的作用是增加显像剂悬浮液的黏度，限制所显示图像的扩大，使所显示的缺陷图像轮廓清晰，且具有真实性。稀释剂常用丙酮、酒精等物质，它能溶解限制剂，并适当提高限制剂的挥发性，从而可调整显像剂的黏度。

溶剂悬浮显像剂通常装在喷罐中使用，而且与着色渗透剂配合使用。

溶剂悬浮显像剂中的有机溶剂有较强的渗透能力，能渗入到缺陷中去，挥发过程中把缺陷中的渗透剂带回到试件表面，故显像灵敏度高；显像剂中的有机溶剂挥发快，扩散小，轮廓清晰，分辨力高。

（3）塑料薄膜显像剂　塑料薄膜显像剂主要是由显像粉末和透明清漆（或胶状树脂分散体）组成的。采用喷涂的方式施加于被检试件的表面，由于透明清漆是一种高挥发性的溶剂，能在较短时间内干燥形成一层薄膜。塑料薄膜显像剂吸附渗入缺陷中的渗透剂进入塑料薄膜中，缺陷的显示就被凝固在膜层中，剥下的膜层可作永久的记录。

2. 显像剂的组成

显像剂的主要成分有酮类化学品、多元醇、氧化物粉料和胶棉液等。显像剂的构成见表3-15。

表3-15　显像剂的构成

显像剂的种类	显像粉末	表面活性剂	溶剂	防锈剂	其他成分
干式显像剂	√				
湿式显像剂	√	√		√	△

注：△表示根据需要添加。

显像粉末主要起显现缺陷标志的作用，常用的有氧化锌、氧化镁、二氧化钛、高岭土、滑石、硅酸粉末以及不溶或难溶于水的碳酸盐等成分。

表面活性剂的作用是充分使显像粉末分散到介质中，并使粉末在试样表面上均匀展开。在湿式显像剂中，由于以水为介质，它可以起到中止润湿金属表面的作用。性能要求：少量高效，稳定性不受其他成分影响；荧光尽量要少（表面活性剂多少都有蓝白色荧光）；不使金属腐蚀与变色等。一般主要使用阴离子型与非离子型的表面活性剂。

溶剂主要悬浮白色粉末，一般采用低沸点的有机溶剂，如丙酮、苯及二甲苯等。水溶解显像剂的溶剂是水。

由于湿式显像剂使用水，容易腐蚀金属，因此，需要添加无机或有机防锈剂。另外，为了增加黏度，限制显像的扩大作用，使显现出的缺陷图像清晰，需添加限制剂，常用的限制剂有火棉胶、醋酸纤维素和过氯乙烯树脂等。

表 3-16 列出了水悬浮显像剂的典型配方，表 3-17 列出了溶剂悬浮显像剂的典型配方。

表 3-16 水悬浮显像剂的典型配方

配制顺序	成分及其作用	比例	性能和特点	配合使用的渗透剂
1	水(溶剂)	100%	该配方是水基显像剂，毒性低，适用于液浸和喷涂法显像	常与水基型渗透剂配合使用
2	表面活性剂	0.01~0.1g/100mL		
3	糊精(羧甲基纤维素，限制剂)	0.5~0.7g/100mL		
4	氧化锌(吸附剂)	6g/100mL		

表 3-17 溶剂悬浮显像剂的典型配方

显像剂	成分	比例(体积分数)	作用	备注
1	火棉胶(5%)	70%	限制剂	喷涂时加入 40~50mL 的丙酮稀释
	二甲苯	20%	悬浮剂	
	丙酮	10%	稀释剂	
	氧化锌	5g/100mL	吸附剂	
2	氧化锌	5g/100mL	吸附剂	醋酸纤维素在丙酮中完全溶解后再加氧化锌
	醋酸纤维素	1g/100mL	限制剂	
	丙酮	100%	稀释剂	
3	二氧化钛	5g/100mL	吸附剂	
	火棉胶(5%)	45%	限制剂	
	丙酮	40%	悬浮剂	
	乙醇	15%	稀释剂	

3.4.2 显像剂的性能要求

显像剂应具备的性能要求如下：

1）显像粉末颗粒细微，吸湿能力强，速度快，容易被缺陷处的渗透剂所润湿。

2）容易在试件表面上形成均匀的薄覆盖层，使缺陷显示轮廓清晰。

3）在紫外线照射下不发荧光，也不减弱荧光亮度。

4）着色显像剂要提供与缺陷显示足够大的底色，以保证最佳对比度，并对着色染料无消色作用。

5）无毒、无味、无腐蚀作用。检验完毕后易从试件表面上除掉。

显像剂要求检测能力显著、缺陷标志鲜明，与着色剂的反差好（无荧光），储存保管中保持稳定，不使金属腐蚀与变色，检查结束后容易清洗，对操作人员的健康无害，废液处理简便。除此之外，湿式显像剂中的显像粉末对介质应有良好的分散性，沉降速度慢。干式显像剂要求粒度微细、密度小等。

显像剂可放大缺陷显示，又可提供观察缺陷的背景，因此可以提高检验灵敏度。显像剂除了本身具有一定优良性能外，还应与一定渗透剂搭配使用，才能达到最佳显像放大效果。另外，还应根据试件表面的状态、检验条件的具体情况选择不同类型的显像剂。表面粗糙度值小的表面应选择湿显像，而粗糙表面应选择干粉显像；批量试件选择水湿式显像，速度快，操作方便；有不通孔、凹槽等试件易积聚显像剂，不宜采用湿显像剂。

3.4.3 显像剂的性能鉴定

1. 外观检查

用于着色渗透检测的显像剂应能提供一个良好的对比背景。用于荧光渗透检测的显像剂在黑光照射下，不应比相应的标准显像剂呈现更多的荧光。

2. 干粉显像剂的性能检验

干粉显像剂是一种轻质、松散、干燥的细微粉末，不应有聚结颗粒和块状物。干粉显像剂常与荧光渗透剂配合使用，因此，在黑光照射下不应发荧光。

（1）干粉显像剂的松散性（密度）测试　取一个干净、清洁的、刻度为500mL的量筒从500mL标线处准确地切齐，称取量筒的质量为M_1，精确到0.5g；将量筒倾斜30°角，使干粉显像剂粉末沿筒壁轻轻地滑入量筒内。然后逐渐扩大角度，逐渐添加粉末，使其充满溢出，每添加一次，恢复垂直位置一次，防止空穴形成。同时严禁摇动或敲击量筒。用直尺刮去多余的显像剂粉末。在量筒口捆扎一张纸，让量筒从25mm高处反复地自由落到一厚度为10mm、且有一定硬度的橡胶板上，将粉末敦实，每落下一次，将量筒转90°，一直重复到体积保持不变为止，读下此时的体积刻度值V。除去捆扎的纸，称取量筒和盛装显像剂粉末的总质量M_2。

显像剂的松散密度为显像粉末的净质量（M_2-M_1）除以500，得出的值应小于0.075g/cm^3，即每升松散的显像剂的质量不大于75g。

显像剂的摇实密度为净质量除以装实后所得的体积，即（M_2-M_1）/V，得出的值应不大于0.13g/cm^3，即每升体积内显像剂的质量不应多于130g。

（2）荧光污染与水污染检查　取一块吹砂钢试块，将其一半浸入蒸馏水中，快速摆动数次后置于干粉显像剂中，然后取出，在室温下干燥，再在1500μW/cm^{2}的黑光灯下检查。与标准显像剂相比，不应有更多的荧光呈现。将试块的两半部分对比，可检查显像剂被水污染的情况。

3. 湿式显像剂的性能鉴定

（1）再悬浮性能试验　将水悬浮显像剂、溶剂悬浮显像剂按照生产厂家的说明书进行配制并静置24h后，轻轻摇动，已形成的沉淀能很容易地再悬浮。

（2）灵敏度试验　使用与显像剂相应的渗透剂和相应的工艺，在标准裂纹试块上进行渗透检测的全过程操作。标准裂纹试块表面的显像剂涂层应均匀一致，与标准显像剂相比，缺陷显示要符合要求。

（3）沉降速率（沉淀性）测试　将显像剂充分搅拌后，取25mL显像剂置于25mL的量筒中，静置15min，观察沉淀后的分界线。对于溶剂悬浮显像剂，其分界线距上表面应不大于2mL的刻度；对于水悬浮显像剂，要求分界线距上表面的距离应不超过12.5mL的刻度。

4. 显像剂的可去除性测试

取两块尺寸为40mm×50mm、材料为12Cr18Ni9的试板，轧制表面，经汽油清洗并干燥。

（1）干粉显像剂　将被检显像剂粉末与标准显像剂粉末分别喷撒在两块试板上，静置5min，用0.2MPa的水喷洗1min，在空气中自然干燥，目视检查，所有显像剂应与相应的标准显像剂同样容易彻底去除。

（2）湿式显像剂　试验方法基本与上述试验方法相同，试板可倾斜45°角，放在温度为150℃±3℃的环流烘箱内干燥1~2min，然后静置、水喷洗、干燥后，目视检查。

3.5 渗透检测剂系统

渗透检测剂系统是指由渗透剂、清洗剂和显像剂等构成的特定组合系统。每种渗透剂应与其相配套的清洗剂和显像剂一同使用，不要将一个制造厂的检测剂与另一个制造厂的检测剂混合使用，更不要将不同制造厂的同种检测剂（如渗透剂）混在一起使用，同一个制造厂的不同类型的检测剂不能混合使用；否则，可能出现渗透剂、清洗剂及显像剂等材料各自都符合规定要求，但它们之间不能相互兼容，最终使渗透检测无法进行的现象。如确需混用，则必须经过验证，确保它们能相互兼容，其检测灵敏度应能满足检测的要求。

3.5.1 渗透检测剂系统的选择原则

渗透检测剂系统的选择原则主要由以下几项：

1）使用安全，不易着火。例如，由于液氧遇油容易引起爆炸，因此盛装液氧的容器不能选用油溶性渗透剂，而只能选用水基型渗透剂。

2）灵敏度应满足检测要求。在检测中，应按被检试件灵敏度要求来选择渗透检测剂组合系统。

由于检测灵敏度要求越高，其检测费用也越高。因此，从经济上考虑，不能片面追求高灵敏度检测，只要灵敏度能满足检测要求即可。

不同的渗透检测剂系统，其灵敏度不同，一般后乳化型灵敏度比水洗型高，荧光渗透剂灵敏度比着色渗透剂高。当灵敏度要求较高时，例如疲劳裂纹、磨削裂纹或其他细微裂纹的检测，可选用后乳化型荧光渗透检测系统，当灵敏度要求不高时，例如铸件，可选用水洗型着色渗透检测系统。

3）根据被检试件状态进行选择。对于表面光洁的试件，可选用后乳化型渗透检测系统；对于表面粗糙的试件，可选用水洗型渗透检测系统；对于大试件的局部检测，可选用溶剂去除型着色渗透检测系统。

4）在满足检测灵敏度要求的条件下，应尽量选用价格低、毒性小、无异味、易清洗的渗透检测剂系统。

5）渗透检测材料系统对被检试件应无腐蚀。如铝、镁合金不宜选用碱性渗透检测材料，奥氏体不锈钢、钛合金等不宜选用含氟、氯等卤族元素的渗透检测材料。

6）化学稳定性好，能长期使用，在光照或遇高温时不易分解和变质。

7）选用环保渗透检测材料组合系统，易于生物降解，废液处理简便。

3.5.2　渗透检测剂系统灵敏度测试

可采用 A 型试块或按 NB/T 47013.5—2015 规定的 B 型试块进行渗透检测剂系统灵敏度鉴定（有的标准规定用标准缺陷样件测试系统灵敏度）。所谓灵敏度鉴定是指用正在使用的渗透检测剂系统，按规定的工艺对已知缺陷的标准试块进行处理，将检测结果（人工缺陷显示的点数、亮度或颜色深度等）与未使用过的渗透检测剂系统对标准试块所得的检测结果相比较，用以评定正在使用的渗透检测剂系统的灵敏度。

1. 低灵敏度渗透检测剂系统鉴定

鉴定时使用 A 型试块，将被检渗透材料施加于 A 型试块的半个表面上，将标准渗透检测材料施加于 A 型试块的另一半表面上，渗透时间为 10min，显像时间为 5min，按渗透检测的标准操作程序处理 3 块 A 型试块，分别对水洗型、后乳化型、溶剂去除型渗透检测材料进行鉴定（荧光后乳化型乳化时间 2min，着色后乳化型乳化时间 30s）。被检渗透检测材料在 A 型试块上所显示的痕迹的数量和亮度应等于或超过相应标准渗透检测材料所有的显示。

2. 中、高和超高灵敏度渗透检测剂系统鉴定

鉴定时使用 C 型试块，将被检渗透检测材料和标准渗透检测材料施加于 C 型试块的两个半表面上，按表 3-18 所规定的试验参数和标准操作程序处理 3 块试块，被检渗透检测材料在 C 型试块上的所有显示的数量和亮度应等于或超过相应标准渗透检测材料的所有显示。

表 3-18　中、高和超高灵敏度的渗透检测剂系统试验参数

渗透检测剂工序	水洗型	后乳化型(亲油)	后乳化型(亲水)	溶剂去除型
施加渗透剂	5min	5min	5min	5min
预水洗	—	—	水压 0.2MPa，水温 20℃±5℃，1min	—
乳化	—	2min	按制造厂浓度，2min	—
水洗	水压 0.2MPa，水温 20℃±5℃，5min	根据要求	水压 0.1MPa，水温 20℃±5℃，2min	—
溶剂擦拭	—	—	—	根据要求
干燥和显像	干燥：轻微气流吹干 30min，温度 20℃±5℃；显像：15min			

技能训练　后乳化型着色渗透剂的配制

一、目的

1）掌握一般渗透剂的配制方法。

2）配制后乳化型着色渗透剂。

二、设备和器材

1）白光光源。

2）不锈钢镀铬裂纹试块（B 型试块）。

3）化学试剂：苏丹红Ⅳ、乙酸乙酯、航空煤油、松节油、变压器油和丁酸丁酯。

4）玻璃容器：容积1500mL。

5）玻璃搅拌棒：长200mm。

6）天平。

7）量筒：容量500mL。

三、测试内容和步骤

1）将玻璃容器、玻璃棒和量筒清洗干净。

2）用天平称取8g苏丹红Ⅳ，置于玻璃容器中。

3）用量筒量取50mL乙酸乙酯，缓缓倒入玻璃容器内，一边倒入一边搅拌，让苏丹红Ⅳ浸透在乙酸乙酯中，并搅拌均匀。

4）用量筒按顺序分别量取航空煤油600mL、松节油50mL、变压器油200mL、丁酸丁酯100mL，依次倒入玻璃容器内。每加入一种溶剂，都需要搅拌均匀。

5）搅拌至苏丹红Ⅳ完全溶解，并且各种溶剂均匀混合。至此，后乳化型着色渗透剂基本配制完毕。

6）用B型试块检验新配制的着色渗透剂的灵敏度。除施加的着色渗透剂渗透使用新配制的后乳化型着色渗透剂外，其他乳化剂、清洗剂和显像剂均用同族组的标准渗透检测剂，按标准操作方法处理，观察B型试块辐射状裂纹显示情况，并将辐射状裂纹显示与原保存的复制品对照，观察对比新配制的着色渗透剂的检测灵敏度。

四、注意事项

1）配制的后乳化型着色渗透剂中应无沉淀结块物，如果发现有沉淀结块物，可用水浴法适当提高温度，但应不超过40℃。

2）配制过程中，乙酸乙酯倒入苏丹红Ⅳ时，防止出现结块物是关键。

复　习　题

一、判断题（正确的画√，错误的画×）

1. 渗透剂黏度越大，渗入缺陷的能力越差。（　）

2. 渗透剂接触角表征渗透剂对受检零件及缺陷的润湿能力。（　）

3. 同种荧光染料溶解在不同的溶剂中，所配制的荧光渗透剂在照射后，所激发出的颜色可能不同。（　）

4. 水基湿式显像剂中一般都有表面活性剂，它主要起润湿作用。（　）

5. 对同种固体而言，渗透剂的接触角一般比乳化剂的大。（　）

6. 荧光着色法使用的渗透剂含有荧光染料和着色染料。（　）

7. 为了强化渗透剂的渗透能力，应努力提高渗透剂的表面张力和降低接触角。（　）

8. 决定渗透剂渗透能力的主要参数是黏度和密度。（　）

9. 表面张力和润湿能力是确定一种渗透剂是否具有高的渗透能力的两个最主要因素。（　）

二、选择题（从四个答案中选择一个正确答案）

1. 优质渗透剂应具有的性质是（　）。

A. 高闪点　B. 低闪点　C. 接触角大　D. 接触角小

2. 下面哪种显像剂的显像灵敏度最高（　　）。

A. 干粉显像剂　B. 水悬浮显像剂　C. 溶剂悬浮显像剂　D. 塑料薄膜显像剂

3. 渗透剂对于表面缺陷的渗入速度，受渗透剂的下面哪种参数影响最大（　　）。

A. 密度　B. 黏度　C. 表面张力　D. 润湿能力

4. 配制渗透剂时选择化学试剂的原则是（　　）。

A. 选择表面张力小的试剂　B. 选择表面张力大的试剂

C. 与表面张力无关　D. 选择密度大的试剂

5. 被检物体和标准材料应处于规定的温度范围内，下列关于渗透剂温度不能太低的原因之一是温度越低（　　）。

A. 黏度越低　B. 黏度越高

C. 少量挥发性材料会损失　D. 材料会变质

6. 渗透剂中的溶剂说法应具有哪些性能（　　）。

A. 对颜料有较大的溶解度　B. 表面张力不宜太大，具有良好的渗透性

C. 具有适当的黏度和对工件无腐蚀　D. 上述三点都具备

7 . 乳化剂的作用是（　　）。

A. 与渗透剂混合形成可以被水清洗的混合物

B. 有助于显像剂的吸收

C. 能提高渗透剂渗入缺陷的渗透性

D. 消除伪显示

8. 对显像剂白色粉末的颗粒要求是（　　）。

A. 粒度尽可能小而均匀　B. 粒度尽可能均匀

C. 对粒度要求不高　D. 全不对

三、问答题

1. 渗透检测剂包括哪些检测试剂?

2. 渗透剂有哪些分类方法? 试阐述各类渗透剂的特点。

3. 渗透剂的主要成分是什么? 每种成分在渗透剂中的作用是什么?

4. 渗透剂中的染料成分应具备哪些性能? 常用的荧光染料和着色染料有哪些?

5. 荧光染料的“串激”是什么? 它是如何增强荧光亮度的?

6. 渗透剂中的溶剂起什么作用? 常用的溶剂有哪些?

7. 渗透剂的综合性能有哪些?

8. 静态渗透参量和动态渗透参量是如何定义的? 黏度对动态渗透参量的影响如何? 渗透剂的运动黏度值一般如何选择?

9. 为什么要在不易挥发的渗透剂中加入一定量的挥发性液体?

10. 闪点和燃点有什么区别? 测定闪点的方法有哪些?

11. 什么是渗透剂的临界厚度?

12. 渗透剂的含水量和容水量分别指什么? 它们是如何测定的?

13. 渗透剂的性能鉴定包括哪些内容? 各种性能测试是如何进行的?

14. 乳化剂主要可分为哪几类? 各类的乳化形式是什么?

15. 乳化剂的性能要求有哪些?

16. 乳化剂性能的校验包括哪些内容？各种性能测试是如何进行的？

17. 为什么说利用非离子型乳化剂的凝胶现象可以提高渗透检测灵敏度？

18. 显像剂按使用方法可分为哪几类？显像剂的主要成分是什么？各种成分的作用是什么？

19. 显像剂的性能要求有哪些？

20. 显像剂的性能鉴定包括哪些内容？各种性能测试是如何进行的？

第4章 渗透检测设备与器材

渗透检测设备分为便携式压力喷罐渗透检测装置、固定式渗透检测装置和自动荧光渗透检测装置等。选择渗透检测设备时，主要考虑被检测试件的类型（形状、尺寸、处理数量）、检测缺陷的类型、渗透检测剂的种类、操作目的、操作的实施条件以及经济成本等。

4.1 渗透检测设备

4.1.1 便携式压力喷罐渗透检测装置

便携式压力喷罐渗透检测装置一般由装有渗透剂、清洗剂和显像剂等渗透检测剂的喷罐，以及装有擦洗试件用的金属刷、毛刷等的小箱子组成，是一种通过单纯的手工操作就能进行检测的装置。如果采用荧光渗透检测法，还配备有便携式黑光灯。如果采用着色法，则用照明灯。便携式压力喷罐渗透检测装置常用于溶剂去除型渗透检测。

渗透检测剂通常装在密闭的喷罐内使用。图4-1所示为内压式喷罐结构示意图。气雾剂喷罐盛装了一种沸点在室温以下的流体（如氟利昂或乙烷等）以及一种在很高温度下才会沸腾的流体（称为产品剂料，如渗透检测剂等）。在这种内压式喷罐中，一条长导管从罐底延伸到罐子顶部的阀门系统。阀门设计得非常简单，顶部有一个可以按压的喷嘴，中间有一条很细的管道通过。这条管道从接近喷头底部的入口延伸到顶部的喷嘴处，通过弹簧将喷嘴向上顶压，管道入口被密封装置密封。当按下喷嘴时，入口移动到密封装置下方，这样就打开了从罐内到罐外的通道。高压推挤气体驱使液态产品剂料顺着塑料导管上升并喷出喷嘴。窄小的喷嘴将流过的液体进行雾化——将液体打碎成微小液珠以形成微细喷雾。这就是简单的内压式喷罐的工作原理。

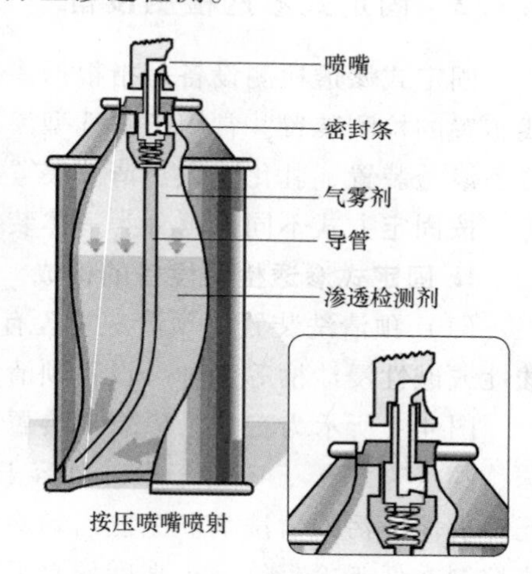

图4-1 内压式喷罐结构示意图

气雾剂采用氟利昂或乙烷充入密封的罐中，通常在液态时装入，装入罐后常温下汽化形成高压。因此，罐内具有30~40kPa（约25℃）的内部压力，内部压力随着时间、温度的变化而变化，使用及保管时必须充分注意。很多气雾剂是可燃的，所以在明火附近使用气雾剂罐非常危险。在温度低的情况下，内部压力低，不提高温度或喷雾堵塞时都不能使用，必须用30℃的温水加热，千万不可用火加热。温度过高，内部压力太大，会使罐破裂，发生危险，所以应特别注意和温度有关的注意事项。

使用时只要掀下头部的阀门，渗透检测剂便会自动喷出。另外在显像剂罐内有数个滚珠，如果摇晃喷罐，“当啷”作响，滚珠有助于将显像剂粉末和溶剂混合起来，使显像剂以雾状均匀喷出。

便携式压力喷罐渗透检测装置要求成套配备，每套都有一定的数量，见表4-1。

表4-1　便携式压力喷罐渗透检测装置套装数量

每套物品	着色渗透检测	荧光渗透检测	着色荧光渗透检测
清洗去除剂	3罐	3罐	3罐
渗透剂	1罐	1罐	1罐
着色显像剂	2罐	—	2罐
荧光显像剂	—	2罐	2罐
便携式黑光灯	—	1个	1个
抹布	若干	若干	若干
刷子	若干	若干	若干

使用喷罐时的注意事项如下：

1）喷罐不能倒立喷洒。

2）显像剂喷罐使用前一定要充分摇匀。

3）喷罐不允许放置在高温区，不允许暴晒、接近火源或明火加热。

4）使用完的喷罐应打孔（或破坏）泄压。

4.1.2　固定式渗透检测设备

固定式渗透检测设备是指根据渗透检测工序的需要设置的有多个工位、以渗透检测流水线布置的检测装置。常用于水洗型渗透检测和后乳化型渗透检测。主要的装置包括预清洗装置、渗透装置、乳化装置、清洗装置、干燥装置、显像装置、后处理装置及紫外线照射装置等。按固定方式不同又可分为一体装置和分离装置。

1. 固定式渗透检测设备的构成

（1）预清洗装置　预清洗装置有蒸汽除油槽、溶剂清洗槽、冲洗喷枪、超声波清洗机、酸性或碱性浸渍槽等多种。设置预清洗装置的目的是为渗透检测提供清洁而干燥的工件。

图4-2所示为三氯乙烯除油装置。三氯乙烯（C_2HCl_3）为无色液体，有类似氯仿的气味，沸点为87℃，不溶于水，可溶于有机溶剂。在工业上广泛用于去除金属、玻璃及电子元件表面油污的清洗剂。三氯乙烯除油装置中，冷凝管将三氯乙烯蒸气冷却，并将其蒸气始终控制在低于冷凝管一半高度的水平面上，冷凝液由集液槽回收。冷凝管上部槽内侧装有恒温控制传感器，当温度达到某一预定值时，恒温器将自动断开加热器，从而控制槽内的蒸气量，起保证安全的作用。冷凝器进水温度不宜比周围空气温度低很多，以免冷却管附近空气的水汽在管上冷凝掉入除油槽中，使三氯乙烯酸度上升；而冷凝器出口温度不宜太高，太高说明槽中蒸气面高，蒸气量大，不安全。另外冷凝器内水量不足也会引起蒸气面上升。抽风可将带至槽口的三氯乙烯蒸气除掉，抽风速度不能太大。设备不用时，将滑动盖板盖好。

三氯乙烯除油槽应安装在空气流动速度在0.25m/s以下的室内环境中，不宜安装在靠门窗或有通风系统的地方及有火焰产生的地方。三氯乙烯除油槽用镀锌铁皮、镀锌钢板或不锈钢板制成。

三氯乙烯有毒，操作时应严格按说明书进行。

（2）渗透装置　渗透装置由渗透剂槽和滴落架组成。渗透剂槽用于浸渍试件，如图4-3

所示。渗透剂槽内装有渗透剂，小型试件可单个浸渍，或放于金属框内一次浸渍。对于不能浸渍的试件，应附设小型泵以及软管和喷嘴，以便对试件喷涂渗透剂。操作时可将大试件放入带有栅格架的空槽中，渗透剂装在小容器中，用泵将液体通过喷嘴喷到试件表面上。从栅架上滴落的渗透剂经过滤回收循环使用。

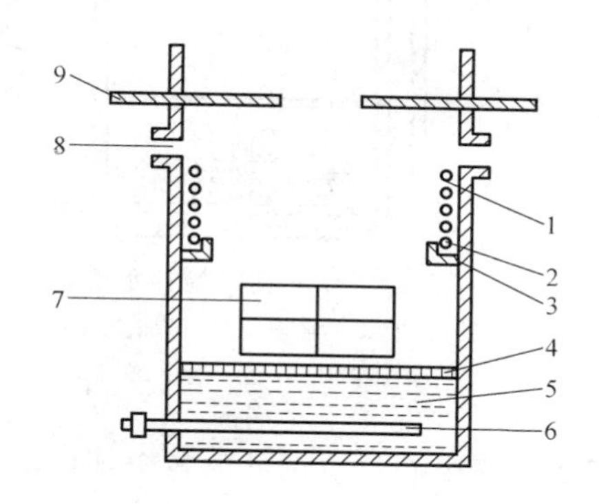

图 4-2　三氯乙烯除油装置

1—冷却水入口　2—冷却水出口　3—冷凝液集槽
4—格栅　5—三氯乙烯溶液　6—加热管　7—被清洗试件
8—抽风口　9—活动盖板

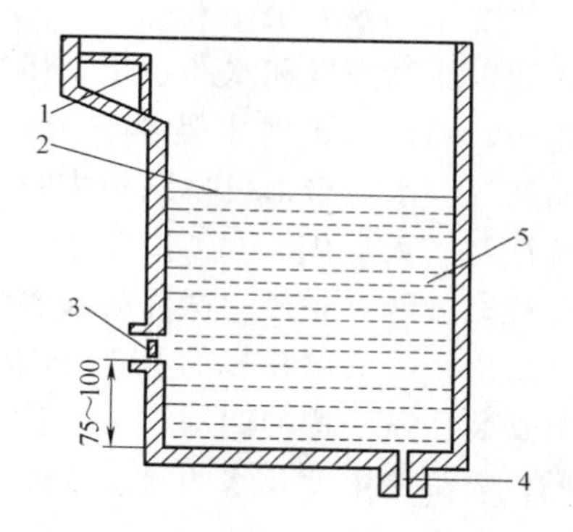

图 4-3　渗透剂槽

1—滴落架　2—正常液位标记　3—排液口
4—排污口　5—渗透剂

金属筐用不锈钢片、不锈钢丝或镀锌材料制成，金属筐上不能涂漆。各道工序所选用的金属筐不得挪用，以免污染。

渗透剂槽应设有滴落架，滴下的渗透剂可直接流回槽中，或经过滤后使用。渗透剂槽的容积要根据试件大小设计。槽内侧标记上正常液面高度的永久性记号，正常液面高度不仅应使试件完全浸没，同时还应保证浸入试件时液体不溢出槽外。渗透剂槽应装两个阀门，一个在离槽底 75~100mm 处，以便清洗槽液体排出槽子上层清洁渗透剂；一个在槽底，以便排除污渣和水分。渗透剂槽上要加盖，以免污染。

（3）乳化装置　乳化装置是后乳化型渗透检测的必要设备，其用途是将乳化剂施加到试件表面并使其与渗透剂混合，从而使渗透剂能够被水清洗。后乳化操作的关键是控制缺陷内的渗透剂不要被乳化掉。理想的操作是在尽可能短的时间内使乳化剂完全覆盖试件表面。浸入法是常用的方法。大型试件不能采用浸入法时，也可采用喷涂法，多路喷涂可使试件表面获得均匀的覆盖层。

乳化装置与渗透剂槽基本相同，但需配备搅拌器，对乳化剂进行不连续的定期或不定期搅拌，不宜采用压缩空气搅拌，以免产生大量的乳化剂泡沫。

（4）清洗装置　该装置是进行水洗时使用的装置，由铝合金或不锈钢制的液槽与盖子、承载检查物件的固定台或旋转台、自动清洗专用的喷嘴与手动清洗专用的软管及喷嘴、紫外线照射装置（采用荧光渗透检测时需要）等构成。水洗是为了去掉试件表面上多余的渗透剂，而不得把缺陷内的渗透剂去除掉，要防止过洗。清洗装置底部设有排液阀，根据需要有时附设加压泵、加温装置及流量调节装置。

自动清洗时应一边使检查物件旋转，一边用喷水器喷水清洗，根据需要可使用时间控制器调整清洗时间。

水洗时用的装置为压缩空气搅拌水槽，如图 4-4 所示。压缩空气通过水平安放着的两根管子（直径为 12mm）进入槽底，管子上每隔一定间隔（如 3cm）钻有孔眼，槽中水温控制在 10～40℃范围内，水压不超过 0.27MPa 。除压缩空气搅拌水槽外，也采用多喷头喷洗槽或压缩空气/水喷枪等手工喷洗设备。压缩空气/水喷枪是一种可同时通以压缩空气和水的喷枪。压缩空气起加速水的作用，喷枪喷出的水是具有一定压力的细水流。压缩空气和水流量都可单独地进行调节，压力也可进行控制。无压缩空气/水喷枪时，可用泵加压来进行补充喷洗。一般的试件放入清洗槽内进行。

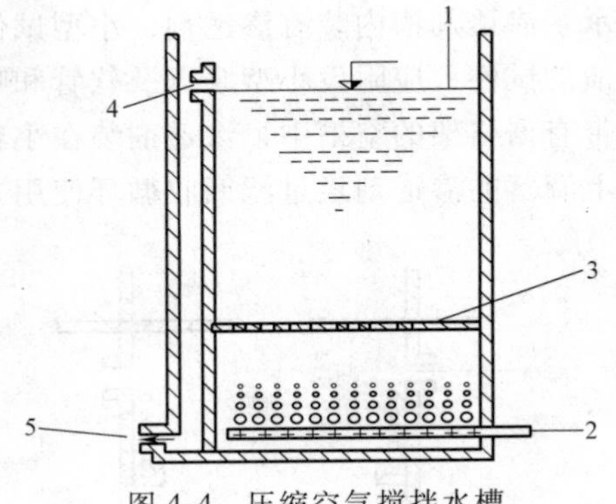

图 4-4　压缩空气搅拌水槽

1—供水口　2—格栅　3—压缩空气入口　4—排水口　5—限位口

采用多喷头喷洗试件能达到很好的喷洗效果。喷头安装在喷洗槽的四周，每个喷头喷射的水都成扇形，喷头的角度及水的流量都能进行调节，使置于清洗槽中心位置试件的各个部位都得到有效的清洗。

荧光渗透清洗槽上方应配备防水型黑光灯，以便能够在清洗过程中或清洗后检查清洗程度，防止清洗不足或清洗过度。清洗不足，则小缺陷无法分辨识别；清洗过度，则浅而宽的缺陷的渗透剂会被冲洗掉而产生漏检。清洗时要防止水溅到发热灯泡上使灯泡破裂。

清洗槽溢流出来的水要经过净化，再排入下水道。清洗槽的温度计应定期校验。

（5）干燥装置　干燥装置多数采用热风循环烘箱，带有温度自动调节装置，烘箱温度最好保持在 60～70℃，温度过高会导致荧光渗透剂或着色渗透剂干涸、变色甚至变质。干燥时间应为使表面的水分充分干燥所需的最短时间。干燥装置应配备抽风机，以及时排除水蒸气。

（6）显像装置　该装置一般根据湿式显像还是干式显像分别设计，干式和湿式显像所用的装置是不一样的。

1）湿式显像槽由液槽、盖子、排液阀组成，根据需要可在液槽上部安装金属格栅，以便排除试件表面剩余的显像液。大型装置还要附设均匀搅拌显像剂的搅拌器。湿式显像剂要用带有滴落架的显像槽，槽内应装有机械或空气搅拌机构。如果采用水悬液，槽内应装有支承试件的格栅。除此之外，进行浸渍时应使用浸渍专用的金属丝网筐和小形提升机，进行喷洒时应附设小型泵以及软管和喷嘴。

2）干式显像装置由容器、盖子组成，大型装置附设气体流动装置、排气通道吸尘器等部分。另外，根据需要，有时还要附设操作台，以便在使用干粉显像剂之后，用空气除掉剩余的干粉显像剂。

由于干式显像剂是很轻的微细粉末，因此任何情况下都要考虑防尘措施。显像剂施加装置在渗透检测流水线中的安放位置应视显像剂的类型而定。对于湿式显像剂而言，显像剂施加装置直接放在干燥装置之前；对于干式显像剂而言，显像剂施加装置要放在干燥装置之后。

图 4-5 所示为干式显像粉柜，其底部为锥形，内盛干粉显像剂，用压缩空气搅拌，柜内有放试件的格栅，并带有密封盖，以防止粉末泄出。施加干粉显像剂之前，试件要冷却到便于操作的温度。试件可以埋入干粉显像剂中，结束后取出试件，抖掉多余的干粉显像剂，即

可进行检测。

（7）后处理装置　后处理装置用于清除附在试件表面上的显像剂及试件表面上多余的渗透剂。后处理装置一般可直接用清洗装置替代或直接用水冲洗。

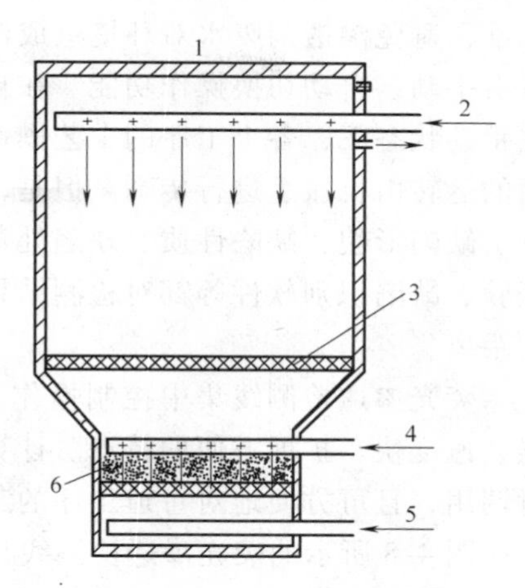

图 4-5　干式显像粉柜

1—密封盖　2、4—压缩空气　3—格栅

5—加热器　6—显像粉

2. 一体式固定装置

图 4-6 所示为一体式固定装置，该装置可检查体积为 $20\sim30cm^3$的试件，全长仅 3~4m。该装置的渗透剂槽（包括滴落架）、乳化槽（包括滴落架）、清洗槽（有黑光灯）、干燥器（带有自动调气的热风干燥器）、显像槽、观察台（带有布幕、黑光灯、排气扇等）都连成一体，适于大批大量叶片、机加工件等的渗透检测。

3. 分离式固定装置

分离式固定装置是将渗透检测所用装置依次排列在一个工作场地，根据需要可布置成 U 形或 L 形。图 4-7 所示为 U 形分离式固定装置示意图，试件用辊道传送。

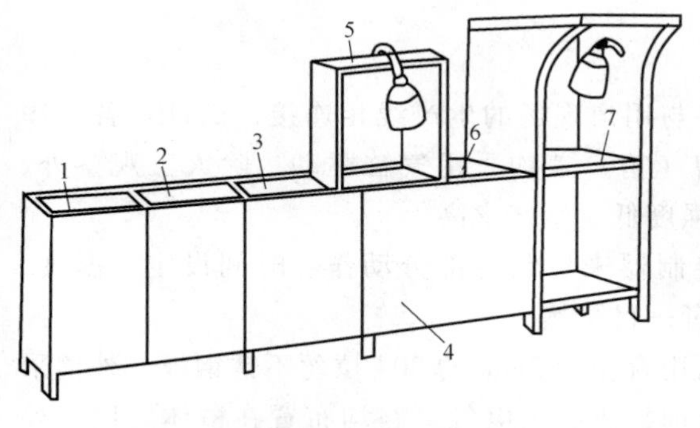

图 4-6　一体式固定装置

1—渗透槽　2—乳化槽　3—滴落槽　4—清洗槽

5—干燥器　6—显像槽　7—观察台

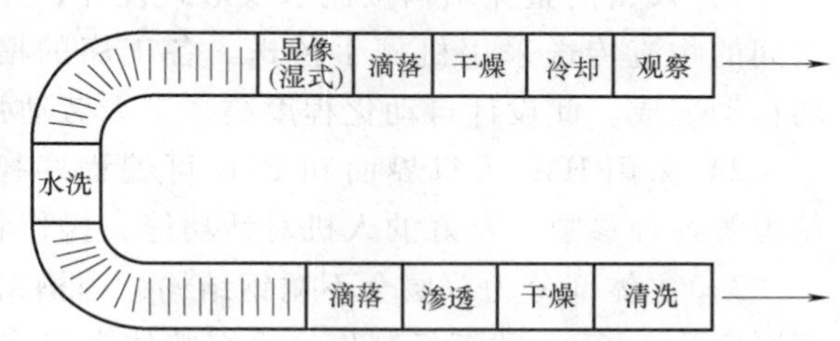

图 4-7　U 形分离式渗透检测装置示意图

4.1.3　荧光渗透检测线

自动荧光渗透检测设备一般都由若干个多功能组合槽、输送系统、污水处理系统及电气控制系统组成，如图 4-8 所示。多功能组合槽由不锈钢槽组成，主要涉及预清洗槽、烘干槽、渗透槽（自乳化或后乳化）、滴落槽、乳化槽、终清洗槽、显像槽、观察区及自动补水装置等，基本上每一个步骤都可以实现电动控制。输送系统通常有单轨输送系统及双轨输送系统两种方式，对于自动化程度要求不高的系统，可采用单轨输送方式。对于自动化程度要求较高的系统，可采用双轨输

图 4-8　荧光渗透检测线

送方式，即四轮小车输送系统。污水处理系统用于对渗透剂废水进行处理，以达到污水排放标准，避免渗透剂废水对环境造成污染。荧光渗透检测线整机电气控制系统采用 PLC 控制，具有手动、自动切换操作功能。在自动状态下，每道检测工序按 PLC 设定的程序状态工作；在手动状态下，各个工序的工艺操作在各槽体的可视位置可方便地单独进行操作。各工位之间的运转由机械手进行传动。但是，观察环节尚不可能实现自动化，因为试件形状、表面背景、缺陷形貌、缺陷性质、缺陷处荧光背景与试件表面背景反差、黑光辐照度、人员素质及经验、缺陷识别软件等都对检测结果有很大的影响，所以，观察环节实现自动识别还有很大的距离。

荧光渗透检测线集中控制操作系统采用人机界面操作系统，充分发挥微型计算机功能强、速度快、扩展方便的特点。计算机控制可存储多套检测工艺，以根据不同试件的产品随时调用，且可方便地对每道工序的工艺流程参数进行设置、修改。

图 4-8 所示的荧光渗透检测线是按水洗型自乳化和后乳化工艺设计的。自乳化荧光渗透检测流水线的工艺流程为：预清洗→烘干→渗透/滴落→清洗→补充清洗→烘干→显像→检验。

后乳化荧光渗透检测流水线的工艺流程为：预清洗→烘干→渗透/滴落→预水洗→乳化→浸洗→补充清洗→烘干→显像→检验。

荧光渗透检测线总体设计如下：

1）设备的整体结构按流水线形式设计，并与用户现场的生产线相连接，试件在各工序之间的物流传送采用机械手传送。各工序的槽（箱）盖均采用气缸驱动。除人工观察外，均自动完成。此设计自动化程度高、工人劳动强度低、生产率高。

2）采用 HMI 人机界面和 PLC 可编程序控制器来控制各部分动作、时间设定、温度、压力等各种参数。友好的人机对话功能，操作者一目了然。

3）主体部分为双层全不锈钢结构，内槽采用直径为 2mm 的 304 拉丝不锈钢板，外槽采用厚度为 1.5mm 的钢板制作，系统整体布局合理，所有水电气管路均布置在槽体后侧，外形美观大方，生产效率高，工作场地的布局合理。

4）设备所有仪表和操作按钮放置于各槽前壁外侧，方便堵塞与操作，仪表可方便拆卸和更换。

5）所有压缩空气管路上均安装了油水分离器，经过滤后的压缩空气再通往各用气处，每一压缩空气出口处都装有压力表及减压阀，并可任意调节。

6）各槽的工作时间和温度均可设定控制，连续可调，每道工序流程中配有声、光报警提示功能，以便工作人员及时掌握各工序的工作状态。

荧光渗透检测线相关技术参数应符合相应的标准规定。

4.2 渗透检测辅助器材

渗透检测方法通常是对渗透显示进行目视检查，所以照明设备对渗透检测极其重要，直接影响检测方法的灵敏度。着色渗透检测需在白光下观察，荧光渗透检测需在黑光灯照射下进行观察。

渗透检测常用的测量设备有黑光辐照度计、荧光亮度计及照度计。黑光辐照度计用于测量黑光辐照度，其紫外线波长应在 315～400nm 的范围内，峰值波长为 365nm；荧光亮度计用于测量渗透剂的荧光亮度，其波长应在 430～600nm 的范围内，峰值波长为 500～520nm；照度计用于测量白光照度。

1. 白光灯

白光灯是一种能提供可见光的辅助照明工具。着色渗透检测采用白光灯，如太阳光、白炽灯、荧光灯或者白光发光二极管等。着色渗透检测用光的照度视检测状况而定，粗大缺陷试件表面上的照度等级为 300～550lx；对检验要求高的试件，需要高照度照明，光的照度应不小于 1000lx。

2. 黑光灯

黑光灯是荧光渗透检测必备的照明装置。黑光灯由高压汞灯、紫外线滤光片和镇流器组成。黑光灯又称为高压水银石英灯，其构造如图 4-9 所示。黑光灯的石英内管中充有汞和氖气（或氩气）。石英管内有两个主电极（E_1 和 E_2）和一个辅助电极（E_3），辅助电极与其中一个主电极靠得很近。当电源开关闭合后，主电极 E_1 与辅助电极 E_3 首先发生辉光放电，产生大量的电子和离子，在两个主电极的电场作用下，过渡到主电极间发生弧光放电，灯管启燃。辉光放电的电流由限流电阻 R（阻值为 40～60kΩ）限制，弧光放电所需的电压远低于辉光放电所需的电压，所以弧光放电后辉光放电立即停止。在启燃的初始阶段，石英内管中气压较低，放电电流较大，随着放电发热管内温度升高，汞蒸气压增大，石英内管中汞蒸气的压力可达 0.4～0.5MPa，故石英内管又称高压汞灯。这里的高压是指石英内管中汞蒸气的压力较高。从通电至达到稳定的高压汞蒸气，放电需 4～8min。所以根据灯的类型不同，通电后要等 5～15min 方能使用。

高压汞灯放电辐射出的光谱范围很宽，分布在紫外线、可见光、红外线宽广的范围内。如果波长在 390nm 以上的可见光的量多，就会降低缺陷轮廓图形的识别度，而 330nm 以下的短波紫外线会伤害人的眼睛，所以黑光灯所选用的滤光玻璃应只能通过 330～390nm 的黑光。荧光渗透检测中，需要波长为 365nm 的紫外线光束激发荧光，因此需选择合适的滤光片，以滤去波长过短或过长的光线。黑光灯外壳用深紫色镍玻璃制成，镍玻璃能吸收可见光，仅让波长为 330～390nm 的紫外线通过。石英内管与玻璃外壳之间抽成真空或充氮气或惰性气体。

黑光灯与镇流器串联在电路中，如图 4-10 所示。镇流器在线路中起限流作用，保护高压汞灯不致因电流太大而被烧坏。

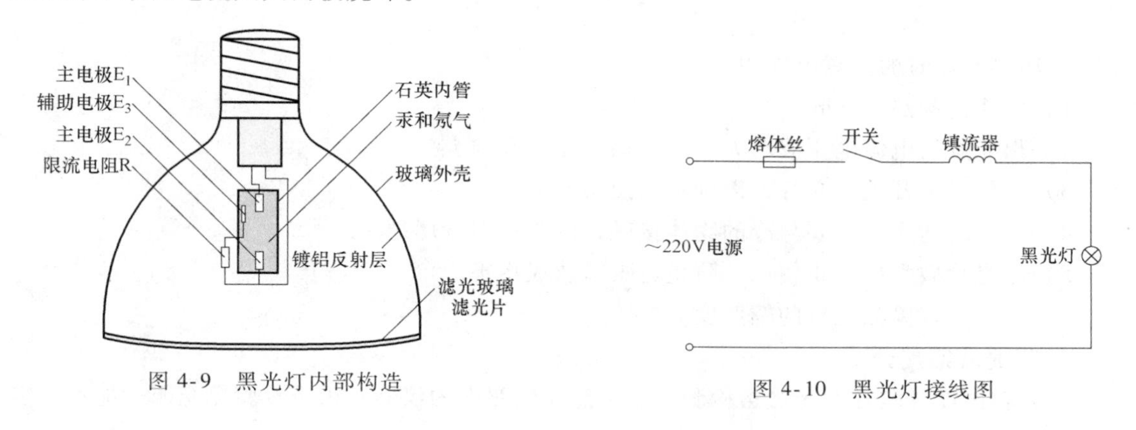

图 4-9　黑光灯内部构造

图 4-10　黑光灯接线图

黑光灯的输出功率会随着使用时间的延长而不断降低。黑光灯启燃并稳定工作后，石英内管中的汞蒸气压力很高，如果在这种状态下关闭电源，则在断电的瞬间镇流器上会产生一个阻止电流减少的反电动势，这个反电动势加到电源的电压上，使两主电极之间的电压高于电源电压，此时管内汞蒸气压力很高，会造成高压汞蒸气弧光灯处于瞬时击穿状态，从而缩短黑光灯的使用寿命。有资料介绍，每断电一次将会使灯的寿命缩短约 3h 以上，因此每班工作时，应尽量避免不必要的启动次数，通常每个班只开关一次，即黑光灯开启后直到本班不再使用时才关闭。

黑光灯的输出功率取决于滤波片的清洁度、电压和黑光源本身的寿命。黑光灯管和滤波片上积聚的油脂、灰尘和污物将降低黑光灯的输出功率，有时输出功率会降低一半。因此滤波片必须定期清洗。电源电压必须稳定，电源电压偏低会使电弧熄灭，电压过高会导致灯泡损坏或缩短使用寿命。因此，如果黑光灯的电源电压波动大于 10%，则必须安装专用的稳压器。

黑光灯通电后，两主电极间达到稳定放电需 5~15min，在这段时间不能进行检验。如果中途由于某种原因中断电流，黑光灯熄灭，需要让灯管冷下来才能重新起动，这一过程需要 10min。

为保证黑光灯有足够的发光强度和检测灵敏度，需要定期对黑光辐照度进行测定。国际上规定，用于荧光检测的黑光灯，离黑光灯滤光片 38cm 处的黑光辐照度应不小于 $1000\mu W/cm^2$；自显像时距黑光灯光片 15cm 的试件表面的辐照度不小于 $3000\mu W/cm^2$。黑光灯辐照度用专门的黑光灯辐照检测仪来测量。

黑光灯有各种形式，如台式、手提式和灯泡式等，如图 4-11 所示。

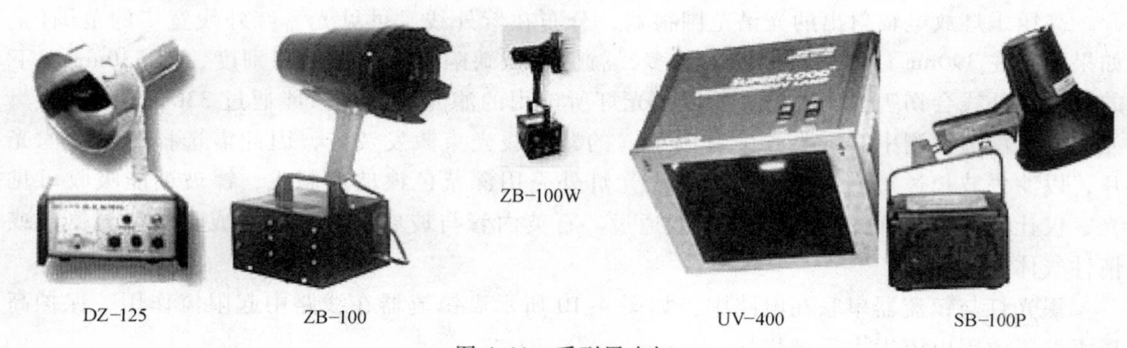

图 4-11　系列黑光灯

使用黑光灯时的注意事项如下：

1）工作前预热 15min。

2）黑光灯的电源电压波动大于 10%时应配备稳压器。

3）不要经常开关黑光灯，以延长其使用寿命。

4）工作时滤光片不要与冷的物体接触，以防止遇冷爆裂。

5）滤光片破裂后禁止使用，防止对眼睛造成伤害。

6）应定期校验黑光灯的辐照度。

3. 黑光辐照度计

黑光辐照度计是在荧光渗透检测中测定黑光辐照度的仪器，用于校验黑光源性能和测定被检试件表面的黑光辐射强度，单位为 μW/cm²。黑光辐照度计由光电传感器、调整电位器、分流电阻和指示电表组成。调整电位器用于调零、校准；分流电阻用于保护微安表。黑光辐照度计有两种形式，一种是直接测量型，另一种是间接测量型。

直接测量型的黑光辐照度计是将紫外线直接射到光电池上，电路产生电流，并通过刻度单位为 μW/cm²的电流表将黑光辐照度值读出来，检测原理如图 4-12 所示。光电池是一种在光的照射下产生电动势的半导体元件。

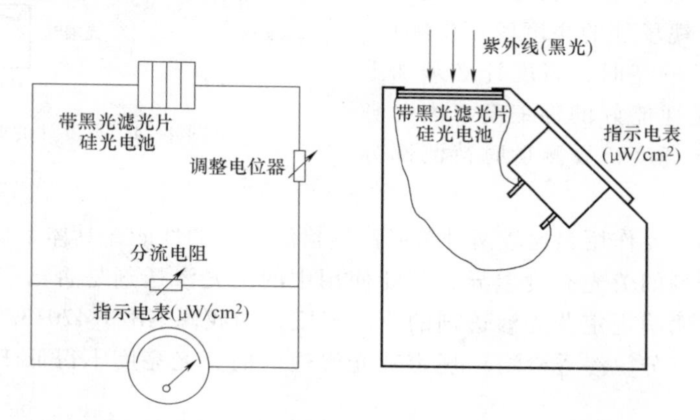

图 4-12　直接测量型的黑光辐照度计示意图

间接测量型的黑光辐照度计是紫外线照射在一块荧光板上，激发荧光板上的荧光物质发出黄绿色的荧光，反射到光敏电池上，光敏电池受光激发产生电压，使仪器指针偏转，通过刻度为 lx 的照度计将黑光辐照度值读出来。其检测原理如图 4-13 所示。间接测量型黑光辐照度计可比较两种荧光渗透剂的荧光亮度，而不用来测量黑光辐照度。

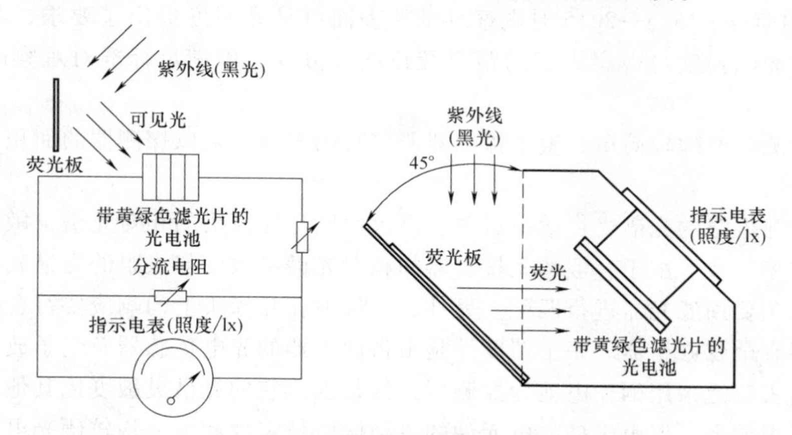

图 4-13　间接测量型黑光照度计示意图

4. 荧光亮度计

荧光亮度计是测量荧光渗透剂的荧光亮度的仪器。亮度是发光体光度特性之一，发光体表面的亮度与其表面状况、发光特性的均匀性及观察方向等有关，亮度的测量往往是一个小发光面积内亮度的平均值。亮度计采用一个光学系统把待测目标表面成像在放置光辐射探测器的平面上。图 4-14 所示为某种亮度计的原理图，亮度计的测光系统由透镜 B、光阑 P、视场光阑 C、漫射器和探测器等组成。光阑 P 与探测器的距离固定，紧靠物镜 B 安置；视场光阑 C 和漫射器位于探测器平面上；视场光阑 C 限制待测发光面的面积。对于不同物距的待测表面，可通过调节物距的焦距，使待测发光面成像在探测器的受光面上。

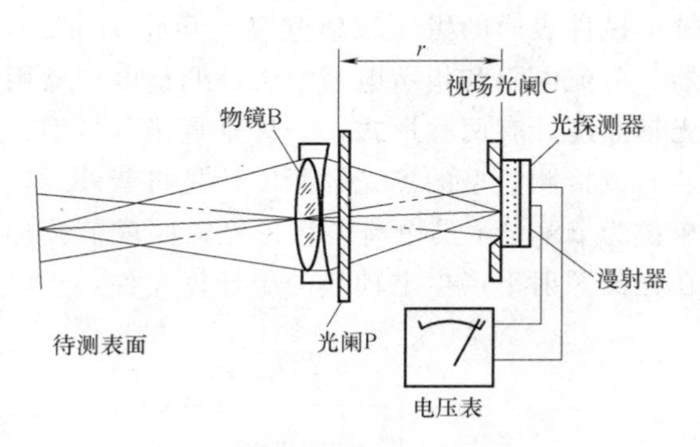

图 4-14　亮度计的原理图

亮度计的最大误差源是由其光学系统各表面产生的反射、漫射和杂散光所引起，它们使探测器对仪器视场外的亮度源产生响应。在被测目标的背景较亮时，亮度计必须加上挡光环或使用遮光性能好的伸缩套。因为亮度计得到的是平均亮度，故测量时待测部分应亮度均匀。

荧光亮度计的主要作用是比较两种荧光渗透检测材料的性能，具体指比较使用中的荧光渗透剂与基准渗透剂的荧光亮度差异，判断使用中的荧光渗透剂是否已经退化而应予以报废。有关标准都会明确规定荧光渗透剂的荧光亮度，如我国 NB/T 47013. 5—2015《承压设备无损检测　第 5 部分　渗透检测》规定荧光渗透剂的荧光亮度不得低于基准渗透剂荧光亮度的 75%。

荧光亮度计使用一段时间后，需要对亮度计进行标定，以保证亮度测量读数的正确性。

5. 照度计

照度计是用于测定被检试件表面白光照度值的。着色渗透检测操作过程和观察显示时，试件表面都需要一定的可见光照度（荧光检测观察时则需要控制可见光照度），以提高显示的可见度。NB/T 47013. 5—2015 对观察时试件表面可见光照度提出了要求，利用照度计测定，通过调整光源强度与观察表面的距离及角度等方式，以满足标准对观察时表面照度的要求。

照度计的测量原理较简单，整个探测器所接收的光通量除以探测器的面积，即为所测的照度。

由于照度与人眼的光谱光视效率有关，因此照度计光探头的相对光谱灵敏度必须与人眼的光谱光视效率一致。由于一般的光接收器的相对光谱灵敏度与人眼的光谱光视效率相差甚远，所以光探头要用滤光器进行匹配。另外，光投射在光探头上的响应要符合余弦法则，因此光探头还要有余弦修正器。一个照度计是由带滤光器的光电传感器及电子放大和读数系统所组成的。过去广泛采用硒光电池为探测器，这是因为它的光谱灵敏度比其他探测器更接近人眼的光谱光视效率。但由于硅光电元件的灵敏度、稳定性和寿命均较硒光电池高，故近年来多采用硅光电池或硅光敏二极管代替硒光电池作照度计的探测器件。

图 4-15 所示为照度计的原理图。图中 C 为余弦修正器，F 为滤光片，D 为光电探测器。通过余弦修正器和滤光片到达光电探测器的光辐射将产生光电信号，此光电信号先经过 I/V

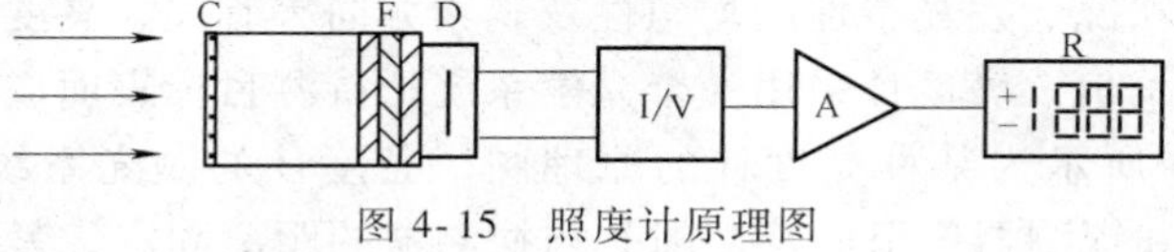

图 4-15　照度计原理图

变换，然后经过运算放大器 A 放大，最后在显示器 R 上显示出相应的照度。

黑光辐照度计、荧光亮度计和白光照度计等属于国家法定计量器具，应按规定周期送交计量部门进行检定，以保证测量的精确度。

4.3　试块

试块是用来评价渗透检测系统和工艺灵敏度与工作特性的器材。试块又称为灵敏度试块。这类试块共可分为两大类：一类称为人工缺陷试块，另一类称为自然缺陷试件。人工缺陷试块就是在试块上人为制造出裂纹来，用来检出裂纹的最小宽度及深度的标准。渗透检测常用的人工缺陷试块有：铝合金淬火裂纹试块、不锈钢镀铬辐射状裂纹试块和黄铜板镀镍铬层裂纹试块。自然缺陷试块就是具有典型缺陷症状的试件，它的作用与人工缺陷试块相同。无论是人工缺陷试块还是自然缺陷试块，其缺陷数目、大小、位置，应有永久性记录，以便检验对比。

每种渗透标准试块均有其优点和缺点，试块不同，其作用也不同。

4.3.1　铝合金淬火裂纹试块（A 型试块）

1. 制作步骤

根据 JB/T 6064—2015《无损检测　渗透试块通用规范》的要求，渗透检测用铝合金淬火裂纹对比试块应采用 2A12 或类似的铝合金板材制造，其化学成分应符合 GB/T 3190—2008《变形铝及铝合金化学成分》的规定。

将铝合金板材加工成如图 4-16 所示的形状，尺寸为 50mm×76mm×10mm。标准试块的长度方向应与板材轧制方向一致。在试块的中心区域用煤气灯或喷灯加热到 500~540℃时，然后迅速将试块放入冷水中淬火，使试块中部产生宽度和深度不同的淬火裂纹：应具有宽度为≤3μm、3~5μm 和>5μm，呈不规则分布的开口裂纹，并且每块上≤3μm 的裂纹不得少于两条，在单个表面上的裂纹总数不应少于四条；然后，沿 80mm 方向的中心位置机加工一个宽为 2mm，深度为 1.5mm 的矩形槽，将试块分成两个 50mm×40mm 的区域。为了便于以后使用时识别，试块的一半标记为“A”，而另一半则标记为“B”。这就制成了一块铝合金淬火裂纹试块。试块的 A、B 两表面上的裂纹分布应大致相似。

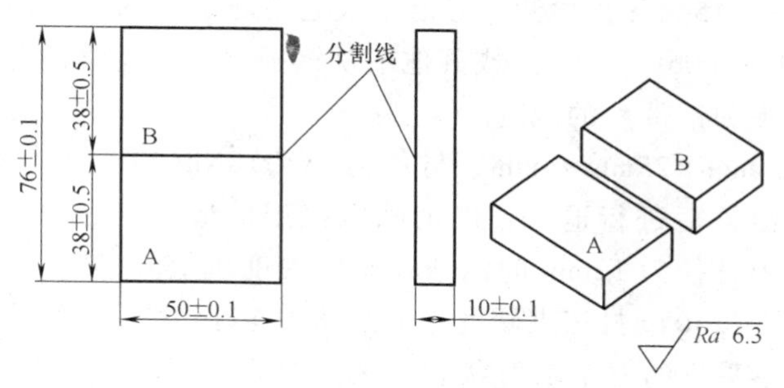

图 4-16　铝合金淬火裂纹试块

这种试块的优点是：制作简单，在同一试块上可提供各种尺寸的裂纹，且形状类似于自然裂纹；其缺点是：所产生的裂纹尺寸不能控制，而且裂纹的尺寸较大，不适于高灵敏度渗透剂的性能鉴别，仅适用于低、中灵敏度渗透剂。由于A型试块裂纹宽度和深度尺寸较大，使用后不易清洗，容易堵塞，多次使用后重复性较差。

2. 质量检验要求

1）用金相法逐块测量每个试块上的裂纹宽度。

2）把测量结果和测量位置正确地记录在测试参数卡上。

3. 用途

铝合金淬火裂纹试块适用于各种渗透检测（荧光、着色）场合，与被检测材料是否为铝合金无关，厂商应提供试块缺陷的原始记录（相片）作为判定依据。铝合金淬火裂纹试块用于两种不同的渗透剂在互不污染的情况下进行灵敏度对比试验，可在同一工艺条件下比较两种不同的渗透检测系统的灵敏度，也可使用同一组渗透检测材料，在不同的工艺条件下进行工艺灵敏度试验，还可用于对非标准温度下的渗透检测方法做出鉴定。

在用试块进行检验时，将使用过的渗透剂施加在铝合金裂纹试块的A区域，而标准渗透剂则应施加在B区域；经渗透之后按给定的工艺方法进行处理，对两个区域中缺陷显示的轮廓清晰度、色泽及小裂纹的特征等进行对比。

从理论上讲，铝裂纹试块两部分的裂纹形状和分布应是对称的，但在某些情况下仍会有所不同。因此，在进行对比试验时，不要因为某区显示的指示不多或不清晰就误解为相应的渗透剂性能不佳。

4. 试块的保存

试块经使用后，渗透检测材料会残留在裂纹内，清洗较为困难，尤其对那些经红色着色剂浸润过的试块来说，作适当清洗使之成为和新制作的试块一样是不可能的，重复使用时会影响裂纹的重现性，严重时会因为裂纹被堵塞而失效。因此，试块经使用后应及时清洗，具体清洗方法是：先将试块表面用丙酮浸泡清洗干净，清除缺陷内残留的渗透剂，干燥15min，使裂纹中的水分蒸发干净；然后浸泡在50%（体积分数）无水乙醇和50%（体积分数）丙酮混合液中，以备下次使用。另外也可将表面清洗干净的试块置于丙酮中浸泡24h以上，干燥后放在干燥器中保存备用。

4.3.2 不锈钢镀铬裂纹试块（B型试块）

1. 制作步骤

根据JB/T 6064—2015《无损检测　渗透试块通用规范》的要求，渗透检测用不锈钢镀铬裂纹试块采用S30408（06Cr18Ni9）或其他不锈钢板材，其化学成分应符合GB/T 4237—2015《不锈钢热轧钢板和钢带》的规定。

将一块尺寸为130mm×25mm×4mm、材料为06Cr18Ni9的不锈钢板单面镀铬，镀铬后进行退火，以消除电镀层的应力，然后在试块的另一面用直径为12mm的钢球在布氏硬度机上分别以750kg、1000kg及1250kg打三点硬度，形成从大至小、裂纹区直径明显、肉眼不易见的三个辐射状裂纹区。裂纹深度的镀铬层厚度为30~50μm，生产厂家提供一幅照片供对比用。这样试块镀层上就会形成如图4-17所示的三处辐射状裂纹，其中以750kg压点处产生的裂纹最小，1250kg处裂纹最大。

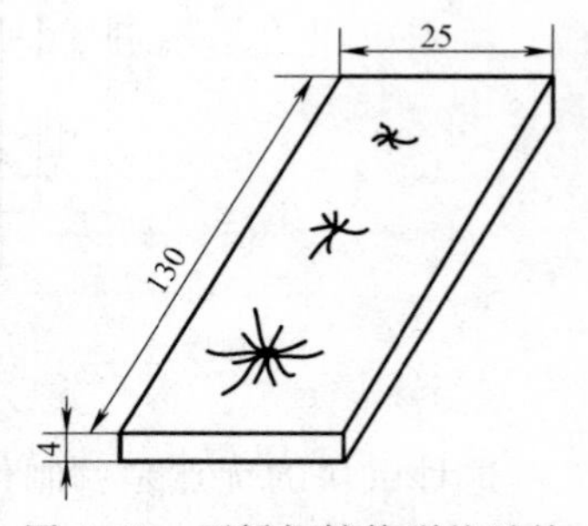

图4-17　不锈钢镀铬裂纹试块

使用中，通常把 B 型试块上的辐射状裂纹区最大的命名为 1 号，中等的命名为 2 号，最小的命名为 3 号，则 1 级灵敏度（低灵敏度）应能显示 1~2 号（2 号可以不完整），2 级灵敏度（中级灵敏度）应能显示 2~3 号（3 号可以不完整），3 级灵敏度（高灵敏度）应能完整显示 1~3 号。

2. 特点

B 型试块的优点是：试块制作工艺简单，裂纹深度尺寸可控，一般不超过镀铬层厚度。同一试块上具有不同尺寸的裂纹，有利于确定渗透检测工艺系统的灵敏度。B 型试块裂纹深度不大，使用后容易清洗，不易堵塞，可多次重复使用，显示结果重复性好，使用方便。由于这种试块检测面没有分开，故不便于比较不同渗透检测材料或不同工艺方法灵敏度的优劣。

3. 用途

镀铬试块主要用于检验渗透检测剂系统灵敏度及操作工艺正确性。B 型试块不像 A 型试块可分成两半进行比较试验，只能与标准工艺的照片或塑件复制品对照使用。在 B 型试块上，按预先规定的工艺程序进行渗透检测，再把实际的显示图像与标准工艺图像的复制品或照片进行对比，从而评定操作方法正确与否，确定工艺系统的灵敏度。

4. 试块的保存

B 型对比试块使用后必须彻底清洗，清除试块上残留的渗透剂。可采用蒸气除油或用超声波清洗设备以无水乙醇为清洗液进行清洗，或用挥发性溶液擦净，然后，将试块放入溶液中浸泡 10~15min，之后再进行干燥。

试块不用时，应浸放在挥发的丙酮或无水乙醇溶液中储存。再次使用时，应在空气中放置一定时间，使溶液全部挥发。

使用时应注意不要敲打试块，以免引起缺陷的扩展，影响检测的对比性和灵敏度。

4.3.3 黄铜板镀镍铬层裂纹试块（C 型试块）

1. 制作步骤

根据 JB/T 6064—2015《无损检测 渗透试块通用规范》的要求，渗透检测用黄铜板镀镍铬层裂纹试块应采用黄铜板材，也可采用 S30408（06Cr18Ni9）或其他不锈钢板材，其化学成分应符合 GB/T 5231—2012《加工铜及铜合金牌号和化学成分》或 GB/T 4237—2015《不锈钢热轧钢板和钢带》的规定。

如图 4-18 所示，采用尺寸为 100mm×70mm×4mm 的黄铜板，单面磨光后先电镀上一层镍，再镀上一层铬，然后将电镀面朝上在圆柱模或非圆柱模上进行弯曲，使之产生疲劳裂纹，裂纹是平行状的。在圆柱模具上弯曲，可获得等距离的裂纹；在非圆柱模具上弯曲，可获得由固定点向外由密到疏排列的裂纹。再在垂直于裂纹的方向上将试片从中间切开成两半，两半试片上的裂纹互相对应。

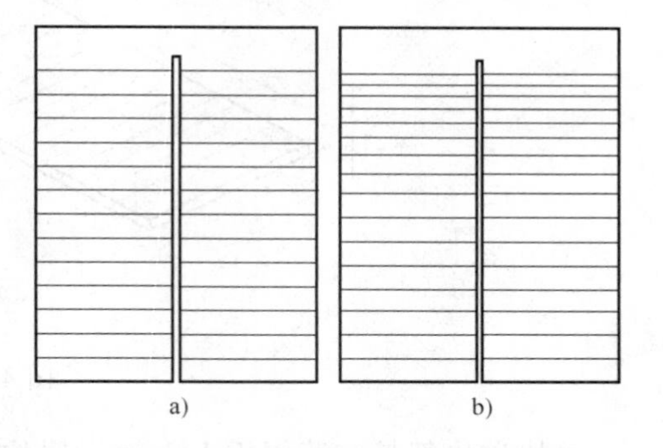

图 4-18 黄铜板镀镍铬层裂纹试块

a）等距 b）非等距

2. 特点

试片以镀层厚度控制裂纹深度，以弯曲强度控制裂纹宽度，可以根据需要制出裂纹大小、分布各不相同的多种试样。黄铜板镀镍铬层裂纹试块具有裂纹较浅、使用后容易清洗、不易堵塞、耐久性好、能够反复使用等优点。但板的脆性影响裂纹尺寸，光滑的铬层使渗透剂易于除去，与实际试件检测情况差异很大，其制作也比较困难。

3. 用途

黄铜板镀镍铬层裂纹试块主要用于鉴别各类渗透检测剂的性能和确定灵敏度等级。

黄铜板镀镍铬层裂纹试块表面产生的已知裂纹的尺寸，其测量值范围与渗透检测显示的裂纹极限值已很接近，因此它是渗透系统性能检验和确定检测灵敏度的有力工具。

4. 试块的保存

试块使用完毕后，应清洗干净。可用丙酮将试块清洗干净，将试块浸泡在丙酮和无水乙醇混合比为 1∶1 的混合液中，至少浸泡 60min，然后放入按 1∶1 配制的化学纯级的丙酮和无水乙醇的混合液中密封浸泡保存，以备下次使用。也可以将彻底清洗干净的试块晾干放在干燥器中保存备用。

4.3.4 其他试块

1. 钛合金应力腐蚀裂纹试块

钛合金应力腐蚀裂纹试块材料用 Ti-6Al-4V 的钛合金板材，尺寸为 125mm×50mm×6.3mm，表面用粒度为 60μm、直径为 300mm、宽为 2.5mm 的砂轮以 2000r/min 的速度和 0.05~0.07mm 的切削进给量磨削。每次横向进给量约为 2.5mm，磨削至表面粗糙度约为 0.8mm（r.m.s），磨削时用水冷却，致使磨痕的根部产生氧化和冶金损伤，从而在表面产生残余应力。将试块放在夹具中加载，施加相当于该材料屈服应力 20%~30%的拉应力，随后连同夹具一起放入无水甲醇和氯化钠的溶液中 6~24h，即可产生网状应力腐蚀裂纹。该试块可作为渗透检测的工艺评价。

2. 国家标准中规定的试块

（1）1 型试块 GB/T 18851.3—2008/ISO 3452.3—1998《无损检测 渗透检测 第 3 部分：参考试块》中的 1 型试块如图 4-19 所示。1 型试块为一组四块，试块基材均为黄铜板，尺寸为 35mm×100mm×2mm。

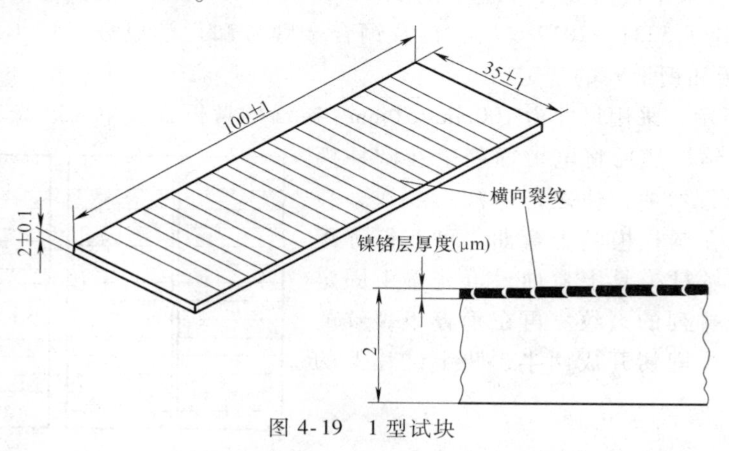

图 4-19 1 型试块

每块试块都是在黄铜板上电镀一层均匀的镍-铬层，镍-铬层厚度分别为 10μm、20μm、30μm 和 50μm。每块试块通过纵向拉伸来形成横向裂纹。每条裂纹的宽深比约为 1∶20。

1型试块中镀层分别为10μm、20μm、30μm的试块用于确定荧光渗透系统的灵敏度；30μm、50μm的试块用于确定着色渗透检测剂系统的灵敏度等级。

（2）2型试块 GB/T 18851.3—2008/ISO 3452.3—1998《无损检测 渗透检测 第3部分：参考试块》中的2型试块如图4-20所示。2型试块的基材为不锈钢板，符合EN10088-1的牌号为X2CrNiMo17-12.3（1.4432）。试块平均分为两半，一半是可水洗性区域，另一半是缺陷评定区域。

可水洗性区域为检测渗透剂的可水洗性，在试块的半个检测面上制备大小为25mm×35mm的四个相邻区域，其表面粗糙度分别为*Ra*2.5μm、*Ra*5μm、*Ra*10μm、*Ra*15μm。*Ra*2.5μm区域由喷砂处理制成，其余区域由电侵蚀方法制备。

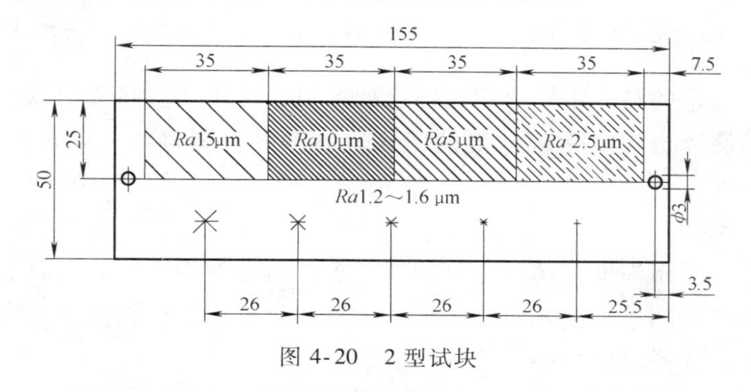

图4-20 2型试块

缺陷评定区域位于试块的另半个检测面，在试块的检测面上先电镀一层厚度为60μm±3μm的镍，使其硬度达到HV0.2=500~600；然后在镍镀层上再镀一层厚度为0.5~1.5μm的硬铬。将试块进行热处理（例如在405℃下加热70min），使其硬度达到HV0.3=900~1000，铬镀层的表面粗糙度*Ra*值为1.2~1.6μm。再在试块检测面（镀层区域）的背面分别用2.0kN、3.5kN、5.0kN、6.5kN和8.0kN的载荷等距离压制五个凹痕。人工缺陷的凹痕是采用与半球状凹痕压头匹配的规格为120kN的压力机或适当的维氏硬度机制成的。凹痕制备采用连续加载荷，加载速度为0.05kN/s，卸载速度为0.5kN/s。5个凹痕中最小的凹痕靠近表面粗糙度值最小的区域。人工缺陷应展开成圆状，其直径分别为3.0mm、3.5mm、4.0mm、4.5mm和5.5mm。

试块可用于评定渗透检测剂系统对于不同尺寸缺陷的分辨能力，也可用于评定渗透检测剂系统对某粗糙表面的清洗能力。

3. 组合试块

根据实际需要，可将两种不同的试块组合在一起，构成组合试块。如由普惠飞机公司研制的PSM试块，这种试块也称为渗透系统监控试块，它实际上是由改进的B型试块和吹砂试块组合而成的，如图4-21所示。试块的基体材料是不锈钢板，尺寸约为100mm×150mm×3mm。试块上分两个区域，半边镀铬，另半边吹砂，在镀铬面上有经采用硬度计在其背面施加不同负荷而形成的5处辐射状裂纹区，裂纹区按大小顺序排列，其间距约为25mm；JB/T 6064—2006中规定，B型试块五点裂纹尺寸分别为5.5~6.6mm、3.7~4.5mm、2.7~3.5mm、1.6~2.4mm和0.8~1.6mm。当用不同灵敏度的渗透剂系统进行检测时，试块上可显示出不同的裂纹区。采用低灵敏度的渗透材料检测时，可显示较大的裂纹区；如果采用高灵敏度或超高灵敏度的渗透材料检测时，可显示试块上各裂纹区由大到小的直径显示区。与镀铬层相邻

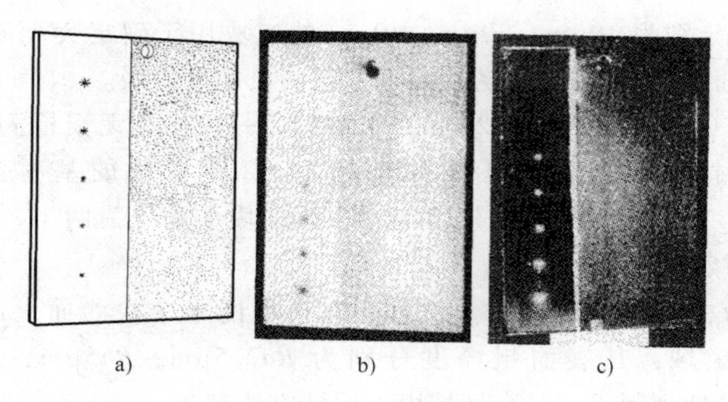

图 4-21　组合试块

a）渗透系统监控试块　b）在白光下的显示　c）在黑光照射下的显示

的另一侧是经吹砂处理的具有中等表面粗糙度的区域，可用其监测背景色泽或荧光底色。这种试块主要用于监测渗透检测系统性能的变化，如渗透检测材料的质量和渗透检测工艺监测等。

4. 自然缺陷试块

人工裂纹试块表面粗糙度与实际检测的试件表面粗糙度相差较大，通常采用带有典型自然缺陷或代表性自然缺陷的试块来监测渗透系统对该类试件的检测能力。带有自然缺陷的试块也称为缺陷试块，选择自然缺陷试块时，应掌握下列原则：

1）在被检试块中选择有代表性的试块作为缺陷试块。

2）在所发现的缺陷中，选择有代表性的缺陷作为试块缺陷。裂纹是最危险的缺陷，通常必须选用，细微裂纹和其他细小缺陷通常也是必须选用的，它们可用于确定检测系统的灵敏度是否符合技术要求，浅而宽的缺陷也是通常必须选用的，可用于确定检测操作是否过乳化或过清洗。

3）选择好缺陷试块，应用草图或照相的方法记录好缺陷的位置和大小，以备校验时对照。

4.4　渗透检测设备、仪器和试块的质量控制

荧光检测用的黑光灯、黑光辐照度计、荧光亮度计、白光照度计、压力表及温度计等仪器均应定期检验；每天工作前应使用标准试块对渗透检测工艺系统性能进行校验。只有获得相应灵敏度的缺陷显示后，才可进行试块的检验。

渗透检测的工艺设备应每半年检修一次；黑光辐照度计、白光照度计和荧光亮度计应每年检查一次，所测数据应溯源到国家计量部门。

1. 黑光灯辐照度检验

1）黑光灯的紫外线波长范围是 315~400nm，峰值为 365nm。黑光灯的辐照度应用辐照计每周检查一次，距黑光灯滤光片表面 38cm 处的黑光辐照度应不低于 1000μW/cm^2。

2）自显像检验时，距离滤光片表面 15cm 处的黑光辐照度应不低于 3000μW/cm^2。

3）黑光灯的反射镜和滤光片的清洁度及完好性应每天检查一次，对已损坏或弄脏的滤光片或反射镜应更换或进行适当的清理。

4）黑光灯辐射有效区的测定如下：

① 将黑光辐照度计置于黑光灯下，并移动到黑光辐照度计读数的最大位置。

② 在工作台的最大读数位置上画互相垂直的两条直线。

③ 把黑光辐照度计置于交点处，沿每条直线按150mm 的间隔依次检测记下读数，直到黑光辐照度计读数为 $1000\mu W/cm^2$ 为止，记下这些点并将这些点连成圆形，此图的区域就是黑光灯辐射的有效区域。在检测时，被检测对象应在有效区域内，如图 4-22 所示。

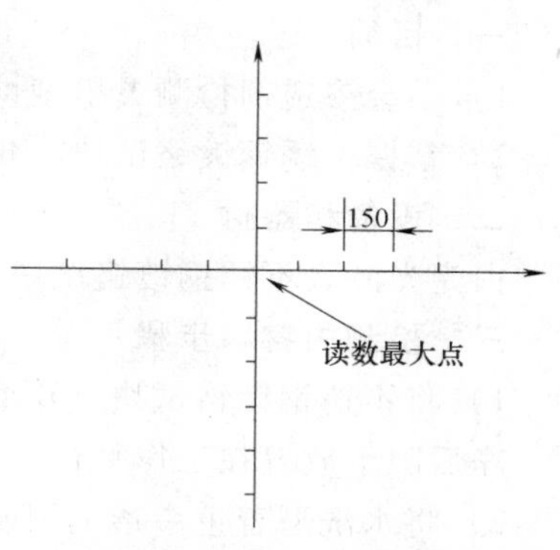

图 4-22　黑光灯辐射的有效区域测量

黑光灯辐射的有效区域应有一定的范围，有效区域指的是在照明区域内各点的黑光辐照度都必须大于 $1000\mu W/cm^2$。

2. 白光灯照度检验

白光灯的白光照度应每周检查一次，着色渗透检测时，应保证试件表面的白光照度不低于 1000lx。

3. 计量器具检查

设备的温度计、压力计及控制器在每班工作前应检查一次，并调整到稳定状态，根据相应规定定期检定计量器具。

4. 渗透检测用标准试块的质量控制

铝合金淬火裂纹试块、不锈钢镀铬裂纹试块和黄铜板镀镍铬层裂纹试块适用于不同的应用场合，应根据需要选择合适的试块。标准试块生产厂家应经上级主管部门认可并经鉴定合格。

用于荧光渗透检测的标准试块与用于着色渗透检测的试块不能混用。当发现试块有堵塞、显示灵敏度低于原试块的原始复印件时，必须及时更换。

表 4-2 列出了渗透检测设备与器材的校验项目和要求。

表 4-2　渗透检测设备与器材的校验项目和要求

序号	项目	校验周期	技术要求	备注
1	渗透检测工艺设备	定期安排设备检修，设备上的温度、压力显示装置和控制器每个工作班应检查一次，并应按规定定期校验		
2	黑光灯	1 周	辐照度不低于 $1000\mu W/cm^2$，自显像荧光渗透检测用黑光灯辐照度（15cm）不低于 $3000\mu W/cm^2$	
3	黑光辐照度计	1 年	符合要求	由二级以上计量单位校验，量值传递可追溯到国家计量部门
4	荧光亮度计	1 年	符合要求	同上
5	白光照度计	1 年	符合要求	同上
6	黑光辐照度计校正仪	1 年	符合要求	同上
7	标准试块	按规定	发现堵塞，显示灵敏度低于原试块的原始复印件应报废	

技能训练1　水洗型渗透检测剂灵敏度校验

一、目的

1）学会渗透剂检测灵敏度性能校验的方法。

2）掌握不锈钢镀铬试块（B型试块）的使用方法。

二、设备和器材

白光光源、不锈钢镀铬试块（B型试块）、水洗型着色渗透检测剂一套、纸或抹布。

三、检测内容和步骤

1）将不锈钢镀铬试块（B型试块）从密闭保存容器中取出，将试块表面的有机溶剂擦拭干净后晾干放置在工作平台上。

2）将水洗型着色渗透剂用刷涂（或喷涂）的方法施加在试块表面上。

3）渗透时间（大于10min）结束后，用纸张或抹布顺着一个方向擦拭试块表面。

4）用清洁自来水蘸湿纸张或抹布后，向一个方向擦拭试块表面，直至将试块表面擦拭干净为止。

5）将试块表面擦拭干净后自然晾干（干燥时间在5min以上）。

6）显像剂采用喷涂方式，以一个方向向试块表面喷涂，喷射角度控制在30°~40°。

7）显像7min后对试块表面进行观察，观察环境的光照度应大于等于1000lx。

8）试块表面应显示出三处不同直径的辐射状裂纹，图案应清晰，校验合格。

9）用有机溶剂彻底擦除试块表面残留的渗透检测剂。

10）试块干燥后按其保管要求进行存储。

技能训练2　非标准温度渗透检测方法鉴定

一、目的

1）学会渗透剂检测灵敏度性能校验的方法。

2）掌握铝合金淬火裂纹试块（A型试块）用于非标准温度检测方法的鉴定。

二、设备和器材

荧光渗透检测剂、黑光灯、时钟、吹风机、恒温箱、铝合金淬火裂纹试块（A型试块）

三、检测要求和分析

某在用试件检测环境温度为35℃，试件温度为55℃，按NB/T 47013.5—2015的规定进行非标准温度检测方法的鉴定。

该试件在非标准温度下进行渗透检测，需用A型试块对应对检测方法作出鉴定，试验参数可按表4-5选择。

四、检测内容和步骤

1）预清洗。将铝合金淬火裂纹试块（A型试块）从密闭保存容器中取出，将试块表面的有机溶剂擦拭干净后晾干放置在工作平台上。

2）渗透。采用浸涂法施加渗透剂。将A型试块的A区置于环境温度为35℃的工作区，在A区用标准方法进行检测；将A型试块的B区放入在55℃的恒温箱内，并在整个检测过

表 4-3　非标准温度渗透检测参数选择

<table>
<tr><td colspan="2">试块类型</td><td colspan="5">A 型试块</td></tr>
<tr><td colspan="2">试块 A 区温度</td><td>35℃</td><td colspan="2">试块 B 区温度</td><td>55℃</td><td>试验参数预设依据说明</td></tr>
<tr><td rowspan="5">标准方法参数</td><td>渗透剂温度</td><td>35℃</td><td rowspan="5">试验方法参数</td><td>渗透剂温度</td><td>55℃</td><td>取实际工件温度</td></tr>
<tr><td>清洗剂温度</td><td>35℃</td><td>清洗剂温度</td><td>55℃</td><td>取实际工件温度</td></tr>
<tr><td>显像剂温度</td><td>35℃</td><td>显像剂温度</td><td>55℃</td><td>取实际工件温度</td></tr>
<tr><td>渗透时间</td><td>10min</td><td>渗透时间</td><td><10min</td><td rowspan="2">由于试验温度高，所选择时间应小于标准时间</td></tr>
<tr><td>显像时间</td><td>7min</td><td>显像时间</td><td><7min</td></tr>
<tr><td colspan="2">鉴定合格与否的判别说明</td><td colspan="5">裂纹痕迹显示与标准方法的痕迹显示基本相同，本底不影响判断；鉴定合格</td></tr>
</table>

程中保持在这一温度。

3）清洗。试块用水清洗时，只能把多余的渗透剂洗掉，在黑光灯下观察到带有轻微的试块底色为止。

4）干燥。A 区用吹风机吹干或自然干燥，为避免吹去缺陷中的渗透剂，吹风机与试件的距离应保持在 30cm 左右：B 区用热空气循环烘干，干燥时间不少于 5min，在满足干燥效果前提下，时间应尽量短。干燥时，B 区表面温度保持在 55℃。

5）显像。试块干燥后送进喷粉柜中喷粉。

6）观察。将试块送进暗室，在黑光灯下观察缺陷痕迹，黑光灯距试件表面上 38cm 处的照度不能低于 $1000\mu W/cm^2$。比较 A、B 两区的裂纹显示迹痕，如果显示迹痕基本上相同，则可以认为准备采用的方法是可行的。

7）后处理。实验完成后，必须将试件缺陷中的渗透剂、显像剂粉末等清洗干净，以免腐蚀试件表面。

8）试块。干燥后按其保管要求进行存储。

复　习　题

一、判断题（正确的画√，错误的画×）

1. 电源电压波动太大，会缩短黑光灯的寿命。　（　　）
2. 荧光渗透检测中，黑光灯的主要作用是放大缺陷的痕迹。　（　　）
3. A 型试块和 C 型试块都可以用来确定渗透剂的灵敏度等级。　（　　）
4. 荧光液黑点直径越大，临界厚度越厚，则荧光渗透剂的发光强度越高。　（　　）

二、选择题（从四个答案中选择 一个正确答案）

1. 黑光灯的滤光片能有效地滤除（　　）。

A. 自然白光　　B. 波长小于 330nm 的辐射光
C. 渗透产生的荧光　　D. 渗透剂产生的荧光

2. 黑光灯又称为高压汞灯，“高压”的意思是指（　　）。

A. 需抗压电源　　B. 石管内水银蒸气压力高
C. 镇流器产生反电动势高　　D. 承受电压波动高

3. 比较两种不同的渗透剂的性能时，哪种试块最实用（　　）。

A. A型试块　　B. B型试块

C. 凸透镜试块　　D. 带已知裂纹的试块

4. 能够真实、准确地反映渗透检测灵敏度的试块应具备的条件是（　　）。

A. 具有符合宽度和长度要求的表面裂纹　　B. 具有规定深度的表面裂纹

C. 裂纹内部不存在污物　　D. 以上都是

5. 检查渗透材料系统综合性能的一种常用的方法是（　　）。

A. 确定渗透剂的黏度　　B. 测量渗透剂的湿润能力

C. 用人工裂纹试块的两部分进行比较　　D. 用新月试验法

三、问答题

1. 渗透检测中使用内压式喷罐应注意哪些事项？

2. 固定式渗透检测设备包括哪些装置？各装置在渗透检测中的作用是什么？

3. 黑光灯使用时应注意哪些事项？为什么？

4. 黑光辐照度计测量黑光灯强度有哪些形式？试阐述其工作原理。

5. 渗透检测用试块有哪些？各有哪些用途？

6. 铝合金淬火裂纹试块、不锈钢镀铬辐射状裂纹试块和黄铜板镀镍铬层裂纹试块使用时应注意哪些事项？

7. 阐述自然缺陷试块的选用原则。

8. 渗透检测设备、仪器和试块的质量控制包括哪些内容？

第5章　渗透检测工艺

渗透检测对缺陷的检测能力取决于渗透检测剂的性能和操作方法的正确与否。如果检测时操作不当，即使采用了较好的渗透检测剂，由于其性能得不到充分发挥，也不能得到较高的检测灵敏度。渗透检测的基本步骤包括七个主要阶段：预处理（预清洗）、渗透、清洗、干燥、显像、观察与评定及后处理等。渗透检测各个处理工序应注意以下几点：

1）要使渗透剂确实充分渗入缺陷内，即渗透剂需具备容易渗到试件表面与缺陷空隙内的渗透性能。

2）清洗处理阶段，只把附着在表面的渗透剂除掉，不使渗入缺陷内的渗透剂流出，确保渗透剂留在缺陷内（截留量）。

3）为形成鲜艳的缺陷轮廓显示，应保证显像处理条件，以使试件受检表面形成均匀而反差大的良好背景，便于观察识别并进行稳定的处理。

下面首先介绍渗透检测的基本步骤，再分别介绍水洗型荧光渗透检测、后乳化型荧光渗透检测和溶剂去除型渗透检测等典型的检测方法，最后介绍特殊的渗透检测方法及各种渗透检测方法的选择。

5.1　渗透检测的基本步骤

渗透检测的基本步骤根据具体所选渗透检测方法的不同而略有差异，但基本的七大步骤还是相同的。

5.1.1　预处理（预清洗）

预先排除阻碍渗透及给缺陷显示带来影响的各种因素的操作称为预处理。严格地讲，预处理分为两个方面，一是将试件表面影响渗透的固体残渣及多余物（如铸件的粘砂、毛刺，焊接件的锈蚀、焊渣，机加试件的金属屑、固体油泥等）清理干净；二是去除试件表面影响渗透的液体污染物（如试件表面黏附的油污、残留的切削液等）。清除固体污染物的过程严格地说是预处理或预清理，清除液体污染物的过程是预清洗，但在本书中将该过程统一称为预清洗。对于那些表面易氧化或难以去除毛刺的试件，必要时还可以采用化学清洗法进行预清洗。

预清洗的目的如下：

1）保证试件表面尤其是开口缺陷处表面干净，以便于渗透剂能更好地渗透，使缺陷中能截留更多的渗透剂，从而提高渗透检测的灵敏度和可靠性。

2）在浸涂式渗透方式中，尽可能地减轻污染物对渗透剂的污染，防止污染物中的化学成分与渗透剂中的染料成分发生反应，降低染料色泽或荧光亮度，从而延长渗透剂的使用寿命。

3）可以使试件表面在渗透和显像过程中为有效检测提供一个良好的显示背景。

1. 表面准备

检测部位的表面污垢必须清洗掉，清洗后检测面上残留的溶剂和水分等必须干燥，且应保证在施加渗透剂前不被污染，具体要求如下：

1）试件被检表面不得有影响渗透检测的铁锈、氧化皮、焊接飞溅、铁屑、毛刺以及各种防护层。

2）试件机加工表面粗糙度 Ra 值不大于 12.5μm；被检试件非机加工表面的表面粗糙度要求可适当放宽，但不得影响检验结果。

3）局部检测时，准备工作范围应从检测部位四周向外扩展 25mm。

4）对焊缝进行检测时，焊缝应在外观检测全部合格后，才能进行无损检测。不能存在焊瘤、咬边、错边和角变形、目视和通过放大镜能看到的表面气孔、焊缝尺寸和形状不符合要求等缺陷。

2. 预清洗方法

检测部位的表面状况在很大程度上影响着渗透检测的检测质量。因此在进行表面清理之后应进行预清洗，以去除检测表面的污垢。试件检验前的表面处理方法是各式各样的，一般有机械清理、化学清洗（如酸洗、碱洗等）、溶剂去除、蒸汽除油和乳化剂预清洗等方法，必须考虑到试件的材质、硬度、表面状况和附着在试件上的污染物的种类和性质，选择不同的清理和清洗方法。

（1）机械清理　机械清理的方法一般用于清除试件表面轻微的氧化皮、铁屑、铁锈、油污等，常用的机械清理方法包括振动光饰、抛光、喷砂、喷丸、钢丝刷、砂轮磨及超声清洗等。机械清理方法的选择应以不损坏试件表面为原则。例如，喷丸、喷砂、钢丝刷、砂轮磨或刮削等方法，由于外力对表面缺陷的作用及从金属表面清理下的金属粉末可能堵塞缺陷，阻止渗透剂进入缺陷中造成漏检。试件为铝、镁、钛等软金属材料时，不能使用这些机械清理方法。用机械清理方法处理过的试件最好经酸性或碱性溶液浸蚀后，再进行渗透检测。焊接件和铸件吹砂后，可不经过酸洗或碱洗而直接进行渗透检测，但精密铸造的关键部件（如涡轮叶片）吹砂后必须经过酸洗才能进行渗透检测。

振动光饰适于去除轻微的氧化物、毛刺、锈蚀、铸件型砂或磨料等，但不适于铝、镁、钛等软金属材料。

抛光适于去除试件表面的积炭、毛刺等，还可用于局部打磨抛光。抛光后的部位须经过酸洗或碱腐蚀，然后进行中和处理及水清洗。

吹砂和喷丸适于去除氧化物、熔渣、铸件型砂、模料、喷涂层、积炭等。经喷丸法处理的试件进行酸洗，可以清除由于喷丸形成的封闭表面开口缺陷的细微金属物。通常渗透检测安排在喷丸前进行。

钢丝刷和砂轮磨用于去除氧化物、熔渣、铁屑、铁锈、焊接飞溅和毛刺等。

超声清洗是利用超声波的机械振动来去除试件表面的油污和孔洞中的污物，常与清洗剂或有机溶剂配合使用，适于几何形状比较复杂，有不通孔、小孔的试件和不便拆装的小批量试件。选用的清洗剂或有机溶剂不应对试件产生腐蚀等不利影响，清洗剂洗过的试件要用水彻底清洗并烘干。

（2）化学清洗　化学清洗主要包括酸洗和碱洗。酸洗是用硫酸、硝酸或盐酸来清除试件表面的氧化物，可以清除可能妨碍渗透剂渗入表面开口缺陷的氧化皮。被检试件经打磨、机械加工后，均需进行酸洗处理，然后才能进行渗透检测。碱洗是用氢氧化钠、氢氧化钾来清除试件表面的油污、抛光剂和积炭等。碱洗多用于铝合金，热的碱洗液还可用来除锈和除垢、清除试件表面的氧化皮等。酸洗液和碱洗液都应按照制造厂的建议使用。

为使试件表面各部位得到均匀的腐蚀，在酸洗前需对试件进行清洗，以去除表面的砂子、油脂和污物等。试件的不通孔、内通道部位要用橡胶塞子塞住或用蜡封住，以防止化学溶液进入通道，导致排出困难，对试件内部产生腐蚀作用。酸碱溶液的清洗时间要严格控制，应以不腐蚀损坏试件表面为限，强酸溶液用于除去严重的氧化皮，中等酸度的溶液用于除去轻度的氧化皮，弱酸溶液用于去除试件表面的薄金属。酸洗或碱洗后需中和，再用水彻底清洗干净，以去除残留的酸或碱并烘干试件。有些试件在成品阶段不允许进行酸洗，有些试件在酸洗后可能产生有害影响，如高强度钢试件和钛合金试件在酸洗时容易吸进氢气，而产生一种氢脆现象，使试件在使用时产生脆裂。因此，易产生氢脆的材料在酸浸后应尽快进行去氢处理。去氢条件是在200℃左右的温度下烘烤3h。清洗后要将试件加热干燥，以去除被检表面上可能渗入缺陷中的水分。在施加渗透剂前，将被检试件冷却至50℃以下。

（3）溶剂清洗　溶剂清洗包括溶剂液体清洗和溶剂蒸气除油等方法。它们主要用于清除各类表面油污、油脂及某些油漆。

溶剂清洗通常采用汽油、醇类（甲醇、乙醇）、苯、甲苯、三氯乙烷、乙醚等有机溶剂清洗或擦洗，常用于大试件局部区域的清洗。用有机溶剂清洗时，把试件浸渍在有机溶剂槽中，可以除去试件表面的油脂污物和松散的金属屑等。溶剂去除型渗透检测常用于现场，其清洗剂是用压力喷罐装的溶剂。清洗剂有两种用途：一是在渗透工序之前，对试件表面进行预清洗；二是在渗透剂滴落完成之后，清洗试件表面多余的渗透剂。当用于预清洗时，应使用喷罐喷射出的溶剂对试件表面直接清洗，再用干的不起毛的抹布擦去试件表面的污物和多余的溶剂。在渗透剂施加之前，应有充分的干燥时间，蒸发掉表面和缺陷内残留的溶剂。

有机溶剂一般闪点很低（如汽油为40℃，乙醇为14℃，丙酮为-18℃），所以检验场地应通风良好，以便排除蒸气和降低有害物的浓度或避免引起爆炸。易燃的有机溶剂应储存在安全的瓶或罐中，应远离热源和明火，检验场地禁止吸烟。检验人员操作时，应带防护用的浸塑手套来保护手的皮肤，否则溶剂会溶解皮肤上的油脂，引起皮肤的开裂和炎症。

溶剂蒸气除油通常是采用三氯乙烯蒸气除油，它是一种既有效又方便的除油方法。三氯乙烯是一种无色透明的中性有机化学试剂，具有很强的溶油能力，在常温下其溶油能力比汽油大4倍，在加热到50℃时溶油能力比汽油大7倍，因此三氯乙烯是很好的除油剂。三氯乙烯密度大，加热到86.7℃时沸腾蒸发，其蒸气密度可达4.45g/L，因而容易形成蒸气区。三氯乙烯特别适用于去除与非极性的矿物油和动物油类似的具有可溶解性的有机污染物。对固体污染物如积炭、油漆、氧化皮和腐蚀产物是无效的。三氯乙烯的化学性质不稳定，在使用过程中受光、热和氧的作用易分解成酸性物质，因此在使用中必须经常取样测量其酸度值。如果三氯乙烯呈酸性，它就会腐蚀钢、铁、铝和镁合金。

三氯乙烯是一种氯化物的溶剂，由于钛合金试件很容易与卤族元素发生作用而产生腐蚀应力裂纹，因此钛合金一般不宜采用三氯乙烯蒸气除油或仅能采用加特殊抑制剂的三氯乙烯蒸气除油，且在除油前必须进行热处理，以消除应力。此外，橡胶、塑料或涂漆的试件不能采用三氯乙烯进行除油。铝、镁合金和软钢试件在除油后，表面充分脱油而干燥的情况下，容易在空气中锈蚀，在除油后应尽快浸入渗透剂中进行渗透。为防止除油后的锈蚀，规定轴承试件不允许采用三氯乙烯蒸气除油。

三氯乙烯蒸气具有麻醉作用，蒸气若吸入人体，会引起不同程度的中毒。因此蒸气除油场地应具有良好的通风条件，手和皮肤经常接触三氯乙烯会引起皮肤的开裂和皮肤炎症。

（4）乳化清洗剂清洗　清洗用的乳化剂是一种含有特殊表面活性剂且不可燃的水溶化合物，对试件有润湿、乳化、洗净等作用，并对金属无腐蚀。乳化清洗剂能从试件上除去很多种污物，如油脂和油污、切割和机加工冷却液、抛光剂或磁粉检验的残余物等。亲水型乳化剂通常用于浸渍法，应按生产厂家推荐的浓度值配制，通常不超过35%（体积分数）。该清洗方法无毒、经济、清洗效果好。经过乳化清洗的试件，可在冷水中漂洗或冲洗，然后在60~80℃的热水中进行最终清洗，在热水中清洗能预热试件，有助于试件的干燥。最后将试件进行干燥处理，以去除试件表面和缺陷内部残留的水分。

经过水洗的试件，在施加渗透剂之前，都应去除所有水分。因为水会妨碍渗透剂的润湿和渗入缺陷。干燥处理既有利于渗透剂充分渗入，又可以避免缺陷中残留的清洗剂与渗透剂相互作用而改变渗透剂的性能，甚至影响检测灵敏度。通常干燥水分的方法是在热空气循环烘箱中干燥，烘箱温度在70℃左右，时间可根据试件的大小而定；也可以用清洁的压缩空气吹干水分或在空气中自然干燥。

5.1.2 渗透

渗透的目的是使渗透剂通过毛细现象原理导入到表面开口的缺陷中去。渗透剂渗透能力的强弱不仅取决于渗透剂自身的性能，还取决于渗透剂对受检试件材料的接触角，而且和缺陷介质性质、试件的表面粗糙度、试件表面的洁净度以及渗透温度有很大的关系。显然，渗透剂的渗透能力越强，缺陷吸收渗透剂的量就越大，在显像过程中反渗出来的渗透剂就越多，相对于背景底色发光的强度和亮度越大，更容易识别出较细小的缺陷细节，也就是检测灵敏度越高。

1. 渗透剂的施加方法

渗透是指渗透剂渗入被检试件的缺陷内部。为达到充分渗透的目的，渗透剂的施加应保证被检部位完全被渗透剂所覆盖，并在整个渗透时间内保持润湿状态。渗透剂施加的常用方法一般有四种：浸涂、刷涂、浇涂和喷涂，此外还有静电喷涂等方法。这几种方法各有优缺点，并针对不同的检测对象而有所选择。一般来说，大型槽液式的荧光渗透检测方法适合采用浸涂方法，在航空、航天工业领域较为常见；喷罐式溶剂去除型着色渗透检测方法多在特种设备（如锅炉、压力容器和压力管道）行业应用，但随着特种设备行业检修及定期检测要求越来越高，荧光渗透检测也得到越来越广泛的应用，喷罐式荧光渗透检测方式也越来越多；浇涂和刷涂方式一般适合于大型零部件的局部检测。不管采用哪种方法，都要保证被检测的部位完全被渗透剂覆盖。具体施加方法如下：

（1）浸涂　浸涂是把整个试件浸泡在渗透剂中。浸涂适用于小试件的表面检验，可将一些小试件放在试件筐中或固定在架子上，以手工或自动传送方式在渗透剂槽中浸渍。浸涂法可保证试件均匀、一次性地覆盖上渗透剂，是一种对试件进行全面检查的好方法。

（2）刷涂　用刷子、棉纱或抹布蘸渗透剂进行涂刷。用毛刷涂布的方法是用毛刷把渗透剂涂布在部分检测试验面上，被检测的部位一般刷2~3次。这种方法既不会像喷雾法那样有渗透剂的飞散，也没有浸渍法那样大的涂布面，一般作为局部检测使用，在密闭容器或难以通风的地方可有效地加以应用。

（3）浇涂　浇涂是将渗透剂直接浇在试件表面上，适于大试件的局部检测。

（4）喷涂　喷涂是指利用压缩空气或气溶胶制品，在气压的作用下把渗透剂通过喷嘴喷射在试件表面。渗透剂可采用喷枪或喷罐的方式喷涂在试件的表面上，这样可使渗透剂用量较少，也减少渗透剂在不通孔、凹陷及其他孔洞中的聚集量。另外喷涂系统能有效地避免渗透剂的污染，适用于大型试件的局部检测或全面检测。在喷涂时，喷嘴的前端应尽量接近试件，同时室内要保持通风良好，防止渗透剂呈雾状物飞散在空气中污染环境。

（5）静电喷涂　静电喷涂是把渗透处理、显像处理中所需装置的主要部件换成喷枪和小型的高压发生器，使整个装置小型化，可有效地进行渗透检测。采用静电喷涂方法时，渗透剂将不会大量地散发在空气中造成浪费，也不会危害操作者的身体健康，达到节省工作场地、渗透剂和减轻空气污染等目的。

2. 渗透时间及温度

渗透剂在试件上的停留时间（渗透时间），是指从施加渗透剂到开始去除多余渗透剂的时间。包括渗透剂从试件表面流滴完毕的滴落时间，因为在此期间渗透剂仍将继续渗入和润湿缺陷，所以滴落时间是渗透时间的一部分。渗透剂渗透时间为浸涂时间和滴落时间之和。

渗透过程有几个因素特别强调如下：

1）渗透时间。渗透时间的长短取决于渗透环境温度、渗透剂性质、试件成形工艺、试件表面状况、缺陷性质等多重因素。原则上，渗透时间越长，检测越可靠，但一般控制在10min 即可。特殊情况（如检修叶片）则可增长至小时计，以便发现微小的疲劳裂纹。渗透环境温度直接影响渗透剂的渗透性能，一般来说，温度越高，渗透剂的表面张力会越小，越容易渗透，所以相对应的渗透时间就会短一些。通常情况下，渗透温度一般在 5～50℃范围内。温度太高，渗透剂容易干在试件表面上，给清洗带来困难或荧光亮度降低；温度太低，渗透剂变稠，使渗透剂的渗透速率降低。如果环境温度低于 5℃或高于 50℃，则需要用对比试块进行比对，用试验确定合适的渗透时间。由于在役试件要检测在用缺陷（如腐蚀裂纹、疲劳裂纹、应力腐蚀裂纹等微细小缺陷），比在制件时所需要的渗透时间长得多。

2）润湿性和覆盖率。在整个渗透时间内，必须保证受检试件表面始终被渗透剂全覆盖且保持润湿状态。这在全浸涂式荧光渗透检测过程中是不存在问题的；对于溶剂去除型喷涂式着色渗透检测法或油基喷罐喷涂式渗透荧光检测法，则必须要注意这一影响因素。

3）浸涂式的滴落时间也必须算在渗透时间内，因为只要去除的步骤还没有开始进行，渗透过程就一直在发生着，因此，渗透时间应该考虑滴落过程。渗透过程如图 5-1 所示。

提高渗透检测的灵敏度，改善渗透工艺是一个重要环节。可通过增加荧光渗透剂本身温度与试件表面温度的温度差，也可以通过不同温度的空气压差使渗透剂渗入得更多，从而提高渗透检测的灵敏度。

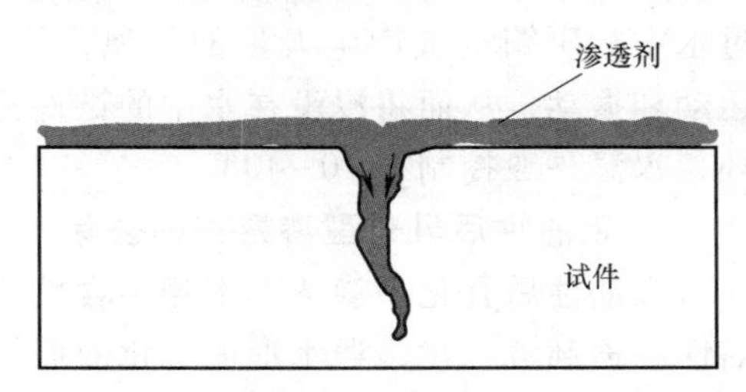

图 5-1　渗透过程

5.1.3　去除

去除是指去除掉试件表面多余渗透剂的过程。

渗透时间结束后，只有渗入到试件表面缺陷中的渗透剂才是有用的，而试件表面其他的渗透剂都是多余的，都是要被去除掉的。所以，渗透时间结束后试件表面的渗透剂都是要被去除掉的。

过度的清洗会把缺陷中的渗透剂洗出，降低检测灵敏度；而清洗不充分、荧光背景过浓或着色底色过浓将使缺陷显示识别困难。用荧光渗透剂时，可在黑光灯照射下边观察边去除。着色渗透剂的去除应在白光下控制进行。

水洗型渗透剂直接用水去除（方法 A 工艺）；亲油性后乳化型渗透剂经乳化后再用水去除（方法 B 工艺）；溶剂去除型渗透剂用有机溶剂擦除（方法 C 工艺）；亲水性后乳化型渗透剂先经预水洗，再乳化，后再用水去除（方法 D 工艺）。

1. 水洗型渗透剂的去除方法（方法 A 工艺）

由于水洗型渗透检测方式使用的渗透剂是自乳化水溶型的，水洗型渗透剂的去除可采用手工喷洗、手工水擦洗和空气搅拌水浸洗等方式。

（1）手工喷洗　如图 5-2 所示，冲洗时水射束与被检面的夹角以 30°为宜，水温为 10~40℃；喷嘴与试件表面间的距离为 300mm，喷嘴处的水压力不得超过 0.34MPa。试件的凹槽、不通孔、空腔部位要用水喷枪进行专门的补充清洗，以去除任何角落里可能残留的渗透剂。水洗的时间要根据试件的大小、形状、表面粗糙度、水洗温度和所采用的渗透剂型号等因素通过试验的方法来确定。试件表面应清洗到刚好把表面多余的渗透剂洗掉，而不将缺陷中渗透剂洗出的程度。

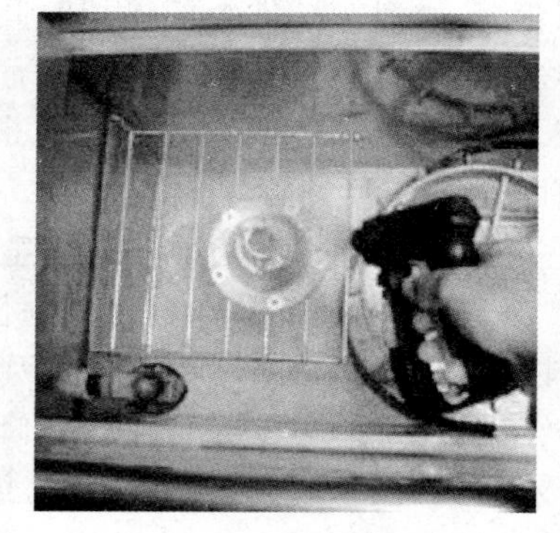

图 5-2　手工喷洗

清洗效果可通过目测观察试件表面的颜色来判定。进行荧光渗透检测时，清洗应在黑光灯的辐照下进行，若背景基本无荧光，只存在少许亮点，则没有过洗的合适背景。对于宽而浅的缺陷，水洗型渗透剂很容易发生过洗。如果发生了过洗，则应将试件彻底干燥后按工艺要求重新进行处理。

（2）手工水擦洗　当试件表面不允许或无冲洗装置时，可采用手工水擦洗，如图 5-3 所示。先用清洁、不脱毛的抹布或毛巾擦去大部分多余的渗透剂，然后用干净的水润湿的抹布或毛巾擦净，但润湿的抹布或毛巾中的含水量不应饱和，最后用干燥、清洁的抹布擦干试件。

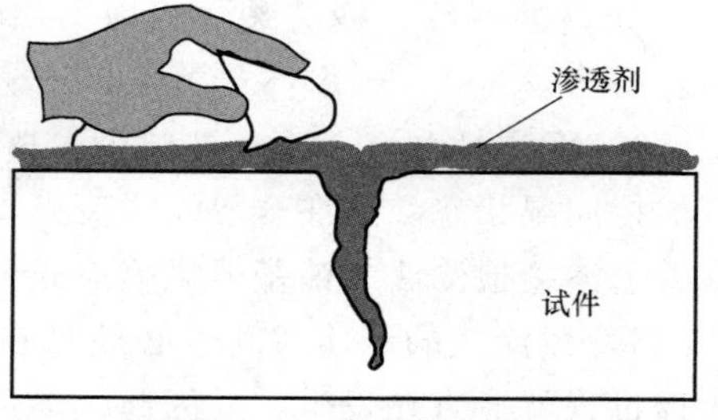

图 5-3　手工水擦洗

（3）空气搅拌水浸洗　空气搅拌水浸洗是指通过水中的压缩空气产生大量的气泡，使水产生多向运动和振动，从而将浸没在水中的试件清洗干净。空气搅拌水浸洗方式需要保持水的良好循环，水温一般控制在 10~40℃。

2. 亲油性后乳化型渗透剂的去除方法（方法 B 工艺）

亲油性后乳化型渗透剂本身不含乳化剂，它的去除需先乳化再水洗。乳化处理是使表面油性渗透剂被乳化，遇水形成乳化液而被水清洗掉，缺陷处的渗透剂由于未被乳化而保留完好。施加亲油性乳化剂的操作方式是直接采用乳化剂进行乳化，然后用水冲洗。施加乳化剂时，只能采用浸涂或浇涂法，而不能采用喷涂或刷涂的方式，也不允许在试件表面搅动乳化剂。

（1）亲油性乳化剂的施加和停留　在进行乳化处理前，对被检试件表面所附着的多余渗透剂应尽可能去除，以减少乳化量，同时也可减少渗透剂对乳化剂的污染，延长乳化剂的寿命。亲油性后乳化型渗透剂在渗透、滴落后直接进行乳化。施加亲油性乳化剂时只能采用浸涂、浇涂的方式，不能采用刷涂和喷涂的方式。因为乳化剂首先把试件表面的渗透剂乳化，以一定的均匀速率扩散溶解于油性渗透剂中，然后被乳化的渗透剂材料继续向内表面渗透。刷涂、喷涂得不均匀，乳化不均匀，时间不易控制都有可能将乳化剂带进缺陷而引起过乳化现象。在浸涂乳化剂过程中，不应翻动试件或搅动试件表面的乳化剂。

从浸入乳化剂之后到下一步清洗之前的这段时间称为乳化时间。试件从乳化槽中取出后，应进行滴落。滴落时间是乳化时间的一部分，即乳化时间是施加乳化剂的时间和滴落时间之和。乳化时间过长，乳化层的厚度增加，渗入到缺陷内部的渗透剂均可乳化，致使在清洗处理时把缺陷内部的渗透剂清洗掉；乳化时间不足时，会使清洗处理得不充分，引起虚假显示。乳化时间取决于乳化剂和渗透剂的性能及被检试件的表面粗糙度。通常乳化时间规定在 lO～120s 之间，常用时间为 30s，也可按生产厂家的使用说明书或通过试验来确定乳化时间。

应当指出：乳化工序是重点工序，乳化时间必须准确。在实际使用过程中，还要根据乳化剂因受到污染而使乳化能力下降的具体情况，不断地修改乳化时间。当乳化时间增加到新乳化剂的乳化时间两倍以上还达不到乳化效果时，则应更换乳化剂。

（2）水清洗　乳化作用完成后，应将试件迅速浸入温度不超过 40℃ 的搅拌水来停止乳化剂的乳化作用，并用喷洗方法清洗渗透剂和乳化剂的混合物，最后再进行最终水洗。最终水洗试件应在白光灯（着色渗透检测）或黑光灯（荧光渗透检测）下进行，以控制清洗质量。对未洗净的试件或背景过重的试件，应按工艺要求重新进行处理；对过度乳化的试件，则将其进行彻底清洗、干燥并按工艺要求重新进行处理；只要乳化时间合适，最终水洗可按水洗型渗透剂的去除方法进行，虽不像水洗型渗透剂所要求的那样严格，但仍应在尽量短的时间内清洗完毕。清洗后的试件可转动方向，使大部分水排尽或用清洁的抹布等吸收性材料吸干水分。

总之，乳化处理时，乳化剂对试件表面剩余渗透剂起乳化作用，即降低渗透剂的表面张力。当用水清洗时，已降低了表面张力的油液就容易形成 O/W 型乳浊液，即渗透剂将变为较细小的液滴分散在水中，并易被水冲洗掉。这就保证了后乳化型渗透检测比水洗型渗透检测具有较高的灵敏度。

3. 溶剂去除型渗透剂的去除方法（方法 C 工艺）

溶剂去除型渗透剂的去除采用的是擦除并结合清洗剂的方式。去除时，先用干净不脱毛的抹布或纸沿一个方向擦除试件表面多余的渗透剂，再用渗透清洗剂喷到干净的抹布或纸上，然后沿一个方向擦净试件表面，绝对不允许往复擦拭或利用渗透清洗剂直接喷洗试件表面。

溶剂清洗使用的清洗剂渗透性高，被润湿的抹布或毛巾中的溶剂的含量不宜饱和；不宜把溶剂清洗剂直接喷到试件表面上，以防清洗剂溶解缺陷中的渗透剂而产生过洗现象；在擦洗过程中，应在适当的照明条件下检查渗透剂的擦洗效果。另外，溶剂清洗剂的闪点一般较低，使用时不可靠近火源，检测场地应通风良好。

4. 亲水性后乳化型渗透剂的去除方法（方法 D 工艺）

亲水性后乳化型渗透剂的去除，采用先预水洗，再乳化，后最终水洗的方法，即先用温度不超过 40℃的有压力的温水对试件表面的渗透剂进行预水洗，清洗掉试件表面大部分多余的渗透剂，再施加乳化剂，待被检试件表面多余的渗透剂充分乳化后再用水清洗。

施加乳化剂的方法有浸涂、浇涂或喷涂，而不能采用刷涂。

（1）预水洗　采用亲水性后乳化型渗透剂检测的试件，应先用水进行清洗，将试件表面明显的渗透剂除去，以减少渗透剂对乳化剂的污染。这一工序是乳化的准备工序，也称预水洗，预水洗时可用压缩空气/水喷枪喷洗，也可浸入搅拌水槽中清洗。要注意清洗容易残留荧光渗透剂的部位（如凹槽、不通孔和内腔部位）；预水洗时间一般推荐为 30~60s，喷洗水的压力宜在 0.14MPa，温度宜在 15~30℃之间。

（2）乳化剂的施加和停留　亲水性乳化剂一般通过浸涂、浇涂或喷涂的方法施加，但不能采用刷涂的方法。亲水性乳化剂需用水稀释后使用，乳化剂应按生产厂家推荐的浓度值配制和使用，浸涂时的体积分数通常为 15%~35%。对于喷涂施加法，乳化剂的体积分数宜在 5%以下。这些乳化剂的水溶液不溶或微溶于渗透剂，不会很快地在试件表面的渗透剂层内进行溶解和扩散，从而保证了检测的灵敏度和可靠性。亲水性乳化剂的浓度应定期测量，溶液浓度高，会发生过乳化现象，也浪费了乳化剂；溶液浓度低，试件表面的颜色或荧光本底就会深，可能掩盖小的缺陷。

亲水性乳化剂的停留时间包括浸渍和滴落时间。乳化时间应严格控制，应使试件表面的多余渗透剂被充分乳化且停留时间应尽量短。乳化时间一般通过试验确定。

（3）最终清洗　亲水性后乳化型渗透剂乳化后可根据要求进行水清洗，清洗工艺与水洗型一样。对试件表面过深的颜色或荧光背景，可通过补充乳化的办法去除，时间不应超过 2min；若经过补充乳化处理后仍未达到一个满意的本底，应将试件彻底清洗，并按工艺要求重新处理。

总之，后乳化渗透检测方法的关键步骤就是乳化环节，而乳化环节的主要参数就是乳化时间，乳化时间在确保达到允许的着色背景或荧光背景的前提下应尽可能短。一般亲油性乳化剂的乳化时间控制在 2min 以内，而亲水性乳化剂的乳化时间控制在 5min 以内。乳化时间长或乳化剂施加得过多，很可能会产生过乳化现象。过乳化会把已经渗透到表面开口缺陷中的渗透剂也乳化一部分，从而降低渗透检测的灵敏度，这是渗透检测过程中应该极力避免的。

后乳化渗透检测方式的检测灵敏度较高，这主要是因为该类型渗透剂的渗透性能要很强，渗透到试件表面开口缺陷中的渗透剂的数量要比一般的渗透剂多。这就造成其表面的渗透剂难以去除掉，表面张力较大，需要施加一定量的乳化剂通过乳化环节来降低渗透剂的表面张力，使其更亲水而容易被水冲洗掉。一般情况下，渗透剂的灵敏度与其可去除性呈负相关关系，灵敏度越高，可去除性就越差，反之亦然。而用乳化剂助洗的过程，就类似满手粘了一层油渍，必须通过涂抹洗手液或肥皂之类的助洗剂，把手上油渍的表面张力降下来，然后再用水冲洗掉一样，渗透检测中的乳化剂就类似于生活中的洗手液或肥皂。

5.1.4　干燥

干燥的目的是除去被检试件表面的水分，使渗透剂能充分从开口缺陷中回渗到显像剂背景表面上。水洗型渗透检测及后乳化型渗透检测由于最终需要用水作去除剂，所以需要专门的干燥工序，而溶剂去除型渗透检测不需要进行专门的干燥处理，应在常温下自然干燥，不得加热干燥。

1. 干燥的时机

试件在清洗后、显像处理前或后，把试验后残留的清洗水或湿式显像剂的水分进行有效的干燥处理。在液体渗透检测中，是否需要干燥处理和什么时候进行干燥处理，要根据清洗方式和显像方式的不同来决定。

原则上，当采用溶剂去除试件表面多余的渗透剂时，不必进行专门的干燥处理，只需自然干燥 5~10min 即可；采用干粉显像剂、非水基湿式显像剂时，检测面应在施加前进行干燥；采用水湿式显像剂（水溶解、水悬浮湿式显像剂）时，检测面应在施加后进行干燥处理；采用自显像时，应在水清洗后进行干燥。

2. 干燥的方法

干燥的方法有多种，包括干净抹布擦干、热风吹干、压缩空气吹干及烘干箱热循环空气烘干等多种方式。在实际渗透检测中，对金属试件的干燥往往采取组合方式。一般刚经过水洗的金属试件，先用压缩空气吹拭掉试件表面多余的可见水分，然后再进行热空气吹干，或进入烘干箱烘干。

另一个缩短干燥时间的方法是采用热浸技术。所谓“热浸”是在试件清洗干净后，将其短时间地在 80~90℃ 的热水中浸泡一下，以提高试件的初始温度，加快在烘箱中的干燥速度。但热浸对试件有补充清洗的作用；热浸时间过长会造成过洗，故仅用于预清洗中，在去除试件表面多余的渗透剂后，一般不推荐使用。通常铸件可以热浸，表面光洁的机加工试件不宜进行热浸。热浸时要严格控制时间，一般只需要在热水中浸一下就可以了，最长不能超过 20s。

3. 干燥的温度和时间

干燥时要特别注意干燥的温度和时间，允许的最高干燥温度与试件的材料和所用的渗透剂有关。高温或长时间干燥，渗透剂急剧蒸发，荧光辉度与色泽恶化，降低显示痕迹的识别性，同时会将缺陷中的渗透剂烘干，造成施加显像剂后缺陷中的渗透剂不能吸附到试件表面上来，不能形成缺陷显示。适宜的干燥温度应通过试验确定。通常干燥时，被检面的温度不得大于 50℃，干燥时间通常为 5~10min；金属试件采用热风吹干或热循环风烘干时，空气温度不应超过 80℃；若为塑料试件，则温度应该还要低一些，通常用 40℃ 以下的温风吹干。在确保干燥效果的前提下，干燥时间应尽可能短。

干燥操作时，特别要防止试件筐、操作者手上的油污等对试件造成的污染，应将干燥前的操作和干燥后的操作隔离开来，即把除油、渗透和水洗作为第一条操作线，把干燥、显像和检测作为第二条操作线。从干燥开始，更换专用的、干净的试件筐，以避免污染而产生的伪显示或掩盖真实显示。

5.1.5 显像

显像过程是在被检试件干燥过程完成后，在其表面施加显像剂，再次利用毛细现象原理，将渗入到表面开口缺陷中的渗透剂吸附到被检试件表面，从而产生与显像剂层背景形成对比的可见的缺陷显示图像的过程。显像的时间不能太长，显像剂层的厚度不能太厚，否则会影响缺陷轮廓的明锐清晰度（即分辨力）。显像过程如图 5-4 所示。

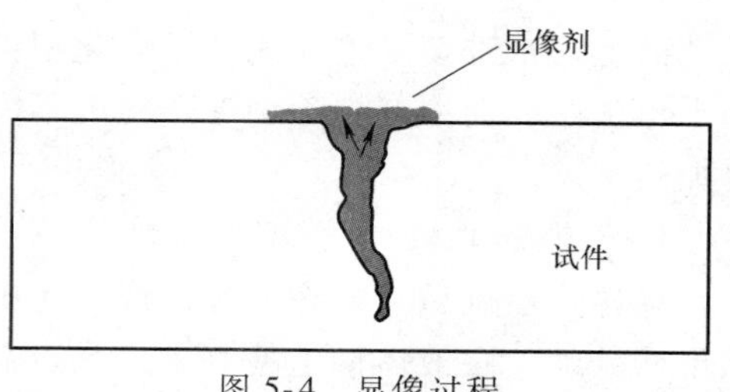

图 5-4　显像过程

1. 显像分类

常用显像的方法分为干式显像、非水基湿式显像、水基湿式显像和自显像。

（1）干式显像　一般是指干粉显像，主要用在荧光渗透检测中。使用干粉显像时，试件表面须经干燥处理，试件在干燥后应立即进行显像，因为热的试件能得到较好的显像效果，干粉显像尤其适合大试件、结构复杂的试件和表面粗糙的试件，适合批量试件的流水作业检测。干粉显像剂的施加可采用喷枪、喷粉柜将干粉均匀地喷洒在受检试件的表面，或者将试件采用连续转动浸涂埋入的方式，把干粉显像剂均匀地施加到受检试件的表面。对于较小的试件，一般把它埋在干粉显像剂槽中进行显像，取出试件，轻轻敲打或吹以压缩空气可去除附着在表面多余的粉末；对于较大的试件，可以用手工撒或喷粉的方法施加显像剂；手工撒时，可用砂布包着显像剂轻轻抖动，试件上将覆盖一层薄显像剂；用喷枪喷粉时，要求有适当的粉尘空间，以产生显像剂的粉尘或粉雾；采用喷粉柜喷粉显像时，把干燥后的试件放入喷粉柜中，用经过过滤的干燥的压缩空气将显像粉吹扬起来，呈粉雾状，将试件包围住，从而可在试件上均匀地覆盖一层薄薄的显像粉。喷粉柜显像可使状态复杂的试件被迅速而完全地涂覆上一薄层显像粉，并且一次可显像一批试件。

一般干粉的成分多以氧化镁（MgO）干粉为主，其蓬松、干燥，保存时需要防潮。氧化镁粉颗粒越细，其在试件表面所形成的毛细管通道越细，能吸附的渗透剂越多，显像灵敏度就越高。干粉显像容易施加，对试件无腐蚀，不挥发有害的气体，不留下妨碍后续处理或操作的膜层。干粉显像的一个明显缺点是有严重的粉尘，故需要有净化空气的设备或装置。施加前试件应干燥，对温度和时间应加以控制。

（2）非水基湿式显像　一般是指溶剂悬浮显像法。主要是显像剂固体粉末悬浮在液体有机溶剂中，该种方法主要是采用压力喷罐喷涂，在每次使用之前，左右用力摇动压力喷罐中的弹子，使沉淀的显像剂重新悬浮起来，呈现出细微颗粒均匀分散状混合物，通过压力喷嘴喷出来，涂覆到受检试件的表面。一般要求喷嘴至被检表面的距离为 300~400mm，喷雾锥状束的中心轴线与被检表面的夹角保持在 30°~40°，喷涂的显像剂薄膜层要均匀且不要太厚，否则涂覆后将形成较厚的膜，可能掩盖细小的缺陷显示。正式喷涂前，应先在无关的表面试喷，然后再正式喷涂。

非水基湿式显像也可采用浸、刷的方式涂覆，浸时要迅速，刷时笔要干净，且不能在同一部位反复刷涂。非水基湿式显像法的显像剂能牢固地贴附在试件表面上，且显像剂中的溶剂能渗入到缺陷中去，在其干燥挥发的过程中能帮助缺陷中的渗透剂扩展到试件表面上来，因此显像灵敏度高。非水基湿式显像法适合表面光洁、形状简单的试件的检验，也适合大试件的局部检测和焊缝的检测。

非水基湿式显像剂的溶剂容易挥发，在空气中能快速干燥，这就节省了热空气循环烘箱或辅助加热。在显像过程中，溶剂的作用加强了吸附功能。因此，可明显提高渗透检测缺陷显示的可观察性。若使用得当，非水基湿式显像剂是目前灵敏度最高的显像剂之一。但非水基湿式显像剂的溶剂不是有毒就是易燃，使用中必须小心，以避免过多吸入或意外引爆。散装的显像剂必须保存在密封的容器中。

（3）水基湿式显像　水基湿式显像分为水悬浮湿式显像和水溶解湿式显像两种。这两种类型的显像剂都有浓缩液和干粉供应，使用前应用水稀释到合适的浓度。水基湿式显像适合表面较光洁而且形状较简单的试件。进行水基湿显像的试件被水清洗后，可直接施加在清洗后的试件表面上。施加方法可采用浸涂、浇涂或喷涂的方法，但一般多用浸涂法。水基湿式显像在施加完显像剂并滴落后，应迅速进行干燥处理，干燥一般采用热循环空气烘干法，干燥的过程同时也是显像的过程。

随着显像剂膜层的干燥，缺陷渐渐地显示出来，这类似于干粉显像剂。水悬浮显像剂粉末的沉淀速度一般比较缓慢，为防止显像剂粉末沉淀，在浸涂过程中，还应不定时地搅拌。大多数水悬浮显像剂含有润湿剂，它能提供良好的润湿性能，使显像剂材料充分覆盖在试件表面。重复补充显像剂粉末或添加水会破坏显像剂配比的平衡，其覆盖层会出现自断裂和脱离试件表面，形成未被覆盖的区域。当显像剂不能提供合适的润湿性能时，就废弃掉，重新配制新的显像剂。水基湿式显像剂无毒、无气味、无粉尘，对人体健康无害；价格便宜，不需要设置较贵的安全设备。但水基湿式显像的干燥速度较慢，显像剂是流动的液体，在干燥固定之前会使显像剂填满凹坑区造成显像剂堆积，产生漏检。

（4）自显像　对灵敏度要求不高的渗透检测，如铝合金砂型铸件、镁合金砂型铸件以及陶瓷类试件，常采用自显像工艺进行显像。一般来说，国内航空航天行业常用的自乳化水洗荧光渗透剂都可以实行自显像。自显像工艺实施要注意以下几点：

1）试件表面进行干燥后，停留的时间一般要较长一些，以便停留在缺陷中的荧光渗透剂有足够的时间往缺陷表面回渗。

2）采用的黑光灯的黑光辐照度要很高。一般标准规定，自显像的时间一般为10~120min，而受检试件表面的辐照度应达到3000μW/cm^{2}以上，这比一般有显像剂检测法所要求的在38cm处黑光灯辐照度1000μW/cm^{2}要高得多。

3）自显像使用的渗透剂的灵敏度等级需提高一级。

（5）其他显像方法　塑料膜显像剂法是在可剥性塑料膜上产生一个高清晰度的渗透显示，如果需要可作永久记录保存。塑料膜显像剂是由相对分子质量不同的有机聚合物组成的，在选定的溶剂中溶解或分散。塑料膜显像剂把缺陷中的渗透剂溶解出来，使之进入不定形的塑料膜中，在溶剂挥发后就凝固在里面。通常这种显像剂的使用与渗透剂颜色、浓度和厚度有关，为此，可以添加颜料和黏结剂。

2. 显像温度和显像时间

显像温度一般为10~40℃，水基湿式显像试件如需在烘箱中专门干燥，则烘箱中的温度不得大于50℃。

不同的显像方式，其显像时间也是不同的。对干式显像剂来说，显像时间是指从施加显像剂的时间起到观察检查缺陷显示的时间段；对湿式显像剂而言，显像时间是指从显像剂干燥起到开始观察检查缺陷显示的时间段。显像时间的长短与显像剂种类、渗透剂种类、缺陷尺寸、试件表面温度、显像剂层的厚度及均匀性等因素都有关。显像时间不能太长，也不能太短。显像时间太长，会造成缺陷的显示被过度放大，使缺陷图像失真，分辨力降低；显像时间过短，缺陷内的渗透剂还没有被吸附出来形成缺陷显示，将造成缺陷漏检。溶剂悬浮式显像剂由于在显像过程中有机溶剂挥发较快，在此前提下，显像的时间应尽可能短。国内有关标准中规定，自显像的时间一般为 10~120min，其他显像剂的显像方法一般不低于 7min。

3. 显像剂覆盖层控制

渗透检测的显像过程利用了毛细作用，在施加粉状显像剂时，毛细作用使缺陷中的渗透剂通过显像剂粉末颗粒表面之间的微细通道而移动。溢出表面的渗透剂薄膜厚度达到或高于荧光或着色显示的门槛值时，渗透剂的显示才会观察到。因此，施加的显像剂薄层的最佳厚度与毛细管效率及其覆盖或吸附力有关。显像剂的粉层太薄，缺陷较小时，将不会吸出足量的渗透剂，不能形成显示。若显像剂粉层太厚，会掩盖和削弱微小缺陷的显示，降低检测灵敏度。施加显像剂的最佳薄膜厚度取决于显像剂的性质和被检金属表面的特性。关于显像剂薄膜的厚度，着色渗透与荧光渗透多少有差异。着色渗透时，涂覆的程度要能看到透过试件表面稍微变暗的基底颜色，荧光渗透剂要能清楚地看到试件表面的基底颜色，即最好比着色渗透涂布的显像剂要薄。总之无论用什么方法显像，施加在试件表面上的显像剂应薄而均匀，切不可在同一部位反复几次涂覆。

4. 干式显像和湿式显像的比较

干式显像和湿式显像相比，干式显像粉不附着在缺陷以外的部位，显像后经过长时间仍能保持清晰的缺陷轮廓图形，所以使用干粉显像时，显像分辨力较高，可以分辨出相互接近的缺陷，并且，显示缺陷的荧光亮度比湿式显像法高，容易识别缺陷。

湿式显像后，如放置时间较长，由于润湿作用，缺陷轮廓图形会扩展开来，使形状和大小都发生变化，在进行缺陷轮廓图形的等级分类时必须注意。但湿式显像剂易于吸附在试件表面上形成较厚、较致密的覆盖层，有利于形成缺陷显示并提供良好的背景，显示的对比度较高，检测灵敏度高。

5. 显像剂的选择原则

显像剂的选择取决于渗透剂的种类和试件表面状态。对着色渗透剂而言，对于任何表面状态，一般都应优先选用非水基湿式显像剂，然后才是水悬浮湿式显像剂；对于荧光渗透剂来说，光洁干净的试件表面应优先选用溶剂悬浮湿式显像剂，粗糙表面应优先选用干粉显像剂，其他状态表面应优先选用溶剂悬浮湿式显像剂，然后依次是干粉显像剂、水悬浮湿式显像剂、水溶解湿式显像剂。但必须注意的是，干粉显像剂不适用于着色渗透检测系统，水溶解湿式显像剂不适用于水洗型渗透检测系统。

5.1.6 观察与评定

观察渗透显示一般应在显像剂施加后 7~120min 内进行。对溶剂悬浮式显像剂，一般应在喷涂显像剂后就开始进行观察，在环境温度较低的冬季，可以适当延长显像的时间。

着色渗透检测时，缺陷显示的评定应在白光下进行，一般为白色背景，红色显示图像。通常试件被检表面处的白光照度应大于或等于 1000lx，在野外作业现场，采用喷罐着色渗透检测装置对大型设备内腔表面进行检测时，限于环境条件，白光照度无法达到 1000lx，检测光照度要求可以适当降低，但不得低于 500lx。

荧光渗透检测时，缺陷显示的评定应在暗处的黑光灯下进行，背景一般为蓝紫色或紫色，黄绿色显示缺陷图像。暗处的白光照度应不高于 20lx，对黑光灯的黑光辐照度的要求是：在距离黑光灯的 LED 灯泡或遮光罩玻璃 380mm 处，被检试件表面的辐照度应不低于 $1000\mu W/cm^2$，自显像观察评定时，距离黑光灯的 LED 灯泡或遮光罩玻璃 150mm 处的被检试件表面的辐照度应不低于3000μW/cm²。但在实际操作过程中，只要黑光灯与试件被检表面的距离不影响观察评定，照射到试件表面处的辐照度达到1000μW/cm²（自显像为3000μW/cm²）以上，都应该认为紫外线观察条件合适。而且，对于高辐照度的LED黑光灯，只要标准试块的灵敏度显示达到要求，现场可不要求有专门的暗场环境，在普通白光下也可进行观察和评定。

观察和评定时应注意的事项如下：

1）观察和评定人员在黑光灯下观察显示时，首先应该分辨显示是属于相关显示、非相关显示还是伪显示，只有判断是相关显示，才能进一步判断试件表面所出现显示的缺陷性质、缺陷形状、缺陷分布、缺陷尺寸及大小等，并记录及签发报告。辨别显示性质的方法是：用干净的脱脂棉球或棉团蘸一些工业酒精，将显示痕迹擦除掉，然后涂覆一薄层显像剂，如果显示仍能出来，一般就可以判定该显示是相关显示；如果再涂覆显像剂后先前出现的显示不再出来，或出来的极微弱，即重复再现性差，一般该种显示就不属于相关显示，而是伪显示。

2）从暗场环境进入到白光（着色）环境或从白光环境进入到紫外线暗场环境中时，人的眼睛要有3~5min的暗场适应时间。荧光渗透检测时，观察者应佩戴不变色的紫外线防护眼镜，以防止紫外线损伤眼睛及眼睛疲劳。观察评定过程中，要注意黑光灯及机加工光洁试件表面反射的紫外线不能直接射入人眼，防止损伤眼睛。而且观察评定人员连续在黑光灯下的工作时间不能太长。

3）缺陷评定过程中，所有的显示一般要比引起显示的真实缺陷的尺寸大，但对受检试件做出渗透检测合格及不合格的结论时，以缺陷的相关显示尺寸作为评定依据，而不是真实缺陷的尺寸。当在观察评定过程中对显示轮廓、细节及尺寸有疑义时，可以借助5~10倍的放大镜进行放大观察检查。

4）渗透检测一般不能确定缺陷的深度，但是可以根据显像过程中，显像剂层回吸渗透剂量的多少来大致判断缺陷的深度，因为缺陷越深，回吸的渗透剂的量就越多，显示就越大，细节就越粗一些。

5）观察评定完毕后，应对被检试件加以区分标记，并做好检测结果的记录，标记时避免标记符号在后续搬运过程中受损，标记方法有打印法、拴标签法、染色法和化学腐蚀法等。

5.1.7 后处理

后处理是在渗透检测完成后，去除显像剂涂层、渗透剂残留痕迹及其他污染物的过程，由于存在残留物与试件材料之间的化学反应及固化黏结等问题，渗透检测结束后的后处理工序应及早进行。渗透检测残留物有的会对试件后续工序产生影响，有的会在潮湿环境下产生腐蚀液对试件材料产生腐蚀，有的残留物中的有机碳氢化合物会与盛装液氧的箱体试件材料发生化学反应，甚至会引起爆炸。所以，后处理工序十分必要，也很重要。

后处理的方法有许多种，下面介绍几种典型的方法。

非水基湿式显像剂的后处理去除，可以先用湿布擦拭，再用干布擦除；也可以直接用干布或硬的毛刷擦除。对于螺纹根部、不通孔及裂纹等中的残留物，可用加洗涤剂的热水喷洗，也可用超声波空化清洗法后处理。

干式显像的显像剂，由于其多黏结在湿式显像液或其他液体处，可以采用普通自来水冲洗，用洁净干燥的压缩空气吹除残留物。

水溶解显像剂残留物可以采用普通自来水直接冲洗或喷洗去除。

后乳化型渗透检测方法中，如果被检测试件数量不多，可先施加乳化剂乳化，而后再用水进行冲洗去除残留物。

水悬浮湿式显像剂残留物较难去除，因为显像过程经过了高温干燥，会使显像剂固化黏结在被检试件的表面上，去除时应先用含有洗涤剂且有一定压力的热水喷洗，然后再用水冲洗完成。

对碳钢试件进行后处理时，为了防止试件后处理后生锈，清洗的水中应添加一些防锈剂（如硝酸盐或铬酸盐等），在清洗结束后还应再涂防锈剂防锈。镁合金材料的试件化学活性高，很容易被腐蚀，后处理时，通常采用铬酸盐溶液进行清洗。

当出现下列情况之一时，需进行复验：

1）检测结束时，用试块验证检测灵敏度不符合要求。

2）发现检测过程中操作方法有误或技术条件改变。

3）合同各方有争议或认为有必要。

当决定进行复验时，应对被检面进行彻底清洗。

5.2　典型渗透检测方法介绍

渗透检测方法主要可分为水洗型渗透检测法、后乳化型渗透检测法、溶剂去除型渗透检测法以及其他一些特殊的渗透检测方法。

5.2.1　水洗型渗透检测法

水洗型渗透检测方法包括水洗型着色渗透检测法及水洗型荧光渗透检测法两种。水洗型渗透检测的流程如图5-5所示。

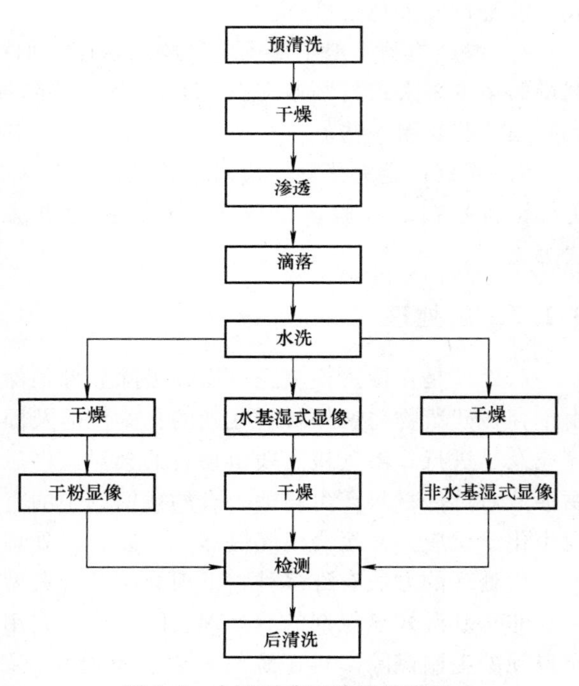

图5-5　水洗型渗透检测的流程

水洗型荧光渗透检测是当前广泛采用的渗透检测方法之一。它主要应用于锻铸坯料阶段机加工件和焊接件等的检测，适应于具有粗糙表面的试件和形状复杂的试件的检测。由于试件表面多余的渗透剂可以直接用水洗掉，具有操作简单、检测费用低等优点。检测灵敏度较高，高灵敏度水洗型荧光渗透剂能检查出非常细致的缺陷。水洗型荧光渗透剂由于本身配方内含有表面活性剂，易受水分含量的影响。当渗透剂中水的含量超出允许的极限时，会出现混浊、分离和沉淀。酸的污染将影响检测的灵敏度。采用此法对试件进行检测时，重复检测效果差，对浅而宽的开口缺陷不易发现。

1. 水洗型渗透检测方法的适用范围

1）检测灵敏度要求不高的试件。

2）检测螺纹试件、带键槽及不通孔试件。

3）检测开口窄而深的缺陷试件。

4）检测尺寸规格较大或表面积较大的试件。

5）检测表面比较粗糙（如砂型铸造件）的试件。

6）检测批量很大，对检测成本要求苛刻的试件。

7）检测那些对水腐蚀不敏感或敏感但很容易干燥处理的试件。

2. 水洗型渗透检测方法的渗透时间与显像时间

试件的状态不同，缺陷的种类不同，所需的渗透时间也不同。实际渗透时间需根据所用渗透剂型号、检测灵敏度要求或渗透剂制造厂推荐的渗透时间而定。实际渗透时间还与渗透温度有关，当渗透温度改变较大时，应通过试验确定。表 5-1 列出了水洗型荧光渗透检测法的参考渗透时间。

对于不同的材料和不同的缺陷来说，不仅渗透时间不同，而且显像时间也不同。表 5-2 列出了某些材料及缺陷的一般显像时间，可供参考。

表 5-1　水洗型荧光渗透检测法的参考渗透时间（温度为 16~28℃）

材料	状态	缺陷类型	渗透时间/min
铝、镁	铸件	气孔、裂纹、冷隔	5~15
	锻件	裂纹	15~30
		折叠	30
	焊缝	气孔、未焊透、裂纹	30
	各种状态	疲劳裂纹	30
不锈钢	铸件	裂纹、气孔、冷隔	30
	锻件	裂纹、折叠	60
	焊缝	裂纹、未焊透、气孔	60
	各种状态	疲劳裂纹	30
黄铜	铸件	裂纹、气孔、冷隔	10
青铜	锻件	裂纹	20
		折叠	30
	焊缝	裂纹	10
		未焊透、气孔	15
	各种状态	疲劳裂纹	30
塑料	—	裂纹	5~30
玻璃	玻璃与金属封接	裂纹	30~120
钨丝	—	裂纹	1~1440
硬质合金	焊接刀头	气孔、未焊透	30
		磨削裂纹	10

表 5-2 不同材料和缺陷的显像时间

材料	缺陷种类	显像时间/min
金属	疲劳裂纹	5~15
铝铸件	气孔、冷隔	2~10
镁锻件	折叠	5~30
玻璃	裂纹	2~15
塑料	所有缺陷	1~15
不锈钢锻件	折叠	5~30

水洗型渗透检测法一般不使用水悬浮式水溶解湿式显像剂，着色法一般不用干式和自显像，因为这两种显像方法均不能形成白色背景，对比度低，故灵敏度也较低。

3. 水洗型渗透检测法的优缺点

（1）水洗型渗透检测法的优点

1）操作简便，检测费用少。

2）适用于大批大量试件的检测。

3）适于检测表面粗糙的试件，如锻件、铸件，也适合螺纹及窄缝和试件键槽、不通孔等的检测。

（2）水洗型渗透检测法的缺点

1）灵敏度较低，易漏检。

2）重复试验再现性差。

3）如清洗不当，易产生清洗不足或过清洗，降低缺陷检出率。

4）配方复杂。

5）抗水污染能力低。

6）受酸和铬酸盐影响大。

5.2.2 后乳化型渗透检测法

后乳化型渗透检测方法除了多一道乳化工序外，其余与水洗型渗透检测程序完全一样。这种方法也包括后乳化型着色渗透检测法及后乳化型荧光渗透检测法。

亲水性后乳化型渗透检测流程如图 5-6 所示。亲油性后乳化型渗透检测流程如图 5-7 所示。

后乳化型荧光渗透检测大量应用于经机加工的光洁试件的检测，如发动机的涡轮叶片、压气机叶片、涡轮盘等机加工试件的检测。检测灵敏度要高于水洗型荧光渗透检测，重复试验效果好，能检查出浅而宽的开口缺陷。后乳化型荧光渗透剂内不含有乳化剂，使其化学稳定性好、渗透性能好、不易污染。由于后乳化型荧光渗透检测多一道乳化工序，故操作周期长，检验费用大，对大型试件用此种方法检测比较困难。为了保证检测灵敏度，必须严格控制乳化时间。

1. 后乳化型渗透检测法的适用范围

1）存在磨削裂纹缺陷的试件。

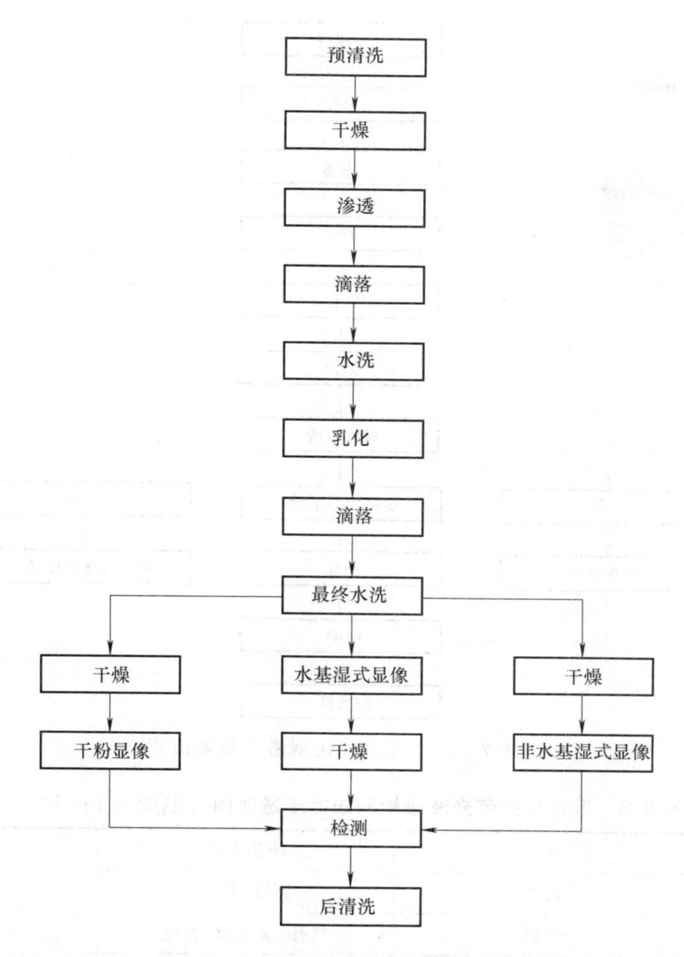

图 5-6　亲水性后乳化型渗透检测流程

2）有应力腐蚀裂纹、腐蚀裂纹、晶间腐蚀裂纹、疲劳裂纹等微小缺陷的在役试件。

3）开口浅而宽的缺陷。

4）检测灵敏度要求较高的试件。

5）表面阳极化、镀铬及有复查要求的试件。

6）能检测被酸或其他化学试剂污染的试件。

7）机加工后，表面粗糙度值很小的试件。

后乳化型渗透检测法根据乳化剂的不同分为亲水性后乳化型渗透检测法和亲油性后乳化型渗透检测法两种。亲油性后乳化型渗透检测法的灵敏度要高一些，但其去除表面多余渗透剂比较困难。一般情况下，检测灵敏度和可去除性是矛盾的，检测灵敏度越高，可去除性就越差，反之亦然。承受高温高压的航空发动机涡轮叶片、发电机叶片、压气机叶片等要求极高的试件，一般都采用后乳化型荧光渗透检测法检测。

后乳化型荧光渗透检测法乳化时间的控制是渗透检测的关键，表 5-3 给出了推荐的后乳化型荧光渗透检测法的渗透时间。

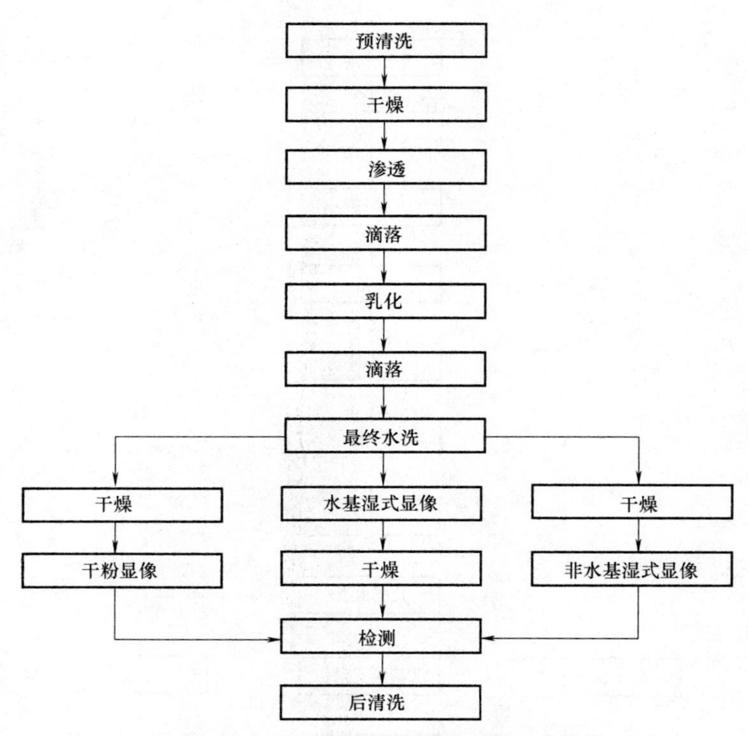

图 5-7 亲油性后乳化型渗透检测流程

表 5-3 后乳化型荧光渗透检测法的渗透时间（温度为 16~32℃）

材料	状态	缺陷类型	渗透时间/min
铝、镁	锻件	裂纹、折叠	10
	焊缝	气孔、未焊透、裂纹	10
	各种状态	疲劳裂纹	10
不锈钢	精铸件	裂纹	20
		气孔、冷隔	10
	锻件	裂纹	20
		折叠	10~30
	焊缝	裂纹、未焊透、气孔	20
	各种状态	疲劳裂纹	20
青铜	铸件	裂纹	10
		气孔、冷隔	5
黄铜	锻件	裂纹	10
		折叠	5~15
	钎焊缝	裂纹、折叠、气孔	10
	各种状态	疲劳裂纹	10
塑料	—	裂纹	2
玻璃	—	裂纹	5

（续）

材料	状态	缺陷类型	渗透时间/min
玻璃与金属封接	—	裂纹	5~60
硬质合金	钎焊刀头	气孔、未熔合	5
		磨削裂纹	20
钛合金与高温合金	各种状态	各种缺陷	20~30

2. 后乳化型渗透检测法的优缺点

（1）后乳化型渗透检测法的优点

1）检测灵敏度高。

2）可检出浅而宽的缺陷。

3）渗透时间稍短。

4）抗污染能力强，水、酸及铬酸盐对其影响小。

5）检测的再现性（重现性）好。

6）渗透剂稳定性好。

（2）后乳化型渗透检测法的缺点

1）对被检试件表面质量要求高。

2）乳化工序要求很严格。

3）操作周期长，检测费用高。

4）大型试件检测困难。

5.2.3 溶剂去除型渗透检测法

溶剂去除型渗透检测法包括溶剂去除型着色渗透检测法及溶剂去除型荧光渗透检测法两种，溶剂去除型着色渗透检测法是着色检测中应用很广的一种方法。此方法适用于表面光洁的试件和焊缝的检测，特别适合大型试件的局部检测、非批量试件的检测和现场检测。可对不允许接触水的试件进行检测和在没有水的条件下进行检测。溶剂去除型着色渗透检测所需设备材料简单，不需要暗室和黑光灯，操作方便，单个试件检测速度快，检测灵敏度高，能检查出非常细小的裂纹。但对浅而宽的缺陷检测有一定的难度。相对于水洗型和后乳化型渗透检测而言，它不太适合批量试件的连续检测。所用的材料多数是可燃的，不宜在开口槽中使用。

溶剂去除型渗透检测的流程如图5-8所示。

1. 溶剂去除型渗透检测法的适用范围

1）焊接件和表面光洁的试件。

2）大型试件的局部检测。

3）批量不是很大的试件检测。

4）现场或野外及无水电条件下试件的检测。

5）由于渗透时间短，显像时间短，适用于对检测效率要求高的试件。

6）适用于返修试件或怀疑有缺陷的试件的检测。

溶剂去除型着色渗透检测法对缺陷内容物的要求没有荧光渗透检测法那样严格，若配合

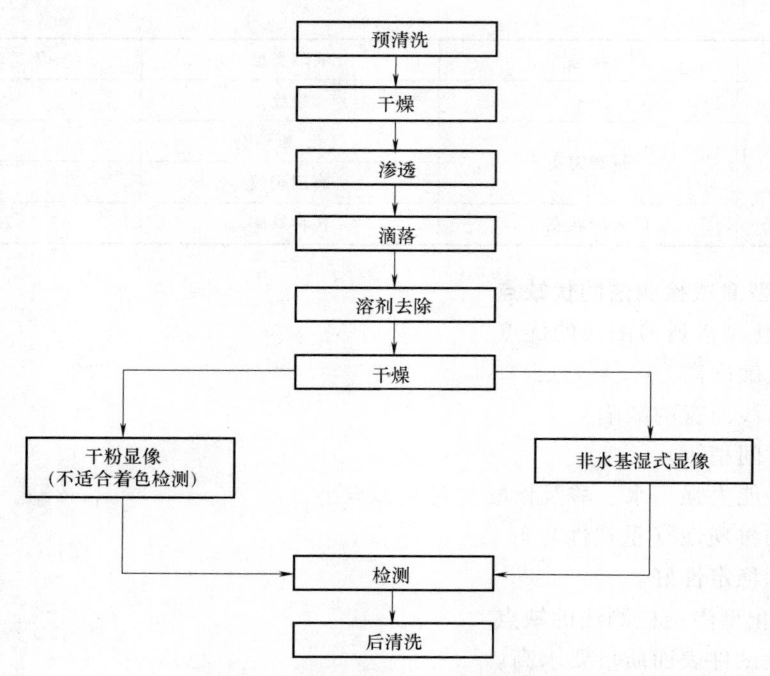

图 5-8　溶剂去除型渗透检测的流程

以溶剂悬浮湿式显像剂，检测灵敏度也会很高。

溶剂去除型渗透检测法多采用非水基湿式显像剂即溶剂悬浮显像剂显像，具有较高的检测灵敏度。表 5-4 列出了溶剂去除型着色渗透检测推荐的渗透时间。

表 5-4　溶剂去除型着色渗透检测推荐的渗透时间

材料和状态	缺陷类型	渗透时间/min
各种材料	热处理裂纹	2
	磨削裂纹、疲劳裂纹	10
塑料、陶瓷	裂纹、气孔	1~5
刀具硬质合金刀具	未熔合、裂纹	1~10
合金模铸件	气孔	3~10
模铸件	气孔	3~10
	冷隔	10~20
锻件	裂纹、折叠	20
金属滚轧件	缝隙	10~20
焊缝	裂纹、气孔	10~20

2. 溶剂去除型着色渗透检测法的优缺点

(1) 溶剂去除型着色渗透检测法的优点

1) 设备简单、携带方便，无需黑光灯和暗室。

2) 操作方便，速度快。

3) 适合外场和大型试件的局部检测。

4）可在无水、电的场合进行检测。

5）缺陷污染对渗透剂的影响较小。

6）有足够的检测灵敏度。

（2）溶剂去除型着色渗透检测法的缺点

1）所用材料易燃、易挥发，不宜在开口槽中使用，安全性较差。

2）不适合大批、大量试件的检测。

3）不太适合表面粗糙试件的检测。

4）去除表面多余渗透剂操作要求严格，容易产生漏检。

5.3　特殊的渗透检测方法

特殊的渗透检测方法包括两个方面的内容，一是针对特殊的试件或试件的特殊要求，采用特殊的渗透、显像等方法，以达到对特殊试件检测的目的，或者满足试件特殊的检测要求；二是利用渗透检测的原理和方法，实现非无损检测目的的其他检测功能。

1. 静电喷涂法

大型结构试件尤其是航空航天有色金属试件在进行荧光渗透检测时，受设备容量限制，为了高效率、低成本地完成荧光渗透检测，一般采用静电喷涂法。

如图 5-9 所示，静电喷涂法是把被检试件接地作为正极，在喷枪枪头上装有负高压尖端放电电极，从喷枪喷出的荧光渗透剂或显像粉微粒通过尖端放电而被带上负电。在高压静电场的作用下，被吸引到离喷头最近且接地良好的试件表面上。喷涂时，喷嘴与试件距离要正确控制，通常在 200～300mm 范围之内。操作正确时，可保证喷射量的 70%以上全部落到试件上。在喷涂现场，除被喷涂试件外，操作者本人、喷射室的侧面以及试件附近的物品都是接地的，注意不要让喷枪头接近它们，以免荧光渗透剂或显像粉喷到不应该喷涂的地方。

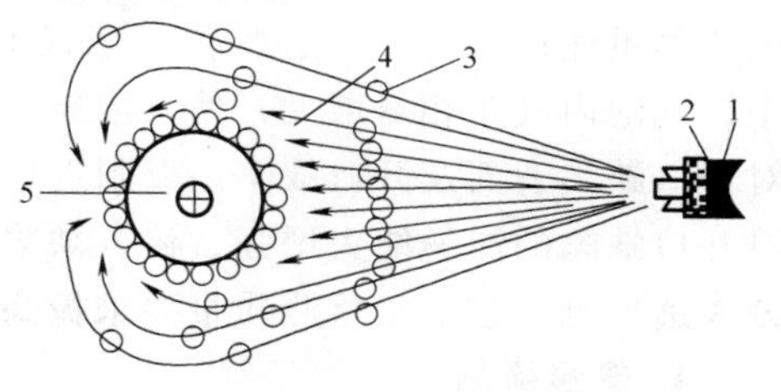

图 5-9　静电喷涂

1—喷枪头　2—特殊电极　3—负电离子　4—静电场区　5—正极接地试件

荧光渗透剂在静电场作用下吸附到试件表面上，因而与试件表面接触紧密，有利于渗入表面开口缺陷中去。荧光渗透剂喷涂后不再回收，因为每次喷出的应为干净、未受污染的荧光渗透剂，保证了灵敏度的要求。显像粉通过静电喷枪能迅速地覆盖试件表面，牢固地吸在试件上，更有利于显像。

静电喷涂时，喷涂荧光渗透剂、清洗试件、干燥试件和喷涂显像粉都可在同一工作台上进行，因此大大节省了占地面积。

静电喷涂法通常采用水洗型荧光渗透剂，操作过程与可水洗型荧光检测相同。这种方法要求的设备复杂，费用较高，不能广泛采用。

2. 加载法

在荧光渗透检测过程中，采用机械加载方法对被检试件加上一定的应力载荷，使试件表面上的微小裂纹张开，从而使荧光渗透剂更方便地渗透进去，便于提高用普通的荧光渗透检测法检测不出的微小裂纹的检出概率。对诸如疲劳裂纹、应力腐蚀裂纹等在役设备试件缺陷的检测是非常有效的。

加载法通常有如下两种方式：

1）只是在试件进行渗透这道工序时慢慢地对试件加载，一直加载到规定的载荷力。裂纹张开，渗透剂渗入其中，然后解除载荷，以后各道工序都和普通方法相同，一般采用的是后乳化型渗透检测方法。

2）在试件进行渗透和检测这两道工序中都施加载荷，通常不用显像剂，为自显像法。试件在加载情况下进行检测，在反复载荷的作用下，裂纹一张一合，裂纹中的渗透剂也在紫外线照射下一闪一闪地发光，犹如星星闪烁一样，故这种加载法又称为“闪烁法”。

加载法通常用来检查发动机试件，如涡轮叶片、压气机盘、压气机长轴。这种方法需要特殊的夹具，而且要选择适当的加载方法，如叶片要加弯曲载荷，长轴要加扭转力矩，检查压气机盘样槽中的裂纹要加切向载荷。

加载法的效果虽然很好，但由于工序复杂且耗费时间，所以效率较低。

3. 超声波增渗荧光渗透检测

超声波增渗荧光渗透检测法也用于荧光渗透检测，荧光渗透槽整个就是一个超声波清洗槽。超声波渗透槽底面和侧面内装有大功率超声波晶片，超声波发生器起动后，晶片发生高频振动，在液态的荧光渗透剂中产生超声波清洗效应的空化作用，激发溶解在荧光渗透剂中的空气迅速形成气泡，这些暂稳态气泡形成后不久，向液面上升浮起。随着液体压力的减小，气泡内气压相对增大，使气泡破裂产生冲击波，不断地冲刷试件表面，能在很短时间内对开口缺陷表面及开口缺陷内壁附近进行清洗，使缺陷变得越来越干净，从而使荧光渗透剂对开口缺陷的渗透能力增强，渗入缺陷中的荧光渗透剂就越多，提高了渗透检测的灵敏度。该渗透检测工艺适于检测质量要求极高的试件以及无法预清洗的试件。

4. 渗漏检测

渗漏检测是检测泄漏方法的一种，它利用荧光渗透剂的强渗透性，从试件的一个面施加荧光渗透剂，从试件对应的另一侧表面观察渗透剂渗出的情况，从而检测试件有无穿透性缺陷。比如，在对砂型铸造的铝合金铸件检测的过程中，可以采用此方法检查铸件疏松缺陷是否穿透。

渗漏检测法操作简单，只需在被检部位涂覆上渗透剂，一定的时间后，在试件的对应面检测就可以了，不需要清洗、干燥、显像等步骤。渗漏检测用的荧光液多为荧光渗透剂，荧光渗透剂不必从试件表面上去除，故即使是粗糙的试件，也可以采用高灵敏度的后乳化型荧光渗透剂。

渗漏检测所需的渗透时间比一般渗透检测方法要长。渗透时间越长，检测效果越可靠。因此，渗透时间最长可达 12h 以上。这种方法多用于密封容器的焊缝检测。

5. 着色荧光渗透检测法

着色荧光渗透剂既具有着色渗透剂的优点，又具有荧光渗透剂的优点，其操作过程与着色检测完全一样。不同的是缺陷的显示在白光下可以看见，通常为红色显示，在紫外线照射下可发出明亮的荧光。着色荧光渗透检测方法的缺陷显示可先在白光下进行检测，对试件上的重要部位或在白光下检测有怀疑的部位再在紫外线下检测，即在白光下进行低灵敏度检测，在紫外线下进行高灵敏检测。着色荧光渗透剂中的染料是一种能在白光下呈鲜红色，又能在紫外线照射下发出荧光的特殊染料。

6. 水基荧光检测法

某些试件，如盛液态氧的导弹或火箭容器，不允许接触油类液体，即使量很少也不允许。因为液氧与油相遇后在静电或火星作用下，极容易发生爆炸，所以禁止使用油基荧光渗透剂；又如某些塑料试件、橡胶试件，易与油类或煤油分馏物起作用而被损坏。以上情况，都需要用水基荧光渗透剂进行检测。

采用水基荧光渗透剂、价格便宜、不可燃、无味、无毒，但用水作渗透剂，渗透能力差、灵敏度不高，对试件有一定腐蚀性，故广泛应用受到限制。

7. 非标准温度范围的检测方法

当渗透检测不可能在标准或工艺规定的温度环境下完成时，必须对非标准温度环境下的检测方法做出鉴定。通常采用分体式铝合金裂纹试块进行鉴定，鉴定方法如下：将分体试块的一部分在标准方法（含标准温度）下进行正常程序检测，记录试块上所显示的裂纹痕迹（包括裂纹显示条数、长度、宽度、分布等）。然后将分体试块的另一部分在现环境温度下进行检测，通过延长渗透时间、延长显像时间、多润湿试件表面等手段，进行渗透检测，然后也记录其检测结果，并对两个检测结果进行鉴定评价，然后做出非标准温度下检测方法、检测参数的调整，以达到最终能够检测的目的。

5.4　渗透检测方法的选择

渗透检测方法的选择，首先应该考虑的是试件缺陷类型和检测灵敏度。选择渗透检测方法时必须考虑试件的表面粗糙度、试件数量、试件规格大小、检测现场的水源、电源等条件。还要考虑检测成本，当然，这个成本不仅包括检测材料的费用，还包括检测时间、人员工时成本等。任何一种渗透检测灵敏度级别、检测材料和工艺方法并不一定适合所有检测场合。灵敏度选择满足适用原则，即只要满足渗透检测灵敏度，不必刻意提高灵敏度级别。在相同的条件下，荧光渗透检测法的检测灵敏度一般要优于着色渗透检测法。

对于细而小的裂纹、宽而浅的裂纹以及表面粗糙度值低的试件，适宜选用后乳化型荧光渗透检测法、后乳化型着色渗透检测法或溶剂去除型荧光渗透检测法。

对于磨削裂纹、疲劳裂纹、应力腐蚀裂纹、腐蚀裂纹、氢脆裂纹等，适宜选用后乳化型荧光渗透检测法或溶剂去除型荧光渗透检测法。

如果检测现场没有水源、电源，则适宜选用溶剂去除型着色渗透检测法。

对于表面粗糙度值较高且检测灵敏度要求较低的试件，适宜选用水洗型荧光渗透检测法或水洗型着色渗透检测法。

对于大型试件的局部检测，适宜选用溶剂去除型着色渗透检测法或溶剂去除型荧光渗透检测法。

对于数量极多的试件的检测，适宜选用水洗型荧光渗透检测法或水洗型着色渗透检测法。但水洗型着色渗透检测法灵敏度太低，除特殊情况外，一般不宜使用。

另外，对于含铁、镍等元素的黑色金属铁磁性材料的试件，应优先选用磁粉检测法，一般不选用渗透检测法。

实际渗透检测过程中，可以允许以高灵敏度等级的渗透剂代替低灵敏度等级的渗透剂进行检测，但不允许以低灵敏度等级的渗透剂代替高灵敏度等级的渗透剂进行检测。

此外，选择合适的显像方法对保证渗透检测的灵敏度也是极其重要的。

表面粗糙度值小的试件，不适宜采用干粉显像剂，一般采用湿式显像；表面粗糙度值大的试件表面，则适宜采用干粉显像剂显像；湿式显像剂容易在试件的微小特殊部位聚集而掩盖缺陷显示；溶剂悬浮显像剂对微小裂纹的显示十分有效，且显像速度极快、灵敏度高，但对浅而宽的缺陷的显示效果则较差，且缺陷显示的细节清晰度要差一些；自显像方法必须要经过大量工艺试验且经过有关部门评审通过后才能批准使用。

需要指出的是，通常经过着色检测的试件，不允许再进行荧光渗透检测，因为残存在缺陷中的着色渗透剂会减少或熄灭荧光亮度，造成漏检。

各种渗透检测方法均有其优缺点，具体选择时应注意以下几个方面：

1）要考虑检测缺陷的类型和灵敏度的要求。

2）考虑被检试件的大小、数量、表面粗糙度以及检测现场的水源、电源等情况。

3）灵敏度级别达到预期检测目的即可，并不是灵敏度级别越高越好；相同条件下，荧光渗透检测法比着色渗透检测法有更高的检测灵敏度。

4）灵敏度要根据检测技术和检测费用综合考虑。

表5-5列出了渗透检测方法选择指南。

表5-5　渗透检测方法选择指南

对象	条件	渗透剂	显像剂
预期检出的缺陷	浅而宽的缺陷、深度小于10μm的细微缺陷	后乳化型荧光渗透剂	水基湿式、非水基湿式；缺陷长度达几毫米以上，可用干式
	深度为30μm及30μm以上的缺陷	水洗型渗透剂 溶剂去除型渗透剂	水基湿式、非水基湿式、干式（只用于荧光）
	靠近或聚集的缺陷以及需观察表面形状的缺陷	水洗型荧光渗透剂 后乳化型荧光渗透剂	干式
被检试件	连续检测小批量试件	水洗型荧光渗透剂 后乳化型荧光渗透剂	湿式、干式
	间歇不定期检测少量试件及大试件、结构件的局部检测	溶剂去除型渗透剂	非水基湿式
试件表面质量	表面粗糙的锻、铸件 螺钉及键槽的拐角处	水洗型渗透剂	干式（只用于荧光）、水基湿式、非水基湿式
	车削、刨削加工面	水洗型渗透剂 溶剂去除型渗透剂	
	磨削、抛光加工面	后乳化型荧光渗透剂	
	焊缝及其他缓慢起伏的凹凸面	水洗型渗透剂 溶剂去除型渗透剂	
设备条件	试验场地无暗室	溶剂去除型着色渗透剂 水洗型着色渗透剂	水基湿式、非水基湿式
	无水、电设备场所、高空作业	溶剂去除型着色渗透剂	非水基湿式
其他	要求重复检测（最多重复5~6次）	溶剂去除型着色渗透剂 后乳化型荧光渗透剂	非水基湿式、干式
	泄漏检测	水洗型荧光渗透剂 后乳化型荧光渗透剂	自显像、干式、非水基湿式

技能训练 渗透检测工艺卡识读

一、目标

1）掌握渗透检测工艺卡的用途。

2）能够识读渗透检测工艺卡。

二、设备和器材

渗透检测工艺卡。

三、测试内容和步骤

1）识读工艺卡中每一栏填写内容的含义和要求。

2）核对工艺卡号，同时核对被检试件的件号与工艺卡中的件号是否一致。

3）逐个核对产品编号、产品名称、产品规格和材质、被检试件表面状态等相关信息是否与工艺卡中的内容一致。

4）确定渗透检测时机、检测环境温度是否与工艺卡一致。

5）熟悉工艺卡中所提供的渗透检测有关工艺参数，即所采用的灵敏度试块型号、渗透检测剂牌号、渗透时间、渗透温度、乳化时间、干燥时间、显像时间、清洗方法及观察条件等。

复 习 题

一、判断题（正确的画√，错误的画×）

1. 为了避免使用水洗型渗透剂时产生过清洗，通常让冲水方向与工件表面相垂直。（ ）

2. 施加检测剂时，应注意使渗透剂在工件表面上始终保持润湿状态。（ ）

3. 一般情况下，表面比较粗糙的工件宜选用水洗型渗透剂；缺陷大而深度浅的工件宜选用后乳化型渗透剂。（ ）

4. 一般来说，采用后乳化型荧光渗透检测法较水洗型荧光渗透检测法灵敏度高。（ ）

5. 后乳化型渗透检测法施加乳化剂时可用喷涂法、刷涂法和浇涂法。（ ）

二、选择题（从四个答案中选择一个正确答案）

1. 当缺陷的宽度窄到与渗透剂中染料分子同数量级时，渗透剂（ ）。

A. 容易渗入　　B. 不易渗入

C. 是否容易深入还与溶剂有关　　D. 不受影响

2. 渗透检测容易检测的表面缺陷有（ ）。

A. 较大的宽度　　B. 较大的深度　　C. 较大的深宽比　　D. 较小的深宽比

3. 液体渗透剂渗入缺陷中的趋向主要依赖于（ ）。

A. 渗透剂的黏度　　B. 毛细作用力

C. 渗透剂的化学稳定性　　D. 渗透剂的密度

4. 乳化剂用来（ ）。

A. 将缺陷中的渗透剂洗出

B. 在使用水和油溶性渗透剂时有助于清洗试件表面

C. 乳化油溶性渗透剂使之能被水洗掉

D. 施加渗透剂预清洗试件

5. 用粗水柱喷射法清洗施加过水洗型渗透剂的表面，为什么能除去多余的渗透剂，而不能把缺陷中的渗透剂去除掉？（　　）。

A. 由于渗透剂已被显像剂吸出，故不会从缺陷中被清洗掉

B. 由于水洗型渗透剂不溶于水，喷洗时只要把渗透剂推出表面即可

C. 由于水滴很大，不会进入大多数缺陷中

D. 不得使用水喷洗清洗，只能使用蘸水的抹布擦洗

6. 下列显像方式中，分辨力比较高的是（　　）。

A. 湿式显像　　B. 自显像

C. 干式显像　　D. 塑料薄膜显像

7. 什么方法对浅而宽的缺陷最灵敏？（　　）。

A. 水洗型荧光渗透检测　　B. 后乳化型着色渗透检测

C. 溶剂去除型着色渗透检测　　D. 后乳化型荧光渗透检测

8. 检测多孔性烧结陶瓷用什么方法好？（　　）。

A. 过滤性微粒方法　　B. 带电粒子法

C. 脆性漆层法　　D. 后乳化型着色法

9. 选择渗透检测类型的原则是（　　）。

A. 高空、野外作业适宜选用溶剂清洗型着色渗透检测

B. 粗糙表面宜选用水洗型渗透检测

C. 要求较高的工件宜用后乳化型荧光渗透检测

D. 以上都是

10. 渗透剂在被检工件表面的喷涂应（　　）。

A. 越多越好

B. 保证覆盖全部被检表面，并保持不干状态

C. 渗透时间尽可能长

D. 只要渗透时间足够，是否保持不干状态并不重要

11. 工业应用中，下列哪种技术可有效地促进渗透（　　）

A. 加热渗透剂　　B. 适当地振动工件

C. 抽真空和加压　　D. 超声泵

12. 渗透剂的去除清洗要求是（　　）。

A. 把试件表面的渗透剂刚好去除掉　　B. 清洗得越干净越好

C. 保持一定背景水平　　D. 要视显像要求而定

13. 后乳化型渗透剂中一般也包括表面活性剂，它的作用是（　　）。

A. 乳化作用　　B. 润湿作用

C. 渗透作用　　D. 化学作用

14. 后乳化型渗透检测时，乳化时间过长最可能造成的后果是（　　）。

A. 在试件上形成大量的不相关显示　　B. 浅的表面缺陷可能漏检

C. 水洗后可能留下多余的渗透剂　　D. 形成凝胶阻碍显像

15. 进行后乳化渗透检测时，若在清洗时发生困难或发现背景水平太高，可用下列方法克服（　　）。

A. 重新涂一层乳化剂

B. 增加清洗水压

C. 重复全部工序，从表面清理做起，增加乳化时间

D. 将工件浸在沸水中

三、问答题

1. 渗透检测的基本步骤包括哪几个主要阶段？
2. 渗透检测各个处理工序应注意哪些事项？
3. 渗透检测前，为什么要对被检测面进行预处理？
4. 清除被检试件表面污物有哪些方法？各种方法应注意哪些事项？
5. 施加渗透剂的方法有哪些？各种方法的适用范围是什么？
6. 施加渗透剂时为什么要控制渗透时间及渗透温度？
7. 去除工序的基本要求是什么？去除多余渗透剂的方法有哪些？各种方法应注意哪些事项？
8. 根据清洗方式和显像方式的不同如何安排干燥工序？
9. 干燥的方法有哪些？实际中如何选择这些方法？
10. 什么是“热浸”技术？为什么不推荐使用“热浸”技术？
11. 常用的显像方法有哪些？各有什么特点？
12. 为什么要控制显像剂覆盖层的厚度？
13. 试比较干式显像和湿式显像的不同。
14. 显像剂的选择原则有哪些？
15. 观察和评定缺陷时应注意哪些事项？
16. 后处理的方法有哪些？
17. 当出现什么情况时需进行复验？
18. 试写出水洗型渗透检测的工艺流程和适用范围。
19. 试写出后乳化型渗透检测的工艺流程和适用范围。
20. 试写出溶剂清洗型渗透检测的工艺流程和适用范围。
21. 渗透检测方法的选择应考虑哪些因素？试举例说明。
22. 简述静电喷涂法的工作原理及优点。
23. 简述加载法的工作原理及优点。

第6章 痕迹显示的解释和评定

痕迹显示的解释是指对观察到的显示（荧光显示或着色显示）进行观察和分析，确定产生这些显示的原因及分类的过程。渗透显示的精确显现受许多因素的影响，如渗透系统的选择、试件制造工序、采用的渗透检测技术以及前期检验对渗透显示的影响。检测人员必须通晓所用检测技术及其对渗透显示的影响，正确理解渗透检测过程。评定是指对不连续的严重程度按规定的质量验收标准进行审查。评定在解释之后进行，对材料或试件表面上观察到的所有相关显示需要进行测定、统计，根据指定的验收标准进行评级，对显示影响部件使用可靠性或安全性的程度做出评价，以便决定验收或拒收。

6.1 缺陷的定义和分类

无损检测是指在不破坏试件外形和性能的情况下，检测该试件的表面或内部的结构（连续或不连续）和性能的技术。不连续性是指材料在机械、金属等物理特性方面缺乏均一性，它们可以用无损检测方法检测出来。缺陷是不连续性的一部分，但不连续性不一定是缺陷。通常把能够引起或可能引起材料在固性方面的中断或不连续性称为缺陷，它将降低材料的强度和工作特性。

缺陷可分为两类：一类是超标缺陷，国外用 Defects 表示，是因累计的影响（例如裂纹总长等）使材料或产品不能满足验收标准或技术要求的一种不连续性，即不合格性；另一类是对材料或产品的坚固性有不良影响但尚可容许的不连续性，称为容许缺陷，用 Flaw 表示。

在工程实践中，金属或其他材料在熔融焊接、冶炼铸造、滚轧锻造、机械加工、热处理等过程以及试件使用过程中都会产生缺陷。

6.2 痕迹显示的分类

渗透检测所得到的显示（又称为痕迹、痕迹显示）是判别缺陷或不连续存在的依据，但并非所有的显示都是由缺陷或不连续引起的。痕迹的解释是对观察到的显示进行分析研究，确定这些显示产生的原因，即确定显示是由缺陷引起的，或是由于试件的结构等不相关原因引起的，或仅是由于表面未清洗干净而残留的渗透剂，或由于某种污染引起的虚假缺陷显示。一般而言，如果采用荧光渗透剂且在黑光（紫外线）照射下检测，则完好部位呈现深紫蓝色，而不连续处发出明亮的黄绿光；此荧光强度与截留在缺陷中的渗透剂容量和浓度有关。如果采用着色渗透剂在普通白光下检验，则由显像剂形成白色本底，而缺陷处便形成了可见的红色指示，色泽浓密与缺陷截留渗透剂容量密切相关。

渗透检测后，对所观察到的不连续的显示进行分析，确定显示的形成原因和显示的量值。显示的量值可用来估计不连续的量值，显示的宽度和亮度可用来大致度量不连续的深度。裂缝越深，截留的渗透剂越多，其宽度越大或亮度越高；非常细微的开口，只能截留少量的渗透剂，因而呈细微的浅状显示。

痕迹显示一般可分为相关显示、非相关显示和伪显示三种类型。

1. 相关显示

相关显示是指由缺陷或不连续引起的，是缺陷或不连续存在的标志。渗透检测中常见的缺陷有裂纹、气孔、夹杂、疏松、折叠、冷隔、分层、未熔合和未焊透等。在渗透检测过程中分析产生相关显示的原因，对显示影响构件使用安全性的程度做出评定，关键在于渗透检测人员。检测人员必须熟悉所用的检测方法，熟知材料、制造加工工艺，了解材料的各种缺陷特征和制造加工中可能产生哪些缺陷，同时具备有关在役构件失效方面的知识，尽可能使检测评定结果准确可靠。

2. 非相关显示

非相关显示是指不是由缺陷或不连续引起的显示，该类非相关显示不作为渗透检测评定的依据。根据造成非相关显示的原因不同，主要分为以下三类：

1）由试件的加工和装配造成的非相关显示，例如装配压印、铆接印和电焊时未焊接部位所产生的显示。

2）由试件的结构外形的间断引起的非相关显示，例如键槽、花键和装配结合缝等引起的显示，这类显示常发生在试件的几何不连续处。

3）由于机械损伤、划伤、刻痕、凹坑、毛刺、焊斑或松散的氧化层等原因引起的非相关显示。

非相关显示引起的原因一般用肉眼目视检测来证实，或擦去显像剂后直接观察试件的表面，确定其形成的原因。

3. 伪显示

伪显示及其产生原因是试件表面被渗透剂污染而引起的渗透剂显示，这种显示是由于操作或处理方法不当产生的显示，故也常将这类显示称为伪缺陷显示。产生伪显示的主要原因包括：操作者的手被渗透剂污染在试件表面显示的手指印纹；在被渗透剂污染的检验工作台上检验试件；使用被渗透剂污染的显像剂；被渗透剂污染的抹布或棉花纤维引起的纤维绒毛印；清洗时，渗透剂飞溅到干净的试件上；试件筐、吊具上残留的渗透剂与已清洗干净的试件相接触造成的污染；试件上缺陷处渗出的渗透剂污染了相邻的被检试件。

从显示的特征来分析，伪显示是较容易判别的。用蘸有少量清洗剂的棉球擦拭，快速施加显像剂补充显像，若再次出现显示，则为相关显示；用放大镜观察有划痕、刻痕等为非相关显示。伪显示很容易擦去，且不会重新出现。同时结合试件的结构形状来排除非相关显示。

影响渗透检测的痕迹显示解释的因素如下：

（1）渗透检测剂系统的选择　渗透检测剂系统中渗透剂和显像剂的选用决定了渗透检测方法的灵敏度，为了达到最佳的检测效果，应选择合适的渗透检测剂系统。

（2）试件制造工序　试件的前道工序（如机加工、热处理）会较大程度地影响渗透显示。金属制造工序对渗透显示的影响见表6-1。为确保渗透检测的有效性，要合理安排工序。工序安排总的要求如下。

1）渗透检测一般紧接在最容易产生缺陷的工序后进行。

2）渗透检测应在表面处理（喷漆、阳极化、电镀等）之前、热处理之后进行。

3）如果需要两次以上的热处理，可在温度最高的一次热处理之后进行。

4）试件要求腐蚀检验时，渗透检测应紧接在腐蚀工序之后进行。

5）矫直、磨削、焊接、机械加工等容易产生裂纹或暴露出内部存在缺陷的操作，渗透检测应在这些操作完成后进行。

6）渗透检测通常在喷丸强化、研磨操作之前进行，如果喷丸、研磨之后要求检测，则应进行腐蚀处理，使表面开口充分暴露出来后进行检测。

表 6-1 金属制造工序对渗透显示的影响

工序	对缺陷的影响	非相关显示
研磨、衍磨	开口将堵塞	油和油脂可能发出的荧光
锻造	局部折叠封闭	氧化皮保持的渗透剂
喷丸	开口封闭	
铸造或焊接		粗糙表面保持的渗透剂
磨光	金属流线覆盖缺陷	
热处理		氧化皮保持的渗透剂
喷漆或电镀	开口被填充满	
阳极处理	荧光减弱	氧化疏松吸收渗透剂
铬盐酸处理	荧光减弱	
不通孔粗机加工		难以清除多余渗透剂

使用过的试件应去除表面积炭层、氧化层、涂层或漆层后才能进行渗透检测。但阳极化层可不去除，直接进行渗透检测。完整无缺的脆漆层可不必去除而直接进行渗透检测，如果在脆漆层发现裂纹，可去除裂纹部位及其附近的漆层再用渗透检测法检查基体金属上有无裂纹。

（3）前期检测对渗透显示的影响　试件进行磁粉检测后，缺陷可能被磁粉充满或堆积，因此在渗透检测时缺陷无法检出。经过着色渗透检测的试件再用荧光渗透检测时，由于颜色吸收入射的紫外线，或许减弱甚至熄灭荧光而影响荧光检测的灵敏度，可能使缺陷漏检。荧光渗透检测可以检出的缺陷，接着用着色渗透检测时，会因荧光渗透剂影响着色渗透剂的可见度而使缺陷漏检。因此，如果试件在前期采用其他方法进行过检测，则必须将试件彻底清洗后才能进行渗透检测。

（4）采用的渗透检测技术　被检试件的表面状态、试件或渗透剂的温度、渗透和清洗时间、显像时间和检测条件等影响渗透检测技术的灵敏度，同时也影响渗透检测的痕迹显示。

6.3 缺陷显示的分类

渗透检测的缺陷显示受各种因素的影响，渗透痕迹显示在渗透剂渗入表面开口处后才会显现出来的。缺陷显示的分类一般是根据显示的形状、尺寸和分布状况进行的。不同的渗透检测验收标准对缺陷显示的分类也不尽相同。在实际工作中，应根据被检测的试件所采用的渗透检测的质量验收标准进行分类。下面简要介绍常见的分类方法。

1. 连续线性显示

连续线性缺陷显示通常是指长度（L）与宽度（B）之比大于 3 的缺陷显示。一条裂缝的渗透显示往往呈连续的线状，如图 6-1a 所示，其宽度和荧光的亮度或色泽取决于裂缝中渗透剂的容量。由于裂缝断面形状不同，故其线状显示可能非常直，或者参差不齐。铸件表面上的冷隔也呈连续的线状，但一般较狭窄，这是由于冷隔是两股金属流汇合时未完全熔合为一体所致；冷隔的渗透显示轮廓大多平滑，但不呈锯齿状。锻件的折叠也可能形成连续的线状渗透显示。

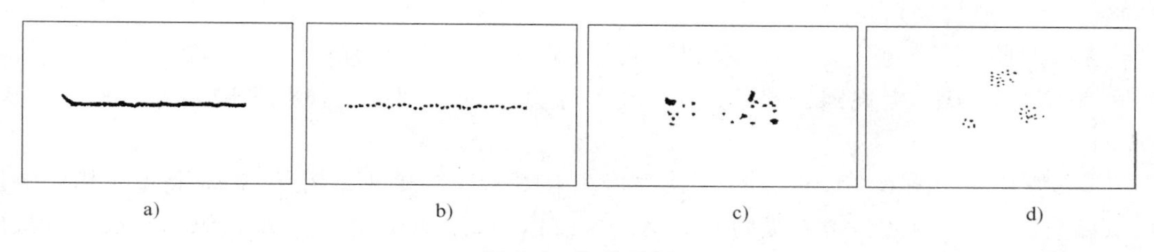

图 6-1　缺陷显示

a）连续线性显示　b）断续线性显示　c）圆形显示　d）点状密集渗透显示

2. 断续线性显示

断续线状显示是指在一条直线或曲线上存在距离较近的缺陷所组成的显示，如图 6-1b 所示。许多试件在锻造、磨削、机加工、喷丸或吹砂时，原来开口于表面上的线性缺陷可能由于部分堵塞，其形成的渗透显示呈断续的线状。在处理这类缺陷时，应作为一个连续的长缺陷处理，即按一条线性缺陷进行评定。NB/T 47013.5—2015 规定：当两条或两条以上缺陷线性显示大致在一条直线上且间距不大于 2mm 时，按一条缺陷显示处理，其长度为两条缺陷显示之和加间距。

3. 圆形显示

将长宽比不大于 3 的显示都称为圆形显示，如图 6-1c 所示。渗透显示呈圆形时，表示铸件有气孔或针孔，或者是试件表面中具有大面积不完好。显示之所以呈圆形，是由于实际的缺陷轮廓可能不规则，被截留的渗透剂容量较大。深的表面裂纹由于显像时能吸附出较多的渗透剂，也可能在缺陷处扩散而形成圆形显示。

4. 点状密集渗透显示

图 6-1d 所示的小点状渗透显示是由于铸件有小的针孔或收缩引起的空穴。在后一种情况下，显示往往呈显著的羊齿植物状或枝蔓状轮廓。

5. 弥散状渗透显示

渗透显示呈现大面积的弥散状，如果采用荧光渗透检测，则在缺陷处发出微弱的荧光；如果采用着色渗透检测，则缺陷处的白色本底被淡红色取代。弥散状渗透显示往往是极细小的且分布广的多孔性收缩，如镁中的显微收缩；或者是检验前清洗不充分，多余渗透剂未完全清除，显像剂层太厚；或者存在表面疏松。对弥散成一较大区域的微弱显示，通常是对相应部位重新进行渗透检测，以排除由于错误方法造成的任何虚假显示，千万不要仓促地对弥散状显示做出评价。

6.4 渗透检测常见缺陷的显示特征

渗透检测可以检测出焊接件、铸件、锻件和各种机械加工试件的表面开口缺陷。

1. 焊缝的缺陷

(1) 气孔　发光均匀而且亮度好，常产生在焊缝的起弧和断弧处及T形转角处和表面。渗透检测时，表面气孔的显示一般形状较规则，呈圆形、长圆形或椭圆形红色亮点或黄绿色荧光亮点，并均匀地向边缘减淡。由于回渗现象较为严重，气孔的缺陷显示通常会随显像时间的延长而迅速扩展。

(2) 夹渣　缺陷处发光弱而不太均匀，缺陷常出现在焊缝的边缘或基本金属和焊接金属的交接处。形状不太规则，有呈条状，也有呈片状的。用放大镜观察缺陷处有疤、凹块，不光滑。

(3) 裂纹　如图6-2所示，裂纹缺陷产生在焊缝上，有时产生在基体金属的热影响区中。焊缝裂纹有横向的，也有纵向的。横向裂纹以横切焊缝的形式出现，纵向裂纹沿焊缝的中心或基体金属与焊接金属交界处纵长延伸。

(4) 未熔合　如图6-3所示，未熔合显示呈现为直线形或椭圆形的红色条状或黄绿色荧光亮条线。渗透检测通常无法发现层间未熔合，坡口未熔合延伸到表面时渗透检测才能发现。

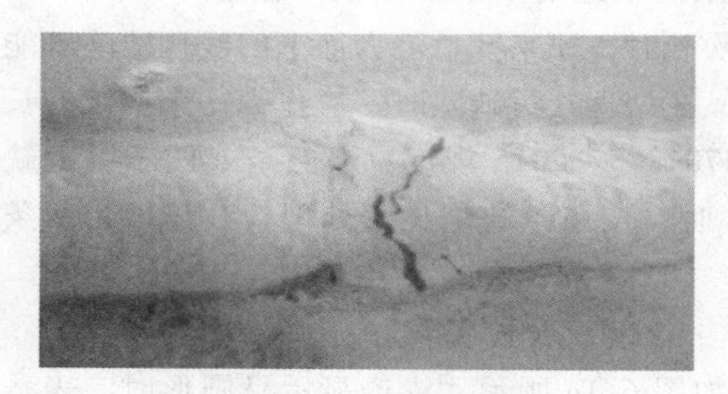

图6-2　钢材焊缝上的横向裂纹

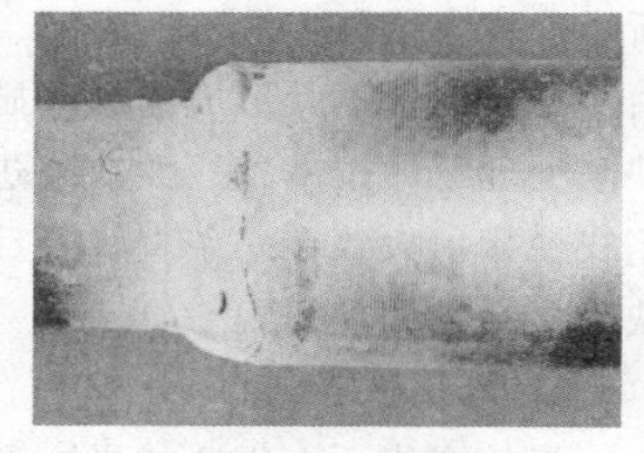

图6-3　钢管接头焊缝未熔合

(5) 未焊透　渗透检测中，能发现的未焊透显示呈一条连续或断续的红色或黄绿色荧光亮线条，宽度一般较均匀。

2. 铸件的缺陷

(1) 缩孔　在荧光灯照射下，缺陷处发光均匀，亮度较强，形状较规则，有长圆形的，也有呈球形的。缩孔多产生在铸件的厚薄断面交接处和靠近内浇口的部位等较迟凝固的部位。

(2) 疏松　如图6-4和图6-5所示。疏松缺陷处发光不均匀，其形状很不规则，呈海绵状。用放大镜观察，孔内粗糙不平。根据疏松形态不同，渗透检测时的缺陷显分为密集点状、密集条状、聚集状疏松。每个点、条、块的显示又是由无数个靠得很近的小点显示连成一片而形成的。

（3）砂眼　由于粘砂在铸件的表面或内部造成的孔穴。缺陷处发光均匀，亮度较强，形状规则，多呈点状。

（4）夹渣　夹渣是夹在铸件内部或表面的夹杂物，如图6-6和图6-7所示。露出表面的夹渣，发光较弱，而且不均匀，常出现在浇冒口和冒口切除的部位上，或出现在厚薄断面的交接处。缺陷形状极不规则，用放大镜观察，缺陷内有凹块状夹杂物，表面不光滑。

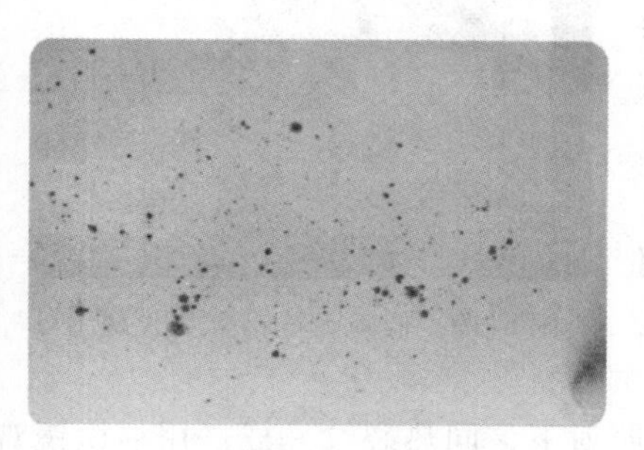

图6-4　镁合金铸件分散状疏松

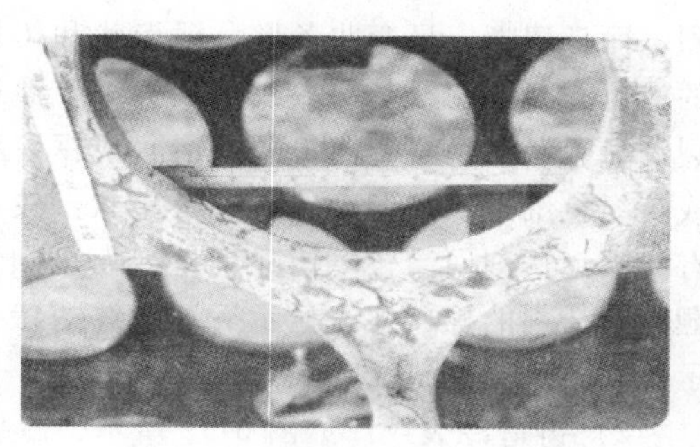

图6-5　耐热铸钢件网格状密集疏松

图6-6　叶片试件的氧化膜夹渣

图6-7　ZL101壳体试件机加后氧化物夹渣

（5）气孔　如图6-8和图6-9所示，铸件内部或表面形成的气孔缺陷发光亮而均匀，常产生在接近浇冒口和断面交接处的表面和内部，形状比较规则，呈长圆形、圆形或球形，用放大镜观察气孔内表面是光滑的。

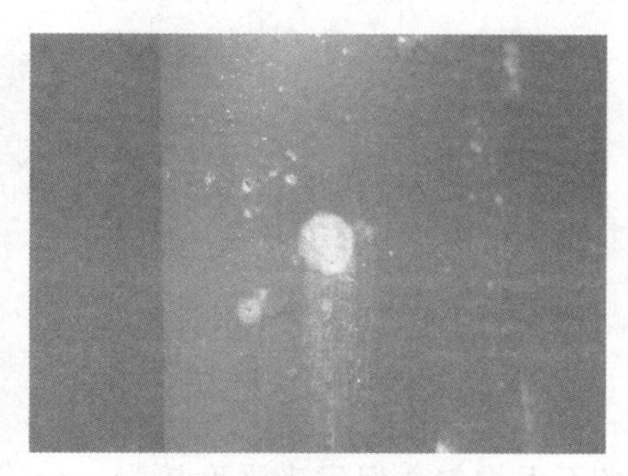

图6-8　ZL201铝合金铸件点状气孔

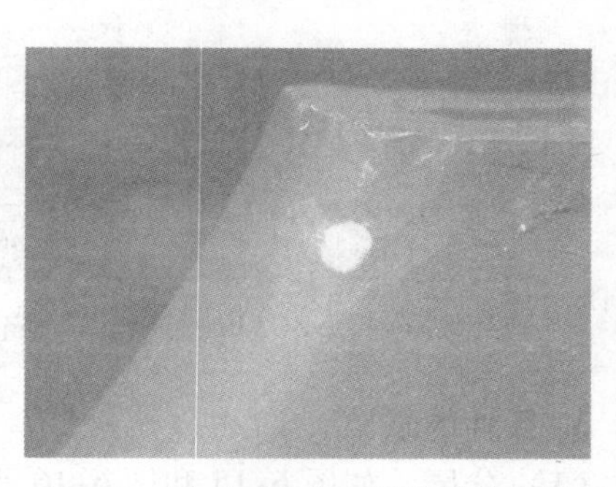

图6-9　ZL201铝合金铸件单个气孔

（6）氧化斑疤　如图 6-10 所示，缺陷呈密集网状，缺陷处发光不均匀，而且亮度较弱，其形状和产生部位均不规则，用放大镜观察，其边缘粗糙不平。缺陷边缘粗糙不平的称为氧化斑疤，边缘较整齐的称为氧化皮。

（7）铸造裂纹

1）铸造热裂纹。如图 6-11 所示，缺陷处发光强烈，而且清晰，呈弯曲条形、锯齿状和树枝状，有连续的，也有断续的，其一端或两端尖细。渗透检测时，热裂纹显示一般呈略带曲折的波浪状或锯齿状红色细条线或黄绿色细条状。但火口裂纹呈星状，较深的火口裂纹有时因渗透剂回渗较多使显示扩展而呈圆形，但如果用蘸有清洁剂的棉球擦去显示后，裂纹的特征可清楚地显示出来。

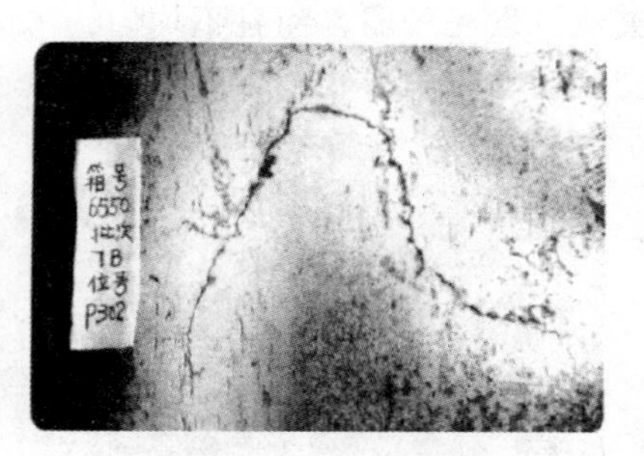

图 6-10　低碳无缝钢管氧化斑疤

2）铸造冷裂纹。如图 6-12 所示，冷裂纹在荧光灯照射下，同热裂纹一样。用显微镜观察，断口处呈光洁的未氧化或稍氧化的表面，而且往往是穿晶的。冷裂纹是在低温时产生的，一般产生在厚薄交界处。

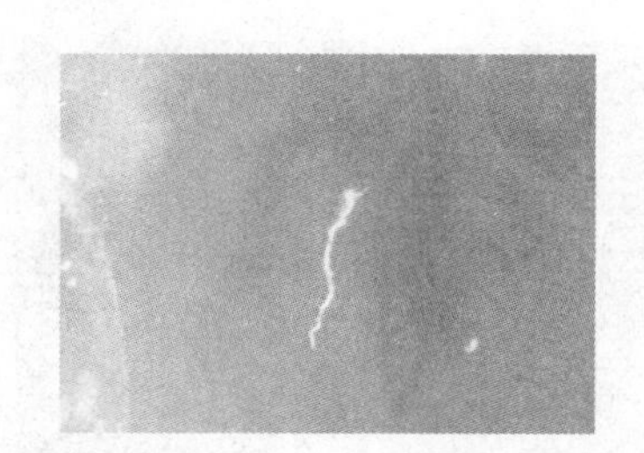

图 6-11　ZL114A 铝合金铸件铸造热裂纹

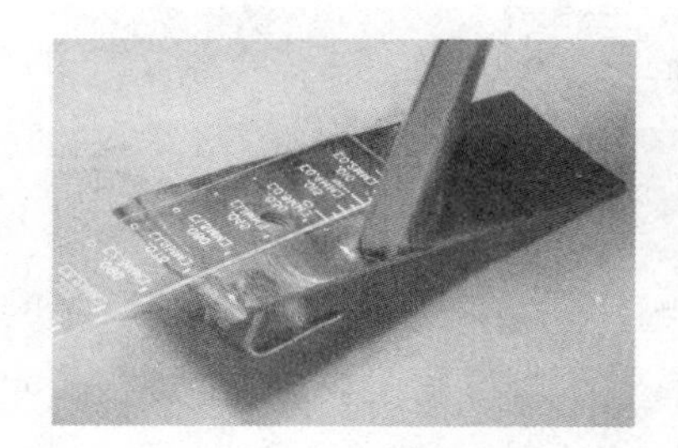

图 6-12　精铸高温合金叶片根部冷裂纹

（8）冷隔　如图 6-13 和图 6-14 所示，缺陷处发光强而较均匀，多呈条状。用放大镜观察缝隙处是圆滑的，常产生在两个方向流来的金属液交口处，或厚薄断面交接处。渗透检测时，冷隔显示为连续的或断续的光滑红色线条或黄绿色荧光亮线条。

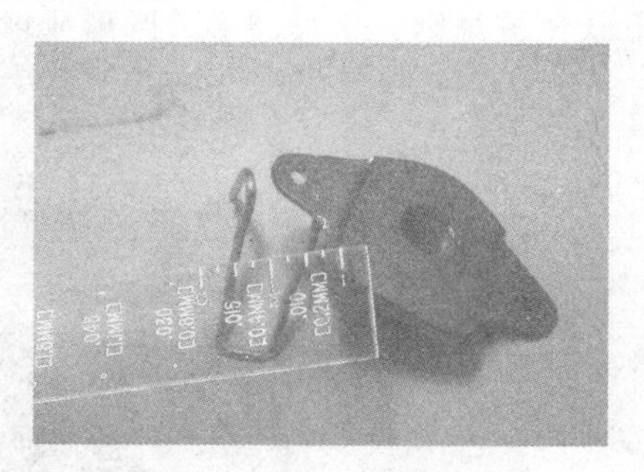

图 6-13　ZG330 支座铸件冷隔

图 6-14　不锈钢叶片铸件冷隔

3. 锻件的缺陷

（1）分层　如图 6-15 和图 6-16 所示，缺陷处发光不太均匀，但发光强度较强。分层延伸方向往往平行于锻压面，呈稍有弯曲的条形或直线条形。其产生部位极不规则，有时有小夹层伴随存在，以裂纹状出现。用放大镜观察，缺陷内高低不平。

（2）折叠　如图 6-17 和图 6-18 所示，折叠在试件表面呈弯曲线状。多出现在试件接边处或转角处，折叠两部分贴合得比较紧密，渗透剂较难渗入，故一般荧光显示较弱。渗透检测显示呈连续或断续红色线条或黄绿色荧光亮线条。

图 6-15　不锈钢锻件的分层

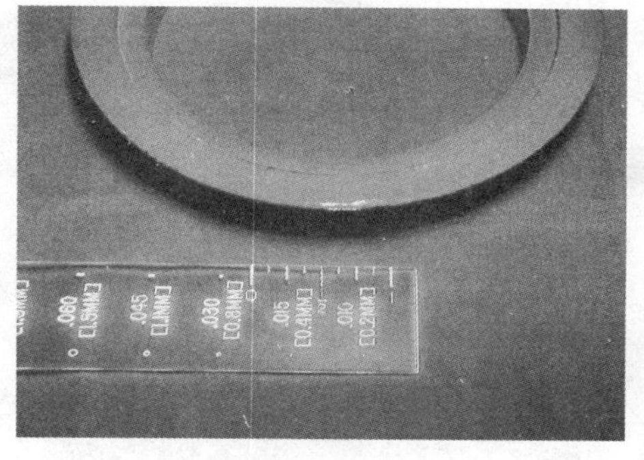

图 6-16　LD5 锻件垫圈分层

图 6-17　不锈钢锻造弯头弯曲部位的折叠链条

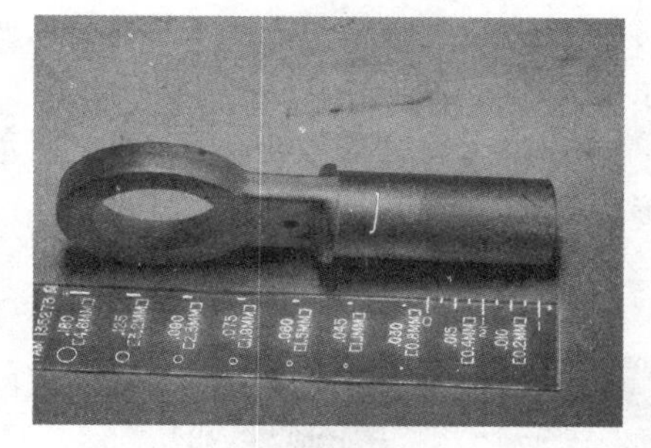

图 6-18　2A70 铝合金摇臂模锻件折叠

（3）裂纹　如图 6-19 和图 6-20 所示，缺陷处发光强而较均匀，呈锯齿状。在孔穴边缘也可能产生这种缺陷，用显微镜观察，缺陷处高低不平，有晶粒结晶和氧化现象。

图 6-19　黄铜气动阀门锻件的锻造裂纹

图 6-20　不锈钢模锻件端部裂纹

（4）白点　渗透检测时，缺陷显示为在横向断口上为辐射状不规则分布的小裂纹，在纵向断口上呈弯曲线状，或圆形、椭圆形的斑点。

4. 其他缺陷

（1）磨削裂纹　如图 6-21 所示，磨削裂纹的渗透显示呈红色断续条纹，有时呈现为红色网状条纹或黄绿色荧光亮网状条纹。

（2）淬火裂纹　如图 6-22 所示，热处理淬火过程中产生的淬火裂纹的渗透显示呈红色或明亮黄绿色的细线条，或呈线状、树枝状或网状，裂纹起源处宽度较宽，沿延伸方向逐渐变细。

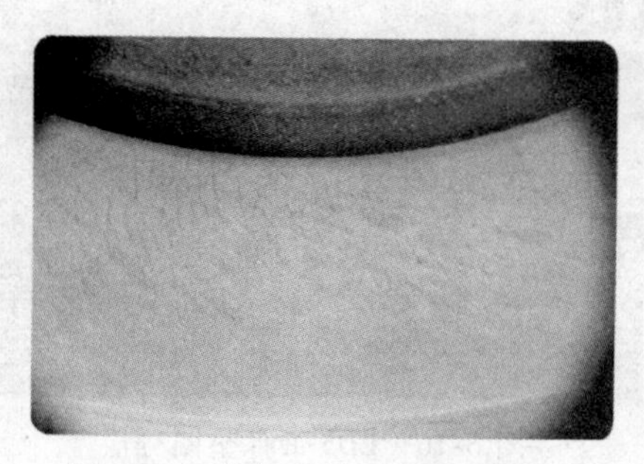

图 6-21　轧辊研磨面的磨削裂纹

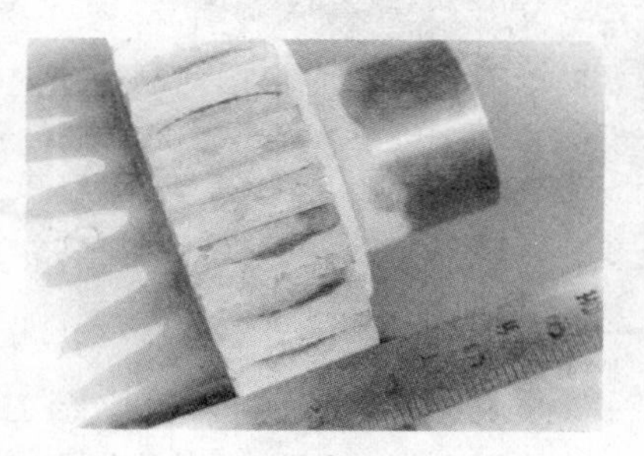

图 6-22　齿轮热处理淬火裂纹

（3）疲劳裂纹　如图 6-23 所示，疲劳裂纹的渗透显示呈红色光滑线条或黄绿色荧光亮线条。

（4）应力腐蚀裂纹　如图 6-24 所示，应力腐蚀裂纹的渗透显示常伴有腐蚀点，呈红色圆形亮点或黄绿色荧光亮点。

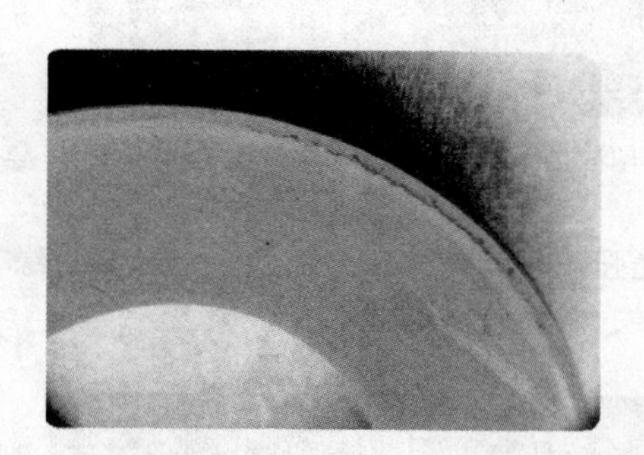

图 6-23　渗碳钢表面产生的疲劳裂纹

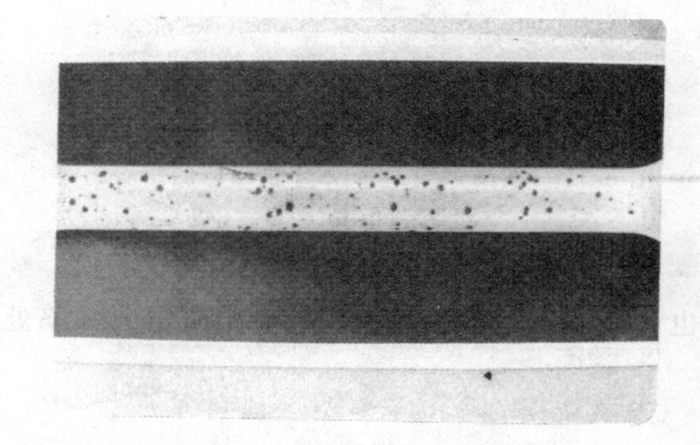

图 6-24　在役件应力腐蚀裂纹

渗透检测缺陷显示特征见表 6-2，其他的显示图例见附录 A。

表 6-2　渗透检测缺陷显示的特征

缺陷名称	显示特征及位置
焊接冷裂纹	一般呈直线状红色或明亮黄绿色细线条，中部稍宽，两端尖细，颜色或亮度逐渐减淡，直到最后消失
焊接热裂纹	热裂纹显示一般呈带曲折的波浪状或锯齿状红色细条线或黄绿色细条状
铸造裂纹	裂纹痕迹显示呈锯齿状和端部尖细的特点。但深的裂纹痕迹显示，由于回渗的渗透剂较多，会失去裂纹的外形，有时甚至呈圆形痕迹显示

（续）

缺陷名称	显示特征及位置
淬火裂纹	呈红色或明亮黄绿色的细线条显示，呈线状、树枝状或网状，裂纹起源处宽度较宽，沿延伸方向逐渐变细
磨削裂纹	显示呈红色断续条纹，有时呈现为红色网状条纹或黄绿色荧光亮网状条纹
疲劳裂纹	缺陷显示呈红色光滑线条或黄绿色荧光亮线条
线状疏松	呈各种形状的短线条，散乱分布，多成群出现在铸件的孔壁或均匀板壁上
冷隔	显示为连续的或断续的光滑红色线条或黄绿色荧光亮线条
未焊透	能发现的未焊透显示呈一条连续或断续的红色线条或黄绿色荧光亮线条，宽度一般较均匀
折叠	缺陷显示呈连续或断续红色线条或黄绿色荧光亮线条。一般在锻件的棱边或拐角处
非金属夹杂	沿金属纤维方向，呈连续或断续的线条，有时成群分布。显示形状较清晰，分布无规律，位置不固定
气孔	呈圆形、椭圆形或长圆条形红色亮点或黄绿色荧光亮点，与气孔所处深度有关。链状及条状气孔会形成线性显示（需加工暴露出来）
圆形疏松	多数呈长宽比小于或等于 3 的线条，也呈圆形显示，散乱分布
缩孔	呈不规则的窝坑，常出现在铸件表面
火口裂纹	呈星状，较深的火口裂纹有时因渗透剂回渗较多使显示扩展而呈圆形。容易出现在焊道的端部
针孔	呈小点状显示，显示比较细微、深度浅、比较弱
收缩空穴	形状呈显著的羊齿植物状或枝蔓状轮廓
显微疏松	可弥散成一较大区域的微弱显示
表面疏松	对相关部位重新检测，以排除伪显示

6.5　质量评定

渗透检测需对缺陷显示依据规定的质量验收标准对试件的质量级别进行评定。尽管不同的渗透检测标准对质量分级的规定有所不同，但是质量等级的确定主要是依据缺陷的性质、尺寸大小、数量及对材料造成的损伤严重程度。

6.5.1　渗透检测质量验收标准分类与制定

渗透检测验收标准按适用范围可分为专用验收标准和通用验收标准。专用验收标准只适用于某种特定的零部件或某种工艺缺陷渗透检测时评定验收；通用标准适用于某类材料、某种加工工艺制作的试件，对可能产生的各种缺陷的评定和验收。

渗透检测验收标准按评级对象的不同可分为显示评级验收、缺陷评级验收和试件评级验收三种形式。显示评级验收标准由显示分类评级标准和显示验收文件两部分组成。显示分类评级标准只对显示的形状、尺寸和分布按规定将显示分类、评级。显示验收文件是设计部门根据经验及类似试件验收标准，规定整个试件或试件的某个区域各种显示的验收等级；缺陷评级验收由缺陷分类评级标准和缺陷显示验收文件两部分组成，该类验收标准与显示评级验收标准类似；试件评级验收是根据试件使用时的载荷不同、使用环境不同、试件缺陷的危害程度不同将试件进行分类，对每类试件针对不同的制造工艺可能产生的各类缺陷做出显示的分布及尺寸的验收规定。

渗透检测的各类缺陷的质量验收标准通常是按下述方法制定的：

1）引用类似试件的现有质量验收标准。

2）采用破坏性试验评价渗透检测结果。

3）根据实验或理论的应力分析，制定出质量验收标准。

渗透检测的验收标准包括不同材质的各类原材料的验收标准、采用不同工艺制造的不同材质的试件的验收标准及使用过的试件的验收标准。

6.5.2 缺陷显示评定的具体规定

缺陷显示的等级评定均只针对由缺陷引起的相关显示进行。当能够确定显示是非相关显示或伪显示时，不必进行痕迹显示的记录和评定。对明显超出质量验收标准的缺陷，可立即做出不合格的结论。对于那些缺陷尺寸接近质量验收标准的，需在白光下借助放大镜观察，测出缺陷的尺寸和定出缺陷的性质后，才能做出结论。超出质量验收标准而又允许打磨或补焊的试件，应在打磨后再次进行渗透检测，确认缺陷被打磨干净后，方可验收或补焊。补焊后还需再次进行渗透检测或其他方法的检测。

按验收标准评定为合格的试件，应做合格标记，然后发往下道工序。评定不合格的试件应做不合格标记。特别是报废的试件，应做好破坏性标记，以防止将废品混入合格品中，而产生质量事故。现场检测时，一定要将合格品与报废品严格分开。

通常缺陷显示评定的具体规定如下：

1）对于小于人眼所能够观察的极限值尺寸的显示一般可忽略不计。除确认显示是由外界因素或操作不当造成的之外，其他任何显示均应作为缺陷评定。

2）对严重影响试件的安全性、完整性的裂纹类缺陷（如裂纹、白点）引起的缺陷显示，绝大多数渗透检测标准均对其不进行质量等级分类，而直接评定为不允许的缺陷显示。

3）长宽比大于3的缺陷显示按线性缺陷处理。长宽比小于或等于3的缺陷显示，一般按圆形缺陷评定。圆形缺陷显示的直径一般指其在任何方向上的最大尺寸。

4）线性缺陷显示的长轴方向与试件轴线或母线的夹角大于或等于30°时，一般按横向缺陷进行评定、处理，其他按纵向缺陷进行评定、处理。

5）对于两条或两条以上线性缺陷显示痕迹，当在同一条直线上且间距不大于2mm时，应合并为一条缺陷显示进行评定。

6.5.3 质量评级举例

NB/T 47013.5—2015《承压设备无损检测　第5部分：渗透检测》规定了承压设备的液体渗透检测方法以及质量分级，适用于非多孔性金属材料或非金属材料制造的承压设备在制造、安装及使用中产生的表面开口缺陷的检测。

1. 缺陷类型的规定

按照NB/T 47013.5—2015的规定，渗透检测缺陷显示分为线性缺陷、圆形缺陷、横向缺陷和纵向缺陷。该标准对于小于 0.5mm 的显示不计，两条或两条以上线性缺陷显示痕迹在同一条直线上且间距不大于 2mm 时，应合并为一条缺陷显示进行评定，其长度为两条显示之和加间距。

2. 质量分级依据

NB/T 47013.5—2015《承压设备无损检测　第 5 部分：渗透检测》中关于质量分级的规定如下：

1）不允许任何裂纹和白点，紧固件和轴类试件不允许有任何横向缺陷显示。

2）焊接接头的质量分级按表 6-3 进行。

3）其他部件的质量分级评定按表 6-4 进行。

表 6-3　焊接接头的质量分级

等级	线性缺陷	圆形缺陷（评定框尺寸为 35mm×100mm）
Ⅰ	l≤1.5mm	d≤2.0mm，且在评定框内不大于 1 个
Ⅱ	大于Ⅰ级	

注：l 表示线性缺陷显示长度，d 表示圆形缺陷显示在任何方向上的最大尺寸。

表 6-4　其他部件的质量分级

等级	线性缺陷	圆形缺陷（评定框尺寸 2500mm^2，其中一条矩形边的最大长度为 150mm）
Ⅰ	不允许	d≤2.0mm，且在评定框内少于或等于 1 个
Ⅱ	l≤4.0mm	d≤4.0mm，且在评定框内少于或等于 2 个
Ⅲ	l≤6.0mm	d≤6.0mm，且在评定框内少于或等于 4 个
Ⅳ		大于Ⅲ级

注：l 表示线性缺陷显示长度，d 表示圆形缺陷显示在任何方向上的最大尺寸。

3. 质量评级应用举例

【例 6-1】　检测某一叶片，发现 2 个缺陷显示，其间距为 1.9mm，显示长度均为 3mm，宽度均为 0.8mm，若按 NB/T 47013.5—2015 标准评定，可评几级？

解：缺陷显示的长度为：3mm+3mm+1.9mm=7.9mm

因 3/0.8 大于 3，故按线状显示处理，查表 6-4 可知：显示长度 l 大于 6.0mm 应评为Ⅳ级。

【例 6-2】　焊缝上 35mm×100mm 范围内，存在 3 个缺陷，显示长度均为 2mm，间距均为 2.5mm，试根据 NB/T 47013.5—2015 评定该焊缝的质量级别。

解：缺陷在 35mm×100mm 范围内缺陷个数为 3 个，按表 6-3 的规定，圆形缺陷在评定框内大于Ⅰ级的，都评为Ⅱ级。

6.6　缺陷的记录

非相关显示和伪显示不必记录和评定。对缺陷显示痕迹进行评定以后，需将缺陷记录下来，常用的缺陷记录方式有如下几种：

（1）草图记录　画出试件草图，要注意缺陷到试件轮廓、凸台或孔周边边缘（参照物）的距离。在草图上标出缺陷的相应位置、形状和大小，并注明缺陷的性质。

（2）照相记录　采用彩色数码相机直接把缺陷显示进行拍照。着色渗透检测的显示在白光下拍照，荧光渗透检测的显示应在黑光下拍照。注意不能使用闪光灯。

（3）录像记录　可以在适当的光照条件下采用录像机完整地记录渗透检测过程、缺陷痕迹显示的形成过程和最终形貌。

（4）采用透明胶带转印复制技术　复制时，应先清洁显示部位四周，并进行干燥，然后用一种透明胶带纸轻轻地覆盖在显示上，接着在显示的两边轻轻地挤压胶带纸，挤压时，应注意不要用力太大，以免显示变形。粘好后，从检测表面上细心地提起胶带，再将其粘贴在薄纸上或记录本中。

还可采用可剥性塑料薄膜的液体显像剂显像后，剥落下来，贴到玻璃板上，保存起来。剥下的显像剂薄膜包含有缺陷显示，在白光下（或紫外灯下）可看到缺陷显示。

技能训练1　工件表面常见缺陷显示的识别

一、目的

1）掌握渗透检测显示痕迹的分类。

2）掌握渗透检测相关显示的鉴别方法。

二、设备和器材

渗透检测剂一套、纸或抹布、角向磨光机、放大镜、辅助照明工具。

三、检测内容和步骤

1）观察检测部位所有显示痕迹（相关显示、非相关显示、伪显示）的部位，并用记录笔圈出。必要时可用5~10倍放大镜在辅助照明条件下观察。

2）根据不同类型的缺陷痕迹特征，判断出相关显示。用角向磨光机打磨模糊的显示痕迹，直至痕迹消失为止。

3）根据被检零部件的外形结构、加工工艺过程或是否存在外观（表面）缺陷及表面污物等，判定显示痕迹是否为非相关显示、伪显示。

4）若无法确定某一痕迹是否属于伪显示时，要通过用蘸有酒精或丙酮的棉球来擦拭试件上的可疑之处。若痕迹重复出现，则该显示是相关显示。操作时要做到以下两点：一是用来擦拭的棉球不能太湿，蘸有酒精或丙酮的棉球以两手指相捏后不滴液为准；二是擦拭时，在黑光灯下对可疑的部位顺着一个方向擦，擦后即刻观察，不要来回往复擦拭。

5）对确认是相关显示的部位，应对显示进行评定和记录。

技能训练2　渗透检测部位和缺陷标定

一、目的

1）掌握渗透检测记录的内容。

2）掌握渗透检测记录的填写要求。

3）掌握渗透检测显示痕迹示意图的绘制方法。

4）掌握渗透检测部位和相关显示的标定方法。

二、设备和器材

钢笔或签字笔1支、涂料或记号笔1支、可剥离的塑料薄膜或数码相机、记录用的纸张。

三、检测内容和步骤

1）确定渗透检测位置，用涂料或记号笔画出检测部位。

2）用涂料或记号笔标出超标相关显示痕迹位置。

3）用钢笔或签字笔在记录纸中画出显示痕迹数量、长度及位置，并绘制示意草图。

4）用钢笔或签字笔做好渗透检测全过程工艺参数内容记录。

5）用数码相机对检测部位相关显示进行拍照，或采用可剥离塑料薄膜对相关显示进行复膜。

复　习　题

一、判断题（正确的画√，错误的画×）

1. 弧坑裂纹的痕迹显示有时呈放射形。（　）

2. 冷隔是铸造过程中的缺陷，折叠是锻造过程中的缺陷，它们都可以通过渗透检测检出。（　）

3. 检查疲劳裂纹应以应力集中部位作为检查的重点部位。（　）

4. 零件表面上的裂纹，在荧光渗透检测时也可能产生圆形显示。（　）

二、选择题（从四个答案中选择一个正确答案）

1. 下列哪种显示不大可能是疲劳裂纹？（　）

A. 一条点状细线　B. 一条细而清晰的细线

C. 有数条细而清晰的密集的显示　D. 一条细而尖锐的、参差不齐的显示

2. 重新渗透检测后，如果微弱的显示不再出现，这说明（　）。

A. 可能是伪显示　B. 该部位过清洗

C. 显示可能是小缺陷产生　D. 重新渗透检测时，缺陷已堵塞

3. 渗透检测时，试件表面上的圆形显示可能是（　）。

A. 疲劳裂纹　B. 气孔

C. 焊缝满溢　D. 热撕裂

4. 在没有书面的验收标准时，试件的验收或拒收依赖于下列哪一条？（　）

A. 检测人员的文化水平　B. 试件的设计和用途

C. 合适的渗透的标准件　D. 渗透剂的选择

5. 下列哪种记录方式可以得到痕迹显示最多的信息？（　）

A. 拍照　B. 现场草图

C. 复印　D. 胶带纸粘取

三、问答题

1. 简述痕迹显示分为哪几类。

2. 简述伪显示的来源及辨别方法。

3. 简述裂纹、气孔、未焊透、未熔合、冷隔、折叠等缺陷的渗透检测痕迹显示特征。

4. 缺陷显示评定的具体规定有哪些？

5. 缺陷记录的方式有哪些？

第7章　渗透检测的应用

渗透检测方法广泛应用于国防、船舶、兵器、核工业和特种设备等各个领域。通过渗透检测方法可以检测各种金属和非金属材料，如钛合金、镁合金、铝合金、不锈钢、玻璃、塑料和陶瓷等；也可以检测各种工艺加工的试件，如焊接件、铸件、锻件、机加工试件和非金属试件等。在试件加工乃至使用周期方面，渗透检测可对原材料、在制半成品试件、成品试件、在役零构件施行差异化的检测方法。根据不同的试件选择适当的渗透检测方法，可以获得较高的检测灵敏度，是保障产品质量的重要手段之一。

7.1　焊接件渗透检测

焊接件渗透检测包括成品焊接接头、坡口及焊接过程检测。焊接缺陷是由于焊接工艺造成在焊接接头中产生的金属不连续、不致密或连接不良的现象。焊接中常见的缺陷有裂纹、夹渣、未焊透和咬边等。

7.1.1　焊接件的特点

焊接件（图7-1~图7-5）在焊接制造过程中因焊接工艺与设备条件的偏差、残余应力状态和冶金因素变化的影响，以及接头组织与性能不均匀等往往在焊缝中产生不同程度与数量的气孔、夹渣、未熔合、未焊透以及裂纹等缺陷，对其使用性能产生不利的影响。根据渗透检测的特点，只有当上述焊接缺陷露出表面时渗透检测才能检测到。

图7-1　焊接钢管堆焊焊缝

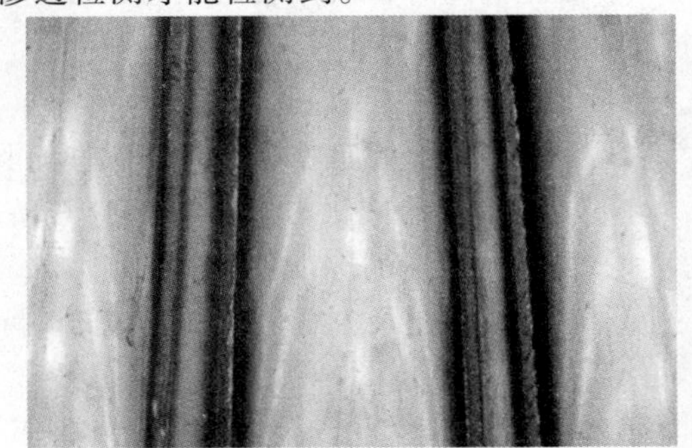

图7-2　2mm坡口平角焊缝

7.1.2　焊接件的检测方法

1. 渗透检测方法

（1）焊缝渗透检测　对焊缝的检测，常用溶剂去除型着色渗透检测法，也可采用水洗型荧光渗透检测法。焊接件焊缝表面光洁程度不高，在要求不高时可采用水洗型着色渗透检测。检测操作时施加渗透剂采用刷涂法或喷涂法，显像采用喷涂法。

焊缝溶剂去除型着色渗透检测程序如下：

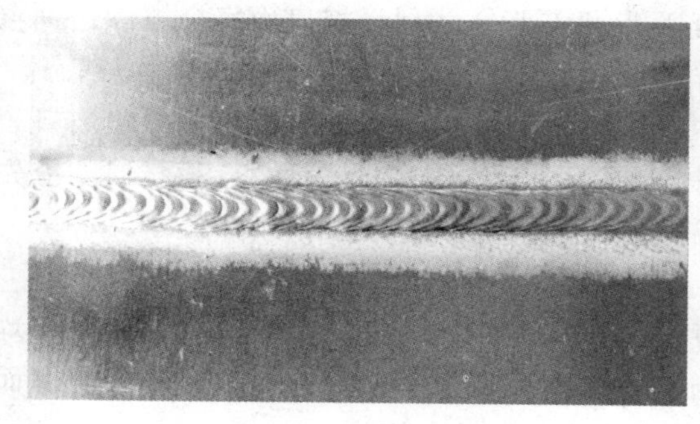

图 7-3　对接焊缝

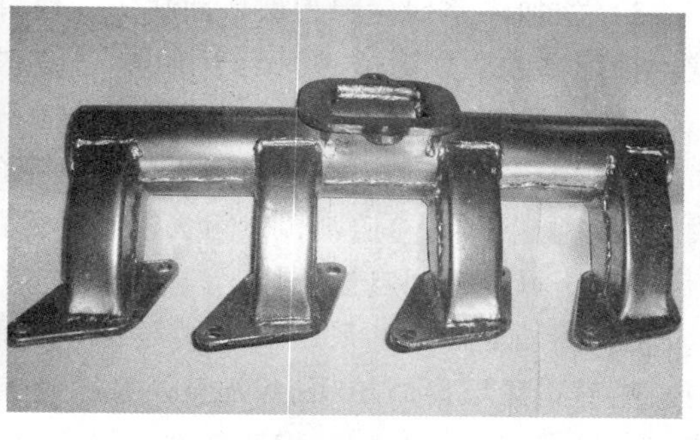

图 7-4　多缸柴油机进气管焊接件

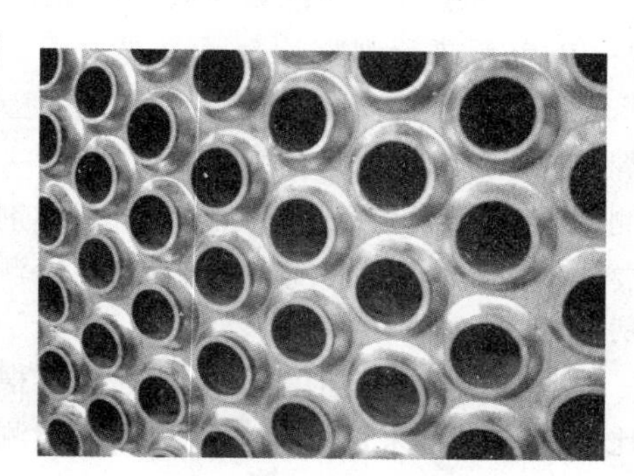

图 7-5　管子和板子焊接

1）表面预处理。对焊缝及热影响区（焊缝表面与两侧至少 25mm 的区域）表面进行清理，清除焊渣、飞溅及表面氧化皮等污物。在污物基本清除后，应用清洗剂（如丙酮、溶剂汽油）清洗焊缝表面的油污，最后用压缩空气吹干或自然干燥，试件充分干燥后才能进行下面的步骤。

2）施加渗透剂。采用喷涂或刷涂方法将渗透剂涂敷在检测区域。现场温度控制在 10~50℃，渗透时间不得少于 10min 或按照渗透剂使用说明书中规定的渗透时间。在渗透时间内，应保持渗透剂把检测表面全部润湿。当渗透环境温度不在此范围内时，实际渗透参数应根据铝合金试块进行渗透检测参数鉴定试验确定。

3）去除多余的渗透剂。渗透操作完毕后，先用干净不脱毛的抹布或纸擦去焊缝及热影响区残留的多余渗透剂，然后再用蘸有清洗剂的无毛绒抹布或纸擦拭。擦拭时，应注意沿一个方向擦拭，不能往复擦拭。在清除过程中，既要防止清除不足造成对缺陷痕迹的识别困难，也要防止清除过度使渗入缺陷中的渗透剂被清除。

4）显像观察。经清洗、干燥后的表面应立即施加显像剂，显像剂的厚度应适当、均匀，可以采用浸、刷、喷等作业方法。焊缝显像以喷涂法为最好，现场温度保持在 10~50℃，显像 3~5min 后，可用肉眼或借助于 5~10 倍的放大镜观察所显示的图像。为发现细微缺陷，可间隔数分钟观察一次，重复观察 2~3 次。注意：焊缝的起弧和熄弧处易产生细微的火口裂纹。对这些易出现缺陷的部位，应特别引起注意。

5）后处理。检测结束后，为了防止残留的显像剂影响焊接质量，应先擦去显像剂，再用溶剂清洗剂彻底清洗干净。

（2）坡口渗透检测　坡口表面比较光滑，可采用溶剂去除型着色渗透剂、快干法显像进行检测。检测操作时，渗透剂采用刷涂法。检测后应进行后清洗，以免产生大量气孔。

坡口溶剂去除型着色渗透检测程序如下：

1）表面准备。将坡口面打磨干净，清除氧化皮、铁屑及飞翅。

2）预清洗。打磨处理后的坡口表面粗糙度值较小，用干净不脱毛的毛巾擦拭，去除表面金属微粒及粉尘即可。

3）施加渗透剂。因为坡口面狭小，坡口有 X 形和 V 形，为保证坡口面完全被渗透剂覆盖，采用刷涂法。渗透时间大于 10min。在整个渗透过程中，需使坡口表面保持润湿状态。

4）去除多余渗透剂。采用干燥、洁净不脱毛的抹布沿着同一个方向擦拭，去除坡口表面大部分的多余渗透剂，然后用干净不脱毛的抹布蘸清洗剂进行擦拭。注意：擦拭时，应先去除坡口上半部的渗透剂，然后去除下半部的渗透剂。

5）干燥。采用自然干燥。

6）施加显像剂。采用喷罐式显像剂。使用前，应将喷罐上下左右摇动，保证搅拌均匀，喷嘴距离坡口面 300~400mm，喷涂方向与被检测面保持 30°~40°的夹角，喷涂应薄而均匀。显像剂不可在同一位置施加，以免喷涂层过厚，影响回渗显示。

7）观察。渗透检测一般选择在白天进行，室外照度须大于 500lx，一般在显像剂施加 7~10min后进行观察。

（3）焊接过程的检测　母材厚度大的焊接过程常常采用多层多道焊接工艺，为保证焊接质量，有些要求每焊一层检测一次，发现缺陷及时处理。焊接过程的检测主要检测材料分层，层间检测时可采用溶剂去除型着色渗透检测方法，如果灵敏度等级符合要求，也可采用水洗型着色渗透检测法。检测后应立即进行后清洗，以去除残留的渗透剂或显像剂。

焊接过程中有时需要进行焊缝清根，焊缝清根采用电弧气刨法或砂轮打磨法。因清根面比较光滑，可采用溶剂去除型渗透检测方法。

焊接过程中溶剂去除型渗透检测程序参见上述焊缝溶剂去除型着色渗透检测程序。

2. 焊接件检测缺陷的类型

焊接件检测可发现焊接裂纹（纵向、横向、焊缝、热影响区、火口裂纹）、气孔、夹杂、未焊透、未熔合等，坡口缺陷有分层、裂纹等缺陷。

3. 焊缝检测注意事项

1）焊缝及坡口渗透检测后一定要进行后清洗，避免残存的渗透剂使后面的焊接产生大量的气孔。

2）高强度合金钢和超高强度合金钢焊接焊缝表面检测时应注意延迟裂纹的产生，因此高强度合金钢和超高强度合金钢焊接件（拉伸强度 $R_m \geqslant 540$MPa）一般要求放置 24h 以后才进行检测；现场组焊制造球罐特种设备时，一般要求放置 36h 以后才进行检测。

3）对钛合金和奥氏体不锈钢制焊缝进行着色渗透检测，采用快干型显像剂显像时，应注意避免喷罐中的雾化剂（氟利昂）对材料的腐蚀。检测完毕后应尽快进行后处理。

7.2 铸件渗透检测

7.2.1 铸件的特点

铸件（图 7-6~图 7-9）是采用将熔融的液态金属注入预先制备好的铸型中使之冷却、凝固而获得的毛坯或试件。由于凝固成形时条件的差异，会产生各类铸造缺陷，如液态金属的凝固收缩会形成缩孔、缩松；凝固期间元素在固相和液相中的再分配会造成偏析；冷却过程中热应力的集中会造成铸件裂纹和变形；此外，还有夹杂物、气孔、冷隔等缺陷会出现在铸造充填过程中。当缺陷露出金属表面时，采用渗透检测法可以检测出这些缺陷。

图7-6　蝶板铸铁

图7-7　灰铁铸件

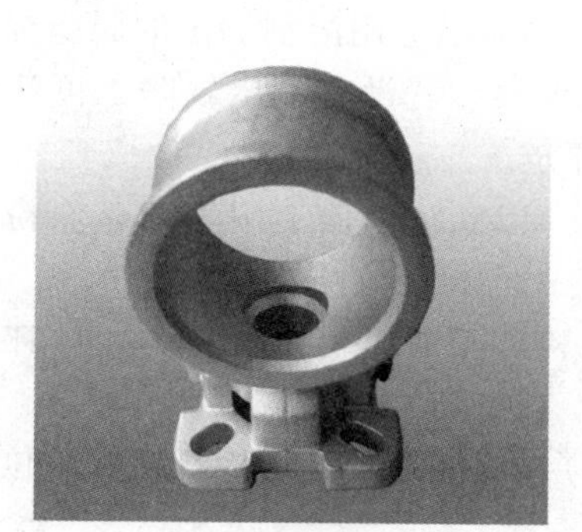

图7-8　精密铸件

图7-9　树脂砂铸铁件

7.2.2　铸件的检测方法

1. 铸件渗透检测方法的选择

铸件一般表面比较粗糙，渗透检测时清洗困难，所以采用水洗型荧光渗透检测法、干法显像进行检测，特别是批量检查时更应采用水洗型荧光渗透检测。检测操作时渗透剂采用浸涂法。对于重要铸件，诸如涡轮叶片，采用精密铸造法制造，其表面光洁，故也可采用后乳化型渗透检测工艺。

铸件的水洗型荧光渗透检测程序如下：

1）预处理。由于铸件表面比较粗糙，所以预处理可采用砂轮打磨，或者直接用喷砂处理等机械方法处理铸件表面，然后用化学清洗方法去除表面氧化膜。清洗干净的铸件置于烘箱中烘烤，铸件烘烤干燥后，使铸件冷却至30℃左右。

2）施加渗透剂。施加渗透剂的方法视具体情况而定，小型铸件可直接浸入水洗型荧光渗透剂中，对于较大型的试件，可采用喷涂、浇涂或刷涂等方法。渗透时间一般为10min左右，环境温度为15~40℃。在整个渗透时间内，应使被检部位始终被渗透剂所覆盖并处于润湿状态。

3）去除表面多余的渗透剂。铸件表面多余的荧光渗透剂中含有乳化剂，故遇水可自行乳化，用淋浴状水直接冲洗经过渗透的铸件。冲洗时，喷嘴处的水压不得超过0.34MPa，喷嘴与试件表面之间的间距约为300mm，水射束与被检面的夹角以30°为宜，水温为10~40℃。对荧光渗透检测而言，需将试件置于紫外线光源下进行清洗，及时观察试件表面多余荧光渗透剂的残留情况。若清洗不净，可再次清洗。黑光灯应该防爆。

4）干燥。清洗完毕后，用干燥的压缩空气（压缩空气必须经油水分离器后才能用于吹干试件）吹去水分，然后放在烘箱中烘干。烘箱中的温度保持在70℃左右，表面烘干即可，避免过分干燥。

5）显像。干燥后的试件，用喷粉柜（大批大量时采用）、埋入法或手工撒（试件少时）的方法把干粉显像剂施加到试件的表面，并与全部被检表面相接触。显像时间为10min，最长不得超过2h；在显像结束后，轻轻地敲打可抖掉多余的显像剂粉末。

6）观察。将显像后的铸件放在暗室观察台上或暗幕中，目视检验铸件。检验人员应对黑暗至少适应3min；黑光灯在试件表面上的辐照度应至少为$1000\mu W/cm^2$；暗室的白光照度应小于20lx；对没有显示或仅有不相关显示的试件，准予验收，并将合格试件放到合格区；对有相关显示的试件对照验收标准进行评定，对有疑问的显示应用溶剂润湿的脱脂棉擦掉显示，干燥后重新显像予以评定，或用10倍放大镜直接观察。若没有显示缺陷，可认为显示是虚假的。若显示再现，则可按规定的验收标准进行评定。

7）后处理。试件检测完毕之后，应用水进行冲洗，以除掉表面上附着的显像粉末和残留的荧光渗透剂，并将试件进行干燥。

8）签发报告。根据标准、规范或技术文件，出具检测报告，做出合格与否的评价。报告包括：

① 试件的名称、材料、数量（合格数和不合格数）、试件编号、送检日期和单位。

② 检测标准和验收标准。

③ 检测结果和结论。

④ 检验员、审核员和主任签字或盖章。

⑤ 签发报告日期。

2. 铸件渗透检测缺陷类型

铸件渗透检测缺陷类型有铸造裂纹（冷、热裂纹）、疏松、气孔（针孔）及冷隔等。

荧光渗透检测能检测到的铸件缺陷主要有三类：一是孔洞类缺陷，如气孔、针孔、缩孔和疏松；二是裂纹和冷隔类缺陷；三是夹杂类缺陷，如金属（非金属）夹杂物、夹渣、砂眼和氧化斑痕等。

7.3 锻件渗透检测

7.3.1 锻件的特点

锻件（图7-10~图7-13）是金属坯料通过锻造和锻压，利用锻压机械的锤头、砧块、冲头或通过模具施加压力，使之产生塑性变形，从而获得所需形状和尺寸的金属制件。经过锻压的金属可以改变金属组织，提高金属性能。铸锭经过热锻压后，原来的铸态疏松、孔隙、微裂等被压实，这些缺陷经热锻会变成分层甚至产生新的锻造裂纹；原来的枝状结晶被打碎，使晶粒变细；同时改变原来的碳化物偏析和不均匀分布，使组织均匀，从而获得内部密实、均匀、细微、综合性能好、使用可靠的锻件。锻件经热锻变形后，金属是纤维组织；经冷锻变形后，金属晶体呈有序性。

图 7-10　套筒锻件

图 7-11　饼形锻件

图 7-12　锻件连杆

图 7-13　环形锻件

7.3.2　锻件的渗透检测方法

精密模锻件尺寸较精密，所以有些锻件毛坯要求检测，剔除个别有缺陷的试件。大部分锻件都在机加工后进行渗透检测。

1. 锻件渗透检测方法的选择

锻件一般需进行机加工，机加工后表面粗糙度情况将决定渗透检测方法的选择。如果加工后表面粗糙度值较大，应采用水洗型荧光渗透检测法（中级灵敏度）；如果加工后表面粗糙度值很低（经精车、铣、磨，研磨、抛光等方法加工），可采用亲水性后乳化荧光渗透检测法进行检测。检测操作时采用浸涂法施加渗透剂。锻件毛坯用水洗型荧光渗透检测方法，工艺与铸件相同。

锻件的亲水性后乳化型荧光渗透检测程序如下：

1）表面预处理。锻件的表面油污较少，可采用蘸有酒精或丙酮的抹布擦洗。如果油污较多，用三氯乙烯蒸气或汽油清洗。若锻件表面氧化皮较多，则可采用抛光、铁刷或超声波清洗等方法清理，也可采用酸洗或碱洗等化学方法清洗。对高强度钢进行酸洗时，应注意防止氢脆现象产生，酸洗后应立即进行去氢处理。

2）渗透。施加后乳化型荧光渗透剂，可采用浸涂、浇涂、刷涂或喷涂等方法。渗透时间不得少于 10min，环境温度在 15~40℃之间。在滴落架上滴落时应转动试件，防止滴落过程中渗透剂的积聚，并保持试件表面的润湿状态。

3）预水洗。将水压调至 0.27MPa 左右，喷嘴与试件之间的距离保持在 400mm 左右，水温为 10~40℃，对试件进行预清洗，以清除表面上附着的渗透剂。

4）乳化。预水洗后的试件应先用压缩空气吹去凹处、不通孔等处的水，然后将试件浸入亲水型乳化剂中进行乳化，乳化剂浓度应按生产厂家推荐的浓度。当试件所有的检测面都沾上乳化剂后，应提出试件在滴落架上让其滴落，并计算乳化时间。

5）最终水洗。乳化完毕后，按预清洗的条件进行水清洗，并在黑光灯下检查清洗效果，对背景较深的部位可通过补充乳化的办法予以去除，乳化时间最长不超过 2min。

6）干燥。试件应在热空气循环烘箱中干燥，烘箱温度控制在 65℃左右，干燥时间应尽量短，只要表面水分充分干燥即可，要防止过干燥。

7）显像。试件经干燥后，将它放到喷粉柜中进行喷粉显像，用经过过滤的干净和干燥的压缩空气将干燥的显像粉末吹扬起来，呈粉雾状，在试件上均匀地覆盖一薄层显像粉末，显像时间为 15min，最长不超过 3h。

8）观察。在暗室的黑光下，目视检查试件

① 在检测试件之前，检测人员（已取得Ⅱ级证者）应对黑暗至少适应 3min，并戴上防紫外线眼镜和浸塑手套。

② 暗室的白光照度应小于 20lx，黑光灯在试件表面上的辐照度至少应为 $1000\mu W/cm^2$。

③ 对没有显示或仅有不相关显示的试件准予验收，并把合格的试件放至合格区。

④ 对所观察到的显示有怀疑时，可用放大镜进行观察，以做进一步的辨别。

9）后处理。试件检测完成后，应用水进行后清洗，以去除表面上附着的显像粉末和荧光底色，并进行干燥。

10）签发报告。报告应包含以下内容：

① 试件名称、材料、数量（合格和不合格数）、试件编号、送检单位和日期。

② 检测标准和验收标准。

③ 检测结果和结论。

④ 检验员、审核员和主任签字或盖章。

⑤ 签发报告日期。

2. 锻件渗透检测缺陷类型

锻件渗透检测缺陷类型有裂纹、折叠、白点等。

3. 注意事项

对钛合金和奥氏体不锈钢铸件进行荧光渗透检测时，要求使用低氟、氯元素的荧光渗透剂和显像剂；对镍基合金铸件进行荧光渗透检测时，要求使用低硫、钠元素的荧光渗透剂和显像剂。

7.4 机加工件渗透检测

7.4.1 机加工件的特点

采用车床、铣床、刨床、钻床、磨床等传统通用机床、精密机床或数控机床等，通过机械作用力使试件的几何尺寸发生改变而获得的试件即为机加工件。金属试件常见的切削加工缺陷有表面粗糙、鳞片状毛刺、疲劳断裂，以及切削加工过程中构件表面相撞擦伤、碰伤、压伤等表面机械损伤。

在磨削加工过程中，由于磨削力及磨削热的作用，不仅试件表层会产生塑性变形，而且温度会急剧升高。磨削加工常见的缺陷有：由于受到磨削热和磨削力的作用，引起表面组织硬度和应力状态发生变化，导致表面回火损伤或淬硬损伤；磨削表面烧伤与剥皮，试件磨削表面呈明显色彩的斑点状、块状、带状、点片状、线状或细螺旋线形、鱼鳞片状，整个表面也可能都呈变色的烧伤痕迹。磨削淬火钢试件烧伤时往往伴随有磨削裂纹或剥皮；磨削表面的残余应力一般表现为拉应力，存在于试件表层内，它的大小和深度取决于磨削热与试件材料特性。较大的残余应力会引起应力腐蚀裂纹的出现。

7.4.2　机加工件的渗透检测方法

试件在机加工后，表面粗糙度值较低，可采用后乳化型渗透检测方法。机加工件的后乳化型渗透检测程序可参照锻件后乳化型渗透检测程序。其中在预清洗工艺中应注意清洗和除去所有的机加工润滑油和切削液。

7.5　在役试件渗透检测

7.5.1　在役试件的特点

对在役试件的检测是确保设备安全运行的重要手段。在用设备定检中，除常发现因制造方式不同导致的制造缺陷发展以致缺陷超标，还应注意设备因运行而发生的运行缺陷。在役设备重要承力件中最常见也是最危险的缺陷就是疲劳裂纹，特别是早期疲劳裂纹更是难以用目视检查发现，若正确地采用渗透检测方法就能有效地检测出来。疲劳裂纹是指设备或部件承受交变载荷而引起的裂纹，该类裂纹的断口一般有明显的呈同心圆状的疲劳源并伴有脆性断口。应力腐蚀裂纹是指处于特定腐蚀介质中且受拉应力作用下产生的裂纹。晶间腐蚀裂纹是金属在应力和某些腐蚀介质作用下，沿着材料晶粒间界先行发生腐蚀，使晶粒之间丧失结合力而出现的裂纹，腐蚀程度的不同也造成了裂纹深浅程度的不同。

7.5.2　在役试件的渗透检测

1. 渗透检测方法的选择

在役试件存在的缺陷一般尺寸都很小，开口度也不大，要求检测方法具有很高的检测灵敏度才能发现缺陷。所以应尽量采用后乳化型渗透剂。试件可分解拆卸的（如涡轮叶片），用后乳化性荧光渗透检测、亲水性乳化剂、干法或快干显像进行检测；现场检测时，如果有条件（有高强度黑光灯，如 Maxima3500 型）也可采用后乳化型荧光渗透剂、溶剂去除试件表面多余渗透剂、快干式显像剂；无条件时，采用溶剂去除型着色渗透剂、溶剂去除试件表面多余渗透剂、快干式显像剂进行检测。检测操作时可采用刷涂法或喷涂法施加渗透剂。渗透时间要求长，特殊情况下可延长至 1~4h，必要时渗透要加载，让缺陷开口。装过腐蚀性介质的压力容器定检时，推荐用荧光渗透检测法检测。

2. 注意事项

1）被检件预处理应认真细致，清洗后要充分干燥。

2）容器内部检测应注意用火、用电，有排风装置，注意安全生产。

3）对钛合金和奥氏体不锈钢铸件进行荧光渗透检测时，要求使用低氟、氯元素的荧光渗透剂和显像剂；对镍基合金铸件进行荧光渗透检测时，要求使用低硫、钠的荧光渗透剂和显像剂。

7.6 非金属件渗透检测

7.6.1 非金属件的特点

非金属件是用玻璃、陶瓷、石墨、塑料、橡胶等非金属材料制成的试件。随着生产和科学技术的进步，尤其是无机化学和有机化学工业的发展，人类以天然的矿物、植物、石油等为原料，制造和合成了许多新型的非金属材料，如人造石墨、特种陶瓷、合成橡胶、合成树脂（塑料）、合成纤维等。这些非金属材料因具有各种优异的性能，为天然的非金属材料和某些金属材料所不及，从而在近代工业中的用途不断扩大，并迅速发展。承压设备非金属件因具有耐强酸强碱腐蚀、重量轻、强度高、阻燃和耐冲击等特点，越来越广泛地应用于化工产品的生产、储存和运输过程。

7.6.2 非金属件的渗透检测方法

陶瓷、玻璃、塑料以及玻璃钢等非导电和非磁性材料试件的表面质量已广泛应用荧光或着色渗透检测方法来控制；与溶剂不相容的非金属材料（如橡胶、塑料等），应选择水洗型着色渗透剂、水基湿式显像；玻璃制品检测进行荧光渗透检测时，可采用自显像；检测多孔性非金属材料制品，如水泥、耐火材料、石墨及非光洁表面的陶瓷等，由于渗透剂无法清洗干净，因而一般不适合采用渗透法检测，可选用过滤性微粒渗透剂进行检测。过滤性微粒渗透剂检测方法是利用流动性好而渗透力强的有机溶剂或水等无色液体作为直径大于缺陷开口宽度的着色微粒或荧光粉的载体施加到多孔材料试件的表面上，当遇到表面开口缺陷时，液体将渗入缺陷，而显示介质因直径大于缺陷开口宽度不能进入缺陷，于是堆积在缺陷开口处，从而可以被观察到。

技能训练 1 复合板焊缝着色渗透检测

一、目的

1）了解并熟悉溶剂去除型着色渗透检测的工序和正确的操作方法。

2）提高对缺陷判断的能力。

3）了解被检设备保护措施及大型储罐检测时的安全防护。

二、设备与器材

1）DPT-5 渗透剂、DPT-5 清洗剂和 DPT-5 显像剂。

2）刷子。

3）纸或抹布。

4）B 型镀铬试块。

5）白光光源。

三、检测要求与分析

某在用 $10m^3$ 储罐如图 7-14 所示，设备编号 E001，Ⅱ类容器，工作压力 2.0MPa。壳体材质为Q345R+304L 复合钢板，直径 $\phi1600$mm，板厚（16±3）mm，内表面有垢状物。要求检测所有焊接接头内表面缺陷。检测温度为 5℃。执行标准 NB/T 47013.5—2015 。质量验收标准为NB/T 47013.5—2015 ，Ⅰ级。

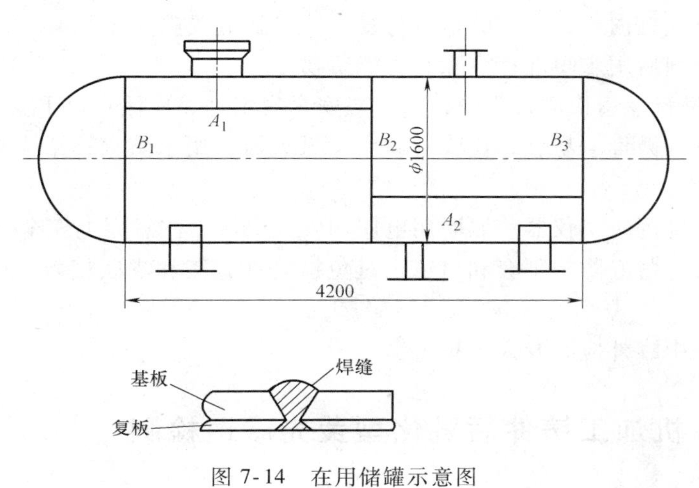

图 7-14 在用储罐示意图

因被检测对象是大型设备的局部检验，一般都使用ⅡC-d 作为检测方法。不锈钢内表面焊缝应用不锈钢的钢丝刷进行清理。并且要注意渗透剂中的氯和氟对检测面的腐蚀。对于在用容器的开罐检验，要注意罐内有毒物质的安全防护，要适时检测。

四、检测工艺

1）表面准备。用酸洗或用不锈钢丝刷刷除，范围为焊缝及两侧各 25mm。

2）预清洗。用清洗剂将被检面清洗干净。

3）干燥。自然干燥。由于检测温度较低，也可用温风吹干。

4）渗透。采用喷涂法施加渗透剂，使之覆盖整个被检表面，渗透时间应大于等于25min。注意在渗透时间内始终保持受检面湿润。

5）去除。先用不脱毛的抹布或纸擦拭，大部分多余渗透剂去除以后，再用喷有清洗剂的抹布或纸擦拭，擦拭应顺着一个方向进行，不得往复擦拭。

6）干燥。自然干燥，由于检测温度较低，也可用温风吹干。吹干时间为 5min 或由试验确定，在满足干燥效果的前提下，时间应尽量短。

7）显像。采用喷涂法施加，喷嘴距被检面 300～400mm，喷涂方向与被检面夹角为 30°～40°，使用前应摇动喷罐使显像剂均匀。显像时间应>7min。

8）观察。显像剂施加后 7～60min 内进行观察，被检面的可见光照度应≥1000lx，必要时可用 5～10 倍放大镜观察。

9）复验。按 NB/T 47013.5—2015 进行。

10）后清洗。用湿布擦除或用水冲洗。

11）评定与验收根据缺陷显示尺寸及性质按 NB/T 47013.5—2015 进行等级评定，Ⅰ级合格。

12）报告。出具报告内容至少包括 NB/T 47013.5—2015 规定的相关内容。

五、注意事项

该设备复合层焊缝进行渗透检测时，在被检设备保护方面应注意以下内容：

1）因被检材料为不锈钢，对检测剂应进行氯、氟含量检测，符合标准方可使用。

2）禁止用碳钢钢丝刷打磨被检表面。

3）不得随意敲打内壁，防止碳钢等与复合层接触造成铁素体污染。

4）擦除显像剂后用水喷洗，去除有害残留物。

进入储罐内进行渗透检测过程中，除一般安全规定外，应注意以下安全防护：

1）渗透检测剂微毒、易燃，检验现场应设灭火器，用于防火；罐内检测应有良好的通风，做好防毒工作。

2）进入罐内检测时，仪器、照明用电应用安全电压，注意用电安全，防止漏电触电。

3）工作人员应戴好防护手套和口罩，避免检测剂直接和皮肤接触，防止检测剂吸入呼吸道。

4）检测过程中罐外应有专人监护。

技能训练 2　机加工铸件后乳化型荧光渗透检测

一、目的

1）了解并熟悉亲水性后乳化型荧光渗透检测的工序和正确的操作方法。

2）提高对缺陷判断的能力。

二、设备与器材

1）渗透剂（型号 985P12）、乳化剂（型号 9PR12）、清洗剂（水）和显像剂（型号 9D4A）。

2）黑光灯。

3）纸或抹布。

4）B 型镀铬试块。

5）烘箱。

6）喷粉柜。

三、检测要求与分析

某厂批量生产挖掘机用轴瓦，如图 7-15 所示，轴瓦上有一个 ϕ8mm 注油通孔。其材质为铸造黄铜，制造工艺为铸造后机加工，表面光滑。其内表面要求进行 100% 渗透检测，检测标准执行 NB/T 47013.5—2015，检测灵敏度等级为 3 级，质量验收等级要求Ⅱ级合格。

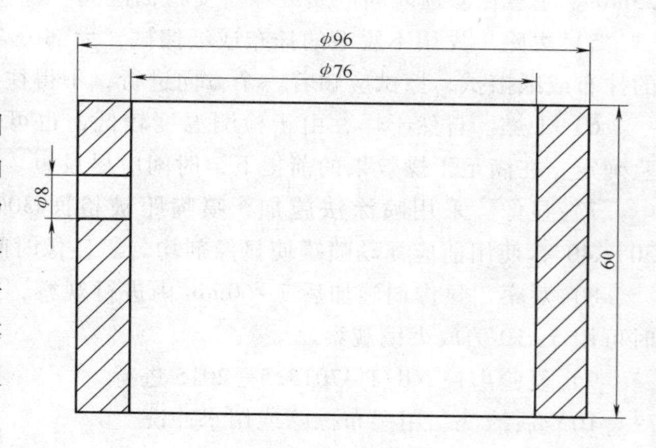

图 7-15　轴瓦示意图

该试件为铸造机加工件，轴瓦的内

表面较为光滑，检测灵敏度等级较高，故选用后乳化型荧光渗透检测法。该试件由于孔径较小，用溶剂悬浮显像剂，不管是喷涂还是刷涂，都很难在试件内表面形成薄而均匀的显像层，故溶剂悬浮显像剂不适合该试件的显像。显像时把轴瓦掩埋在干粉显像剂中，可使显像剂充分覆盖试件内壁，保持一定时间后，通过轻敲或轻气流去除试件表面多余的干粉显像剂，故该试件选用干粉显像比较合适。

四、检测工艺

1）预清洗。三氯乙烯蒸气除油法去除油污等。去除效果应通过试验确定，如能保证效果，也可采用其他方法。

2）渗透。采用浸涂法施加渗透剂，渗透时间不少于10min。渗透前要将工件上的注油孔堵塞。被检面要完全覆盖渗透剂。

3）滴落。试件尽量滴净渗透剂，滴落时间为渗透时间的一部分。

4）预水洗。用水喷法，水温为20~30℃，水压为0.2~0.3MPa。试件表面都应得到相同效果的预水洗。

5）乳化。浸涂法均匀涂遍整个表面，按使用说明书和试验确定乳化时间，不允许刷涂。

6）最终水洗。用水喷法，水温为20~30℃，水压为0.2~0.3MPa。在黑光灯下检查内表面效果。试件表面都应得到相同的水洗效果。

7）干燥。烘箱内热空气干燥，干燥时间不少于5min，在满足干燥效果的前提下，时间应尽量短。工件表面温度不大于50℃。

8）显像。喷粉柜施加干粉显像剂，均匀喷洒在整个被检表面，显像时间大于7min。

9）观察。进入暗室要有5min的暗适应后才能进行检验。暗室内可见光照度不大于20lx；黑光辐照度不小于1000μW/cm^2，在显像7~60min内观察。

10）后处理。用水清洗掉试件表面的残留物，并用压缩空气吹净。后处理前应将注油孔内堵塞物清除。

11）复验。当发现灵敏度验证不符合、方法有误或技术条件改变、有争议或认为有必要时应进行复验。复验要将被检面彻底清洗干净，从渗透检测的第一步开始重新检测。

12）等级评定与验收。按NB/T 47013.5—2015评定、出具报告。

五、注意事项

后乳化型渗透检测时，把一件未乳化充分和未清洗干净的试件再返回到乳化剂槽中进行再乳化是一种不恰当的操作，把已经沾湿水的试件进行再乳化操作是不允许的，原因如下：

① 再进行乳化将难以控制乳化时间，使乳化操作失效。

② 再进行乳化会引起乳化槽内乳化剂的水污染，还会引起乳化剂浓度和乳化能力的变化。

目前正确的做法是将试件按渗透检测工艺重新处理，处理方法如下：

① 将试件进行彻底的清洗，以清洗掉全部以前检验所留下的渗透剂、乳化过的渗透剂、乳化剂和水分。

② 重新进行渗透工艺操作前，试件应彻底干燥。

③ 为了改善重新处理的效果，可做一些试验，例如添加一定数量的乳化剂来增加乳化剂的乳化能力、延长乳化时间或二者同时增加。

技能训练 3　镍基合金锻件水洗型荧光渗透检测

一、目的

1）了解并熟悉亲水性后乳化型荧光渗透检测的工序和正确的操作方法。

2）提高对缺陷的判断能力。

二、设备与器材

1）渗透剂（型号 ZB-2）、清洗剂（水）和显像剂（氧化镁粉）。

2）黑光灯。

3）纸或抹布。

4）B 型镀铬试块。

5）喷粉柜。

三、检测要求与分析

一批镍基合金锻件如图 7-16 所示，设计要求进行 100%表面渗透检测。表面未加工，比较粗糙，检测环境温度为 40℃。执行标准 NB/T 47013.5—2015，检测灵敏度等级为 2 级，质量要求 I 级合格。

该锻件表面未加工，比较粗糙，且检测灵敏度等级要求不高，同时进行大批大量检测时应尽量选择检测速度快的方法，故选择水洗型荧光渗透检测。因被检材料为镍基合金，渗透检测剂应控制硫、钠的含量。

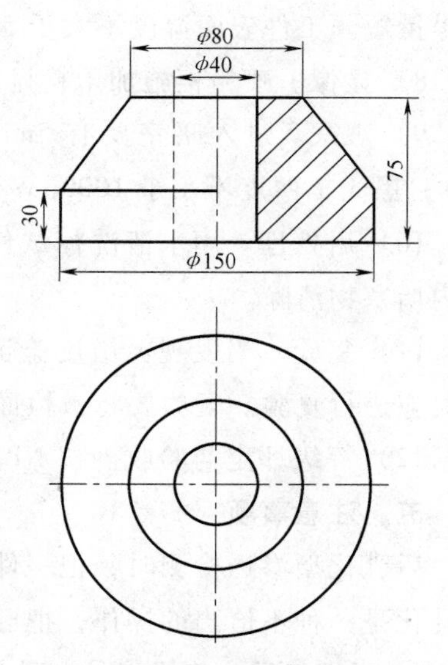

图 7-16　镍基合金锻件示意图

四、检测工艺

1）预清洗。用清洗剂将被检面清洗干净，也可用清水冲洗。

2）干燥。自然或热空气吹干，干燥时间为 5min。

3）渗透。采用浸涂法施加渗透剂，渗透时间不少于 10min。渗透后进行滴落，渗透时间包含滴落时间。

4）去除。用水去除。冲洗时，水射束与被检面的夹角以 30°为宜，水温为 10~40℃，如无特殊规定，冲洗装置喷嘴处的水压应不超过 0.34MPa。外表面防止过度清洗，内表面局部防止清洗不足。

5）干燥。用热风进行干燥或自然干燥，干燥时间不少于 5min，在满足干燥效果的前提下，时间应尽量短。干燥时，试件被检表面温度不大于 50℃。

6）显像。在喷粉柜内将干粉显像剂均匀地喷撒在整个被检表面。显像时间大于 7min。也可将试件埋入干粉显像剂中显像，轻敲或用轻风去除多余的显像剂粉末。

7）观察。在显像 7~60min 内观察。进入暗室要有 5min 的暗适应后才能进行检验。暗室内可见光照度不大于 20lx，黑光辐照度不小于 1000μW/cm²，必要时可用 5～10 倍放大镜观察。

8）后处理。用水清洗掉试件表面的残留物，并用压缩空气吹净。

9）复验。当发现灵敏度验证不符合、方法有误或技术条件改变、有争议或认为有必要时应进行复验。复验要彻底清洗干净被检面，从渗透检测的第一步开始重新检测。

10）等级评定与验收。按 NB/T 47013.5—2015 评定、报告。

五、注意事项

1）渗透检测剂中若含有硫、钠等元素，在高温下会使镍基合金产生热腐蚀。一定量的渗透检测剂蒸发后，残渣中的硫和钠元素的质量分数不得超过 1%。

2）用水去除多余的渗透剂时，应注意防止过度去除而使检测质量下降，也要防止去除不足而造成对缺陷识别的困难。荧光渗透检测时，可在黑光灯照射下，边观察边去除。

复　习　题

一、判断题（正确的画√，错误的画×）

1．去氢处理实际上就是进行碱洗。（　）

2. 焊件表面的飞溅、焊渣等可采用蒸汽除油法去除。（　）

3. 钢锻件在酸洗后必须用清水彻底冲洗干净，干燥后才能进行荧光渗透检测。（　）

二、选择题（从四个答案中选择一个答案）

1. 引起镍基合金热腐蚀的有害元素有（　　）。

A. 硫、钠　　B. 氟、氯

C. 氧、氮　　D. 氢

2. 渗透剂中的氟氯元素会造成（　　）。

A. 镍基合金的应力腐蚀　　B. 奥氏体不锈钢的应力腐蚀

C. 钛合金的应力腐蚀　　D. B 和 C

3. 施加在零件表面渗透剂薄膜上能与渗透剂混合，从而使渗透剂能被清洗掉的材料是（　　）。

A. 乳化剂　　B. 渗透剂

C. 显像剂　　D. 同素异构体

三、问答题

1. 焊接件可采用哪些渗透检测方法？应注意哪些事项？

2. 铸件渗透检测一般采用哪种工艺程序？

3. 对锻件进行后乳化型荧光渗透检测应注意哪些事项？

4. 机加工件渗透检测有哪些特点？

5. 在役试件有哪些特点？应选用哪种工艺程序？应注意哪些事项？

6. 非金属件渗透检测应注意哪些事项？

第8章　渗透检测的质量管理

质量是产品或服务的生命。质量受企业生产经营管理活动中多种因素的影响，是企业各项工作的综合反映。要保证和提高产品质量，必须对影响质量的各种因素进行全面而系统的管理。质量管理，通俗地讲，就是企业综合运用现代科学和管理技术成果，控制影响产品质量的全过程和各种因素，经济地研制、生产和提供用户满意的产品的系统管理活动。

渗透检测与其他无损检测方法一样，是提供检测服务的过程，它的产品就是服务。其检测服务质量即产品质量同样受到影响产品质量的人（检测人员）、机（检测设备及器材）、料（检测耗材）、法（检测方法及工艺）、环（检测环境条件）等多种因素的影响。因此，为了保证检测过程的规范性和符合性，确保检测结果的可靠性，在实施检测过程中必须对这些因素加以控制和管理。目前，国际上对产品质量管理的通用做法是建立和实施全面、系统的质量管理体系并通过认证评审，以控制产品质量形成的各个过程、各个要素。针对实验室，尤其是提供检测服务的检测实验室，在质量管理体系的基础上，通过建立、实施计量认证体系来有针对性地加强对影响检测过程的技术、管理因素进行控制。

8.1　质量管理体系

按照 ISO 9001：2005 的定义，质量是指一组固有特性满足要求的程度。

质量管理是指在质量方面指挥和控制组织的协调的活动。通常包括制订质量方针、质量目标、质量策划、质量控制、质量保证和质量改进。

质量管理体系是在质量方面指挥和控制组织的管理体系。实现质量管理的方针目标，有效地开展各项质量管理活动，必须建立相应的管理体系，这个体系就称为质量管理体系。针对质量管理体系的要求，国际标准化组织（ISO）制定了 ISO 9000 族系列标准，以适用于不同类型、产品、规模与性质的企业。该类标准由若干相互关联或补充的单个标准组成，其中为大家所熟知的是 ISO 9001《质量管理体系 要求》。质量管理体系是企业内部建立的、为实现质量目标所必需的、系统的质量管理模式。它是将资源与过程结合，以过程管理方法进行的系统管理，根据企业特点选用若干体系要素加以组合，一般包括与管理活动、资源提供、产品实现以及测量、分析与改进活动相关的过程组成，涵盖了从确定顾客需求、设计开发、采购、生产、检验、销售、售后等全过程的策划、实施、监控、纠正与改进活动的要求。一般以文件化的方式建立质量管理体系，包括质量手册、程序文件、作业文件、质量记录。质量管理体系已成为企业内部质量管理工作的基本要求，以及对外质量保证的基本标志。积极主动地开展以 ISO 9000 系列标准为依据的质量管理体系认证，可以提高企业的质量管理水平，保持产品质量的稳定性，提高产品在国际、国内市场上的竞争力。目前 ISO 9000 质量管理体系认证工作已在 100 多个国家开展。

8.2　计量认证体系

计量认证是我国通过计量立法，对为社会出具公证数据的检验机构（实验室）进行强制考核的一种手段。2007 年 1 月 1 日起开始实施的由国家认监委组织制定的《实验室资质认定评审准则》是计量认证的依据。《实验室资质认定评审准则》是结合我国实验室的实际状况、国内外实验室管理经验和我国实验室评审工作的经验，参考了 ISO/IEC 17025：2005《检测和校准实验室能力的通用要求》而制定的。经计量认证合格的产品质量检验机构所提供的数据可用于贸易出证、产品质量评价、成果鉴定、作为公证数据，具有法律效力。取得计量认证合格证书的产品质量检验机构，可按证书上所限定的检验项目，在其产品检验报告上使用计量认证标志。

国内从事向社会出具具有证明作用的数据和结果的实验室或检测机构应当按评审准则建立质量管理体系。评审准则分为两大部分，即管理要求和技术要求。管理要求的 11 项要求包括组织、管理体系、文件控制、检测和/或校准分包等内容；技术要求的 8 项要求包括人员、设施和环境条件、检测和校准方法、设备和标准物质、抽样和样品处置等内容。技术要求与管理要求的共同目的是实现质量体系的持续改进。

质量管理体系认证与计量体系认证的管理基础是类似的。检测实验室的评审准则是依据 ISO/IEC 17025：2005《检测和校准实验室能力的通用要求》来制定的，而 ISO/IEC 17025：2005 又是在 ISO 9001 质量管理体系标准的基础上，结合检测机构或实验室的实际运作特点而形成的。所以质量管理体系标准与计量认证体系评审准则的要求是类似的。

对于无损检测过程而言，其产品是检测服务，渗透检测是无损检测的重要组成部分。对于企业来说，如果存在无损检测过程，那么对于无损检测过程的管理也应按照质量管理体系或计量认证评审准则的要求实施。所以，渗透检测的各过程包括检测人员管理、器材及耗材的管理、透照工艺方法的选择、检测环境的控制、检测设备的维护以及检测结果的报告等，都应按质量管理的要求加以控制。下面结合渗透检测的特点，根据质量管理体系与计量认证评审准则的规定，从渗透检测过程的人、机、料、法、环、文六个方面对渗透检测的质量管理进行介绍。

8.3　渗透检测的人员资格鉴定

无损检测应用的正确性和有效性取决于检测人员的技术水平和能力。因此，无损检测人员所担负的责任要求他们具备相应的无损检测理论知识和实践技能，从而能够完成检测的执行、技术文件的编写、对无损检测进行管理、监督或评价等任务。无损检测是一种特殊工种，需持证从业。因此，必须制订程序来评定检测人员是否能胜任其职责，并颁发证书给予证明。GB/T 9445—2015《无损检测　人员资格鉴定与认证》对各级无损检测人员规定了学历、培训学时、实践经历、资格鉴定考试内容、方法，以及检测人员的职责、认证、档案管理等。按照标准的要求将无损检测人员分为Ⅰ级、Ⅱ级和Ⅲ级三个等级。获得资格证的人员可以在证书上规定的工业门类、产品门类范围内从事检测工作。资格证的有效期一般不超过 5 年，并按规定的时间进行复考。

8.3.1　一般要求

渗透检测报考人员应有一定的学历，受过培训并有实践经验，以保证他们具有理解无损检测方法的原理和规程的能力。

1. 视力要求（各个等级）

无论是否经过矫正，在不小于 30cm 距离，一只眼睛或两只眼睛的近视力应能读出 Jaeger 1 号或 Times New Roman 4.5 号或同样大小字符（高为 1.6mm）。报考人应具有足够的色觉，以便能按雇主的规定的辨别和区分相关无损检测方法所涉及的颜色或灰度的差别。获得资格后，应由雇主或责任单位负责每年进行一次检查和验证。

另外，按 NB/T 47013.5—2015 的要求，渗透检测人员未经矫正或经矫正的近（距）视力和远（距）视力应不低于 5.0。测试方法应符合 GB 11533—2011 的规定，且应一年检查一次，不得有色盲。

2. 学历

申请Ⅱ级及Ⅲ级认证人员的学历（或同等学力）必须是高中毕业以上。为了证实报考人符合报考条件，需要有效的学历证明。

3. 培训

（1）Ⅰ级和Ⅱ级　为了有资格申请任何一种无损检测方法的认证，报考人应提供证据证明已完成国家认证机构所批准的该方法的培训要求。有关规定具体见 GB/T 9445—2015《无损检测　人员资格鉴定与认证》。但是，国家认证机构还应考虑其学历、其他方法的认证、培训情况和其他有关因素。

（2）Ⅲ级　申请Ⅲ级认证的报考人员其资格鉴定可以用不同的方法进行，如参加培训班，参加由工业部门或学会、协会组织的讨论或研讨会，研读图书、期刊和其他专业文献资料等。有关培训内容、最少学时参考 GB/T 9445—2015《无损检测　人员资格鉴定与认证》。

4. 工业经历

为得到认证资格，报考人员对所申请认证的检测方法应按规定获得相应的工业经历。射线检测等每一种无损检测方法所需工业经历的连续时间应符合标准的规定。针对一些特殊情况，GB/T 9445—2015 也给出了工业经历的计算方法。例如，当同时在两个或多个表面无损检测方法上获得工业经历（如 MT、PT 和 VT）时，则在一个无损检测方法应用中获得的工业经历可补充其他一个或多个表面无损检测方法中获得的工业经历。再如，已认证的一个无损检测方法的一个门类的工业经历可补充同一无损检测方法的其他门类的工业经历。具体的工业经历时间规定参考 GB/T 9445—2015《无损检测　人员资格鉴定与认证》。

8.3.2　检测人员的职责

对于不同资格的检测人员，其职责与权限也不同。一般来讲，Ⅰ级、Ⅱ级和Ⅲ级检测人员的职责见下文。除此之外，不同企业还会在企业的质量管理体系文件中规定各级人员的其他职责、权限，各级检测人员应严格按照规定行使权限。

1. Ⅰ级

Ⅰ级持证人员应已证实具有在Ⅱ级和Ⅲ级人员监督下，按书面工艺卡实施无损检测的能力。在证书所明确的能力范围内，经雇主授权后，Ⅰ级人员可按无损检测工艺卡实施下列工作：

1）调整无损检测设备。

2）实施检测。

3）按书面验收条款记录和分类检测结果。

4）报告结果。

Ⅰ级持证人员不应负责选择检测方法或技术，也不对检测结果进行解释。

2. Ⅱ级

Ⅱ级持证人员应已证实具有按无损检测工艺规程实施无损检测的能力。在证书所明确的能力范围内，经雇主授权后，Ⅱ级人员可执行下列任务：

1）选择所用检测方法的检测技术。

2）限定检测方法的应用范围。

3）根据实际工作条件，把无损检测的法规、标准、规范和工艺规程转化为无损检测工艺卡。

4）调整和验证设备设置。

5）执行和监督检测。

6）按适用的标准、法规、规范或工艺规程解释和评价检测结果。

7）准备无损检测作业指导书。

8）实施和监督属于Ⅱ级或低于Ⅱ级的全部工作。

9）为Ⅱ级或低于Ⅱ级的人员提供指导。

10）报告无损检测结果。

3. Ⅲ级

Ⅲ级持证人员应已证实具有其所认证的方法来实施和直接指挥无损检测操作的能力。在证书所明确的能力范围内，经雇主授权后，Ⅲ级人员可执行下列任务：

1）对检测机构或考试中心及其员工负全部责任。

2）制定、编辑性和技术性审核，确认无损检测工艺卡和工艺规程。

3）解释标准、法规、规范和工艺规程。

4）确定适用的特殊检测方法、工艺规程和工艺卡。

5）实施和监督各个等级的全部工作。

6）为各个等级的无损检测人员提供指导。

Ⅲ级人员还应证实具有：

1）用标准、法规和规范来评价和解释检测结果的能力。

2）相关材料、装配、加工和产品工艺等方面的足够实用知识，适于选择无损检测方法、确定无损检测技术以及协助制定验收准则（在没有现成可用的情况下）。

3）一般地熟悉其他无损检测方法。

8.4　渗透检测的设备器材管理

检测设备是保障检测结果准确可靠的必不可少的手段，科学合理地配置适宜的检测设备，并对其进行有效的使用、管理，是无损检测工作者的重要工作。设备的管理包括设备的购置、安装、调试、验收、建账、建档、标识管理、故障维修、保养、报废等一系列过程。渗透检测使用的设备和器材主要有便携式设备（渗透剂、清洗剂和显像剂喷罐）、固定式设备（如预清洗装置、渗透剂施加装置、乳化剂施加装置、水洗装置、干燥装置、显像剂施加装置和后清洗装置等）、白光灯、黑光灯以及辅助器材（如黑光辐照度计、黑光照度计、白光照度计、荧光亮度计、标准试块等）。渗透检测设备与器材的管理也应按照企业的质量管理体系及计量认证体系的要求进行管理，建立设备管理职责及设备管理制度。

1. 仪器设备的配置

应根据所开展的新检测项目配置检测设备，应考虑设备的先进性；选购设备时，要选择有质量保证能力的供应单位、生产单位，在签订合同时应明确质量要求。

2. 仪器设备的安装、调试、验收

仪器设备到企业后应组织及时开箱检查，检查仪器设备的外观、随机附件、工具及资料等，若发现问题及时与供货单位联系。按要求进行安装、调试，安装、调试应有记录，完成后应组成验收组进行验收并记录。

需计量检定、校准的仪器设备必须检定校准合格才能通过性能验收，投入使用。

3. 仪器设备的建账、建档

应对仪器设备进行唯一性编号，仪器设备应登记建账、建立设备档案。档案一般包括以下内容：

1）仪器设备名称、型号规格、技术指标、用途及符合相应标准的核查记录。

2）制造商名称、地址和联系方式。

3）仪器设备编号和安装场地。

4）进公司日期和启用日期。

5）仪器设备使用说明书和随机其他技术资料。

6）安装调试验收记录。

7）所有检定、校验或检查、核查的日期及结果。

8）使用、维护记录。

9）仪器设备故障及维修、报废记录。

10）操作规程、校验方法、期间核查方法文本（如果有）。

4. 仪器设备的检定、校验、比对、检查和状态标识

仪器设备的检定、校验按规定、计划定期执行（如紫外线辐照计应每年由计量部门校验一次，渗透剂含水量校验周期为3个月），强制检定的仪器应由法定计量部门实施；应定期对设备的检测能力进行比对，并记录比对结果；对检验质量有影响的非计量辅助设备进行检查，确认其功能是否正常；需要期间核查的计量仪器按期间核查程序的规定执行。应标识检测设备的检定及工作状态。

实验室一般应对处于下列情况的设备或标准进行期间核查：

1）使用频繁。

2）使用环境严酷或使用环境发生剧烈变化。

3）使用过程中容易受损、数据易变或对数据存疑的。

4）脱离实验室直接控制后返回的。

5）临近失效期。

6）第一次投入运行的。

实验室应针对具体的设备或计量标准的各自特点，从经济性、实用性、可靠性、可行性等方面综合考虑相应的期间核查方法。使用技术手段进行期间核查的方法常见的有以下五种：

1）参加实验室间比对。

2）使用有证标准物质。

3）与相同准确等级的另一个设备或几个设备的量值进行比较。

4）对稳定的被测件的量值重新测定（即利用核查标准进行期间核查）。

5）在资源允许的情况下，可以进行高等级的自校。

不同实验室所拥有的测量设备和参考标准的数量和技术性能不同，对检测/校准结果的影响也不同。实验室应从自身的资源和能力、设备和参考标准的重要程度以及质量活动的成本和风险等因素考虑，确定期间核查的对象、方法和频率，并针对具体项目制订期间核查的方法和程序。实验室应在体系文件中对此做出规定。

5. 仪器设备的使用、保管

所有较复杂的检测设备都应按规定编制仪器设备操作规程和维护作业指导书，并方便操作者取用。操作者应熟悉设备的结构、性能、操作规程及维护保养方法，并考核合格获上岗操作证后，方可上岗操作。

检测前、后都应对仪器设备的状态进行检查并记录，发现异常时应组织分析，评估对以前检测工作可能造成的影响，提出处理措施。使用计算机或自动化设备时，应对计算机软件的功能进行定期确认。

在移动、调整检测设备时，应确保设备不失准。

6. 仪器设备的维护保养

应明确指定各台仪器设备的维护责任人。应制订设备维护保养规范，规定保养的周期、项目、方法、保养人等内容，并按规定实施。保持维护保养的记录，作为该仪器设备档案的一部分。

7. 仪器设备的维修

仪器设备出现故障时，应在该仪器设备上标注停用标识。组织鉴别故障产生的原因后，进行修理；对修复的仪器设备验收，如需检定或校准的，要检定校准合格后才能验收使用。

发现设备故障，应组织评估对以前的检测工作可能造成的影响，提出处理措施。维修情况及维修效果、验收结果应记录，并存入仪器设备档案。

8. 仪器设备的报停和启用

因检测业务或其他原因，仪器设备暂时不用时，可按程序申请报停，并粘贴停用标识；停用的仪器设备也需进行维护保养，并参加仪器设备的检查比对。停用的仪器设备若检测工作需要重新启用时，应填写启用申请，并经授权人批准。需检定或校准的应检定或校准合格后方可使用。

9. 仪器设备的降级、报废

仪器设备的降级、报废应按程序申请、报批，并组织鉴定。降级的仪器设备应标识，明确准用范围。超过使用期限或无法修复的设备，可申请报废，批准报废的仪器设备应在设备上标注报废，在台账中注明，并按有关规定办理固定资产变更手续。

8.5 渗透检测耗材的管理

渗透检测中用到的耗材如渗透剂、清洗剂、显像剂等，也可列为渗透检测器材。对这些耗材的管理包括供应商的选择评价、采购、验收、出入库、储存和使用等过程的控制。质量管理体系标准对耗材的采购提出了严格的要求。应根据耗材对检测质量的影响程度来选择提供耗材的供应商，制定选择、评价供应商的准则，并定期对供应商的供货质量及供货能力等进行动态监控，将评价合格的供应商列入合格供应商名录，实施定点采购。

在采购实施过程中应通过采购计划、采购订单或采购合同、招投标书等，明确拟采购的耗材的品名、型号、数量等信息，并经授权人批准后实施定点采购。对于采购的耗材入库前应进行验收，必要时进行检验，保存验收记录及质量合格证明。

对新购进和使用中的渗透检测材料必须定期进行质量控制校验。如果新的渗透检测材料性能达不到要求或使用中生产工艺改变，则会影响渗透检测工作的可靠性。提取检测的渗透材料的试样要确保具有代表性，应将渗透剂充分地混合均匀，使其沉淀物质或分离物均包括在样品中，储存渗透剂样品的容器必须清洁，容器不被渗透材料腐蚀和渗漏。

1. 新购进的渗透检测剂的质量控制项目

新购进的渗透检测剂（如渗透剂）须复验腐蚀性、荧光亮度、可去除性、闪点、黏度、含水量和灵敏度。显像剂需复检项目如干粉显像剂的荧光性，非水湿显像剂和水悬浮性显像剂的再悬浮、沉淀性，只有符合要求才可用于检验。当检验镍基合金、钛合金、奥氏体不锈钢等材料的试件时，必须控制渗透剂中硫、氟、氯的含量。选择渗透检测剂系统必须是同族组的，不同族组的产品不能混用，原则上必须采用同一生产厂家的产品。表 8-1、表 8-2、表 8-3 分别是渗透剂、乳化剂和显像剂的入厂质量控制鉴定项目。

表 8-1　渗透剂液入厂质量控制鉴定项目

序号	项　目	技术要求	备注
1	闪点	大于等于 93℃（开口闪点）	不同渗透剂有不同标准
2	黏 度	与标称值相差不超过±10%	标称值由质保单提供
3	荧光亮度	符合要求	标称值由质保单提供
4	灵敏度	符合该灵敏度级别	用 5 点 B 型试块试验
5	腐蚀性（中温）	试样无失光、变色、腐蚀	
6	含水量	小于 5%（质量分数）	
7	可去除	符合要求	

表 8-2　乳化剂入厂质量控制鉴定项目

序号	项　目	技术要求	备注
1	乳化性能	乳化剂的去除性能不应明显低于标准乳化剂	
2	含水量	符合要求	

表 8-3　显像剂入厂质量控制鉴定项目

序号	项　目	技术要求	备注
1	松散度	应小于 0.075g/cm^3	
2	再悬浮性	符合要求	
3	沉淀性	静置 15min 后分界线距上表面不超过 2mL(溶剂悬浮显像剂)	
4	可去除性	符合要求	

2. 渗透检测剂在使用过程中的校验

使用过程中的渗透剂等材料按周期校验亮度、含水量、去除性和灵敏度。乳化剂应校验去除性、含水量和浓度。干显像剂应检查干燥和荧光污染程度。水溶和水悬浮显像剂应检查润湿性和荧光污染。只有符合要求，才能继续使用。使用过程中渗透检测材料的校验周期是基于每天多班制、工作全负荷的情况。当实际工作量不足时，可以根据实际情况，每天、每周检查校验的项目可降低校验频次，适当延长校验周期，但一般只允许延长至下次渗透检测工作开始之前。渗透剂、乳化剂和显像剂的校验项目分别见表 8-4、表 8-5 和表 8-6。

表 8-4　渗透剂的校验项目

序号	项　目	校验周期	标准及要求	备注
1	荧光亮度校验	3 个月	当荧光亮度降低到同批材料的标准样品的 75%以下就不允许继续使用	
2	水洗型渗透剂含水量	3 个月	含水量超过 5%(体积分数)不允许继续使用	
3	水洗型渗透剂可去除性	1 个月	符合要求	
4	灵敏度校验	每班工作前	应当能发现规定的等级，才能开展检测工作	采用 B 型试块
5		6 个月	灵敏度低于同批材料的标准样品，则不允许继续使用	采用 C 型试块
6	腐蚀性能(常温)	6 个月	不合格就不能使用	

表 8-5　乳化剂的校验项目

序号	项目	校验周期	标准及要求	备注
1	外观检查	每天	发现沉淀及黏度增大而引起乳化性能降低就不能使用	
2	荧光污染	1 周	发生污染，影响使用时则不准使用	
3	乳化能力	1 个月	乳化时间延长 1 倍就不能使用	

表 8-6　显像剂的校验项目

序号	项目	校验周期	技术要求	备注
1	干式显像剂外观检查	每个工作班	发现有明显的荧光或结块凝聚现象，不准使用	
2	干式显像剂松散度校验	1 个月	如不符合要求就不准使用	

（续）

序号	项目	校验周期	技术要求	备注
3	干式显像剂荧光（或着色渗透剂）污染	1个月	有明显污染不符合要求，不准使用	
4	湿式显像剂	1个月	如不符合要求就不准使用	
5	显像灵敏度	1周	发现显像能力下降或失去附着力，则不准使用	使用A型试块进行试验

耗材的领用应按规定执行。耗材的储存应确保储存的环境条件及方式、场地符合要求。在储存过程中，确保账、卡、物的一致性。由于渗透检测用到的耗材大多是化学品，具有一定的保质期，应做到“先进先出”的使用原则，定期检查库存耗材的质量。使用耗材时，严格按照说明书执行。

8.6 渗透检测环境与安全防护管理

渗透检测剂系统的材料大多是易燃、易挥发的有机溶剂，在整个渗透检测过程中，渗透检测剂可能对使用者健康造成危害、对生态环境造成各种污染。渗透检测剂使用时要注意防火和防止其毒害，其他注意事项如下：

1）在满足检测灵敏度要求的前提下，尽量采用无毒或低毒渗透检测剂。

2）渗透检测所用的检测剂一般是无毒或低毒的，但是如果人体直接接触和吸收渗透剂、清洗剂等，有时会感到不舒服，会出现头痛和恶心。尤其是在密封的容器内或室内检测时，容易聚集挥发性的气体和有毒气体，所以必须充分地进行通风。关于有机溶剂的使用，应根据有机溶剂预防中毒的规则，限定工作环境有机溶剂的浓度。

3）正确使用防护用品。有些渗透检测用渗透剂、清洗剂、乳化剂和显像剂具有很强的溶解脂肪和油的能力，手和皮肤长时间接触这些材料容易引起皮肤干燥、粗糙、变红和裂口。因此，直接参与渗透检测或接触渗透检测材料的人员在操作前，要戴上浸塑手套，浸塑手套用完后，要用水或肥皂清洗干净，擦干；皮肤已接触到渗透材料时，要立即用肥皂彻底清洗，接触到荧光渗透剂时，可在黑光灯下检查清洗效果，清洗干净后可涂上防护油脂或软膏。

4）严格遵守操作规程，喷洒渗透检测剂时，人最好立于上风处。

5）严格工艺纪律，防止三氯乙烯气体受紫外线照射后产生剧毒的光气。

6）在规定波长范围内的紫外线对眼睛和皮肤是无害的。但必须注意：如果长时间的直接照射眼睛和皮肤，有时会使眼睛疲劳和灼红皮肤。所以在检测操作时，必须注意眼睛和皮肤的保护。

7）渗透检测防火安全措施。

① 操作现场应做到文明整洁，并有切实可行的防火措施。

② 避免阳光直射盛装检测剂的容器。

③ 避免在火焰附近以及在高温环境下操作，如果环境温度超过 50℃，应特别引起注意，操作现场禁止明火存在。

④ 绝不允许将压力喷罐直接放在火焰附近，以此达到加温的目的，可用 30℃ 以下温水加热。

⑤ 工作现场不准吸烟。

8）检测人员应定期体检。

8.7　渗透检测的文件管理

8.7.1　文件管理的一般要求

企业的文件可分为内部文件和外来文件。按照质量管理体系的要求，内部文件一般包括质量手册、程序文件、作业指导书（如工艺文件、管理制度等），外来文件包括有关的法律法规、标准，顾客提供的技术文件等。无论是哪种文件，均应按照 ISO 9001 质量管理体系的文件控制要求管理。对内部文件的控制包括文件的编制、审核、批准、版本、发放、登记、评审、更改、作废等。对外来文件，应识别、收集有关法律法规、标准等外来文件，并控制外来文件的发放。

企业的质量管理体系文件是任何企业员工都需要遵守的。对于渗透检测人员，在具体实施检测工作时，技术标准、工艺规程、工艺卡是作业的直接依据。因此，渗透检测等无损检测人员了解这些技术文件的编写、使用及管理是非常重要的。

8.7.2　技术标准

1. 标准的定义

标准是指为了在一定范围内获得最佳秩序，经协商一致制定并由公认机构批准，共同使用和重复使用的一种规范性文件。制定标准的目的就是获得最佳秩序和促进最佳共同效益。最佳秩序是指通过制定和实施标准，使标准化对象的有序化程度达到最佳状态，而最佳共同效益指的是相关方的共同效益，而不是仅仅追求某一方的效益。标准产生的基础是科学、技术和经验的综合成果。制定标准的对象是“重复性事物”。标准由公认的权威机构批准。

2. 标准化的定义

标准化是指为在一定范围内获得最佳秩序，对现实问题或潜在问题制定共同使用和重复使用的条款的活动。标准化是一个活动过程，主要是制定标准、实施标准，进而修订标准的过程，它是一个不断循环、螺旋式上升的运动过程。每完成一个循环，标准的水平就提高一步。标准化是一项有目的的活动，除了为达到预期目的改进产品、过程和服务的适用性之外，还包括防止贸易壁垒，促进技术合作。标准化活动是建立规范的活动，所建立的规范（条款）具有共同使用和重复使用的特征。

在无损检测过程中，对于同一个被检测对象，尽管采用同一种检测方法（如渗透检测），如果实施的检测程序、选择的参数不同或有差异（如检测方法、渗透时间、显像条件等），则检测结果将会存在差异，甚至存在明显的不同，显然，这样不可能对被检测对象做出准确、可靠的评价。因此，无损检测的质量管理中标准化工作是一项重要的内容，包括检测方法、验收方法、工艺规程、工艺卡、检测报告等的内容及格式标准化。标准化的基础工作是建立标准，使得不同的检测人员，只要具有符合要求的技术资格，按照统一的技术文件实施，都能得到一致的检测结果确保无损检测的稳定性、可重复性及可靠性。我国的无损检测标准化工作尚在不断的建设与完善过程中。

3. 标准代号

不同的国家、不同的标准制定机构对于制定的标准都有特定的标准代号。为了对世界主要国家及组织、国内外相关标准制定机构的标准代号有一个基本了解，以便更好地选择、应用标准，表 8-7、表 8-8 列出了国内外标准代号的相关信息。

表 8-7 部分国内标准代码的意义及发布机构

序号	代号	意 义
1	GB	国家标准
2	GJB	国家军用标准
3	HB	航空工业标准
4	QJ	航天工业标准
5	CB	船舶工业标准
6	WJ	兵器工业标准
7	EJ	核工业标准
8	SJ	电子工业标准
9	JB	机械工业标准
10	YB	冶金工业标准

表 8-8 部分国际组织与国外标准代号制定机构及其英文名称

序号	代号	制定机构	制定机构的英文名称
1	ISO	国际标准化组织	International Organizationfor Standardization
2	IEC	国际电工委员会	International Electrotechnical Commission
3	IAEA	国际原子能机构	International Atomic Energy Agency
4	ICS	国际造船联合会	International Committee of Shipping
5	ANSI	美国国家标准学会	American National Standards Institute
6	ASTM	美国材料与试验协会	American Society for Testing and Materials
7	ASME	美国机械工程学会	American Society of Mechanical Engineers
8	MIL	美国军用标准	American Military Standards
9	BS	英国标准学会	British Standards Institute
10	LR	英国劳氏船级社	Lloyd's Register of Shipping
11	EN	欧洲标准化委员会	European Committee for Standardization
12	DIN	德国标准化学会	Dutsches Institute for Normung
13	JIS	日本工业标准调查会	Japanese Industrial Standards Committee
14	NF	法国标准化协会	Association Fran,caise de Normalisation
15	ГОСТ	俄罗斯国家标准	The State Standard Committee of Russian

4. 渗透检测标准的分类

按照我国对标准的分类方法，根据标准的适用范围，渗透检测标准分为国家标准、国家军用标准、行业（部门）标准和企业标准四个级别。

从标准化角度，按 GB/T 15496—2003《企业标准体系　要求》，标准分为技术标准、管理标准和工作标准三大标准。渗透检测标准属于技术标准。按技术标准的组成，渗透检测标准可分为为基础标准，产品标准，方法标准，安全、卫生与环境保护标准四类。

（1）基础标准　基础标准是指在一定范围内作为其他标准的基础并具有广泛指导意义的标准。如渗透检测的术语、量纲等标准，如 GB/T 12604.3—2013《无损检测　术语　渗透检测》等。

（2）产品标准　产品标准是指对产品结构、规格、质量和检验方法所做的技术规定，如 GB/T 9443—2007《铸钢件渗透检测》、JB/T 7523—2010《无损检测　渗透检测用材料》、JB/T 6064—2015《无损检测　渗透试块通用规范》JB/T 6062—2007《无损检测　焊缝渗透检测》。

（3）方法标准　方法标准是指以产品性能、质量方面的检测、试验方法为对象而制定的标准。其内容包括检测或试验的类别、检测规则、抽样、取样测定、操作、精度要求等方面的规定，还包括所用仪器、设备、检测和试验条件、方法、步骤、数据分析、结果计算、评定、合格标准、复验规则等。如 QJ 2286—1992《铸件荧光渗透检验方法》、CB/T 3802—1997《船体焊缝表面质量检验要求》、NB/T 47013.5—2015《承压设备无损检测　第 5 部分：渗透检测》、JB/T 9218—2015《无损检测　渗透检测方法》、GJB 2367A—2005《渗透检验》。

（4）安全、卫生与环境保护标准　这类标准是以保护人和物的安全、保护人类的健康、保护环境为目的而制定的标准。这类标准一般都要强制贯彻执行。

渗透检测人员应该熟悉适用的渗透检测标准的范围、内容，以指导实际检测工作。渗透检测标准是必须遵守的检测法规，也是制定检测工艺规范、工艺卡等技术文件的依据。

8.7.3　工艺文件

1. 检测规程

规程是阐明产品、活动要求的文件，有产品规程、工艺规程、检测规程和试验规程等。检测规程是检测单位对一类产品所规定的检测工作的程序、操作方法、技术、设备与器材、材料、人员、质量、安全等要求的文件。检测规程是根据相关法规、技术标准、委托检测单位的要求，结合检测单位的具体技术条件而编制的技术文件，应详细、明确，具有指导作用。为使渗透检测技术处于受控状态，检测结果可靠并能满足要求，渗透检测单位应编制渗透检测规程。渗透检测规程必须由Ⅲ级持证人员编制，检测单位的技术负责人或授权人员批准。渗透检测规程也是检测工艺卡的编制依据，渗透检测人员必须严格遵守。

渗透检测规程一般包括以下内容：

1）适用范围。

2）检测的依据：法规、标准等。

3）检测准备要求（检测时机、试件表面状况等）。

4）设备与器材要求（喷罐、渗透槽、乳化槽、清洗槽、干燥装置、喷粉柜、白光灯、黑光灯等)。

5) 检测操作方法(着色渗透检测程序和荧光渗透检测程序等)。

6) 技术条件要求(渗透时间、渗透温度、干燥时间、干燥温度、显像时间、显像温度等)。

7) 记录报告。

8) 安全防护等。

2. 检测工艺卡

工艺卡是指导操作人员对具体产品进行生产的工艺性文件，一般以表卡的形式出现。针对不同的过程有不同的工艺卡，如焊接工艺卡、装配工艺卡、热处理工艺卡及电镀工艺卡等。渗透检测也有相应的工艺卡。渗透检测工艺卡是针对具体产品的渗透检测而规定方法、参数和技术要求的工艺文件。一般由检测单位的Ⅱ级人员编制，Ⅲ级人员审核，由检测单位技术负责人或授权人员批准。渗透检测工艺卡编制的依据是有关产品的法规、标准以及检测规程等。渗透检测工艺卡的内容如下：

1) 产品有关信息：产品名称、编号，制造、安装或检测编号，特种设备类别、规格尺寸、材料牌号、热处理状态和表面状态。

2) 检测设备与器材：检测用仪器的名称、型号、试块名称和检测材料。

3) 检测技术标准。

4) 检测工艺及技术参数：检测方法及参数、检测部位、检测比例和检测时机。

5) 检测示意图：检测部位、缺陷部位和缺陷分布。

6) 检测质量控制要求等。

7) 编制人(级别)、审核人(级别)，制定日期。编制、审核应符合相关法规、技术规范和技术标准的要求。

渗透检测工艺卡的样式可根据各工业部门的有关法规、标准等确定。

检测规程与检测工艺卡的主要区别是：检测规程的对象是某类产品或试件，内容多为一些原则性的要求，不一定很具体，多以文字形式表述，是一种指导性技术文件；检测工艺卡是根据检测规程结合有关标准针对某一具体的试件而编写的，内容具体，是一种操作性很强的技术文件，多以图表形式出现，一般要求一物一卡。

表8-9给出了某企业的焊缝渗透检测工艺卡。

3. 渗透检测工艺管理

检测规程、检测工艺卡等工艺文件是文件化、表格化的，是正确实施检测工艺的依据。因此，这些检测工艺文件编制完成、审批后应及时发布，操作人员必须严格执行。为了严肃工艺纪律，在执行过程中，应组织对工艺文件执行的情况进行定期、不定期的监督和检查。

工艺文件在执行过程中若发现存在不适宜或错误的地方，应提出修改申请，按质量管理体系规定的程序和职责修改，任何人不能私自修改。

由于现场检测条件或试件结构受到限制，不能采用工艺文件规定的检测方法或工艺参数进行检测。在这种情况下，可能导致检测灵敏度达不到要求、缺陷漏检，对此必须严格控制，包括检测申请、方案制订、试验、工艺编制和审批等的控制。

如果是采用新技术、新工艺、新设备、新材料进行检测，这相当于确定一种新的检测方法能否应用于检测过程。对于这种情况，应通过严格的工艺评审来确定它的可行性。首先应

由提出部门提出书面申请，经主管技术负责人或企业授权人员批准后立项，由专人负责组织

表 8-9　某企业的焊缝渗透检测工艺卡

工艺卡编号：GY-××××PT01

设备名称	见委托单	受检状态	焊后/热后	规格	见委托单	材质	见委托单
检测时机	外观检查合格后	渗透温度	10~25℃（室温）	检测部位	焊缝	表面状态	原状/打磨
检测方法	Ⅱ C-d	检测比例	见委托单	可见光照度	≥1000lx	灵敏度试块	B 型、灵敏度 3 级
渗透剂型号	HD-RS	清洗剂型号	HD-BX	显像剂型号	HD-XS	显像时间	≥7min
渗透剂施加	喷涂	去除方法	擦除	显像剂施加	喷涂	检测验收标准	NB/T 47013.5—2015
渗透时间	≥10min	干燥时间	自然干燥	观察方式	白光下目视	合格级别	Ⅰ级
不允许存在缺陷	1）不允许存在任何裂纹 2）不允许线形缺陷显示，圆形缺陷显示长径 $d \leq 1.5$mm，且在评定框内少于等于 1 个（评定框尺寸为 35mm×100mm）						
检测部位示意草图	详见委托单						

序号	工序名称	操作步骤及技术参数作控制要求
1	表面准备	打磨去除焊缝及焊缝两侧各 25mm 范围内的焊渣、飞溅及表面不平
2	预清洗	用清洗剂将被检表面清洗干净
3	干燥	自然干燥
4	渗透	喷涂施加，覆盖整个被检表面，在整个渗透时间内始终保持润湿，渗透时间≥10min
5	去除	先将表面大部分多余的渗透剂用不脱毛、干净的绵丝依次擦拭去除掉，再用蘸有清洗剂的绵丝或抹布进行擦拭，直至将被检表面多余的渗透剂全部擦净。擦拭时注意应按一个方向进行，不得往复擦拭，不得用清洗剂直接在被检面上冲洗
6	干燥	自然干燥
7	显像	喷涂施加，喷嘴离被检面 300~400mm，喷涂方向与被检面夹角为 30°~40°，使用前摇动喷罐使显像剂均匀，施加应薄而匀，不得在同一地点反复施加，显像时间≥7min
8	观察	显像剂施加后 7~60min 内进行，被检面白光照度应大于 1000lx，必要时可用 5~10 倍放大镜进行观察，缺陷用照相方法记录，并在草图上标明缺陷所在位置
9	复验	应将被检面彻底清洗干净，重新进行渗透检测操作各步骤，检测灵敏度不符合要求、操作方法有误或技术条件改变时，各方有争议或认为有必要时进行
10	后清洗	用干布擦除表面显像剂，再用溶剂擦洗干净
11	评定与验收	根据缺陷显示尺寸及性质按 NB/T 47013.5—2015 进行等级评定，Ⅰ级合格
12	报告	按照委托方要求出具至少包括 NB/T 47013.5—2015 规定内容的报告
备注		1）一定量渗透剂中的氯、氟元素的含量的质量分数不得超过 1%（奥氏体钢和钛及钛合金材料） 2）灵敏度要达到 3 级高灵敏度，试块上裂纹区位要清楚显示 3 个 3）渗透检测实施前、检测操作方法有误或条件发生变化时，用 B 型试块按工艺进行校验

编制人：	审核人：	审批人：
资　格：　　年　月　日	资　格：　　年　月　日	资　格：　　年　月　日

工艺研发，经过反复的试验验证，再进行试用、评审、修改等一系列过程，最后通过鉴定，形成工艺文件。

8.8　渗透检测记录及归档

按照 ISO 9000 标准的定义，记录是阐明所取得的结果或提供所完成活动的证据的文件。记录可用于为可追溯性提供文件，并提供验证、改进的证据。

渗透检测时应认真填写渗透检测记录。记录内容应包括：工程名称、工程编号、材质、尺寸、热处理状态、检测部位、检测比例、渗透检测剂牌号、标准试片、检测方法（包括渗透剂类型和显像方式）、操作条件（包括渗透温度、渗透时间、干燥温度和时间、显像时间）、操作方法（包括预清洗方法、渗透剂施加方法、去除方法、干燥方法、显像剂施加方法、观察方法）、验收标准、缺陷情况、返修及复探情况、检测结论等，检测人员及审核人员应在检测记录上签名。

所有检测资料应妥善保管，保管期原则上不少于 7 年，7 年后若用户需要转交给用户保管。

渗透检测报告是提供产品质量是否达到要求的重要证据。渗透检测报告至少应包括下述内容：

1）委托单位。

2）被检试件的名称、编号、规格、材质、焊接方法和热处理状况。

3）检测设备的名称、型号。

4）检测标准和验收等级。

5）检测规范、技术等级和检测条件等。

6）试件检测部位及缺陷显示部位草图。

7）检测结果及质量分级。

8）检测人员和责任人员签字及其技术资格。

9）检测日期。

表 8-10 是焊缝渗透检测报告样本，供读者参考。

检测单位应有适合自身具体情况并符合现行质量体系的记录管理制度。应规定渗透检测记录的编制、填写、更改、识别、收集、索引、存档、维护和清理等的方法。

1）记录的格式应统一编制，为了管理方便，可以编制渗透检测记录目录并编制记录编号。如果需要修改检测表格的样式，应按有关规定，经申请批准后按程序修改。

2）每次检测的记录应包含足够的信息以保证其能够再现，具有可追溯性。

3）所有检测工作应当予以记录，不能补记或追记。记录应整洁、真实、客观。

4）原始记录如填写错误，不得随意涂、描、刮、贴、重抄。确需更正时，应按规定执行。同时加盖更改人印章或签名。对电子存储的记录也应采取有效的措施，避免原始信息或数据的丢失或改动。

5）渗透检测原始记录应由检测人员填写，渗透检测报告应由具备渗透检测资格的Ⅱ级或Ⅲ级人员出具，应按有关规定经资格人员审核、批准或签发。

6）渗透检测记录应按规定的方法及时收集、保存。所有记录和报告都应安全储存、妥善保管。保存的环境和场所应确保检测记录不受损坏。

7）记录的保存方式应便于查阅，可以按照日期、产品或顾客的不同进行归档保存，并编目录、建立台账。

8）记录的借阅应按规定经过批准，并应注意对涉及的原始数据及有关工艺进行保密。

9）所有质量记录和原始观测记录、计算和导出数据应按适当的期限保存。保存的期限应符合有关的法律法规及单位的规定。对于超过保存期限的记录，应及时清理，编制目录，经过批准由专人销毁。

表 8-10　焊缝渗透检测报告样本

委托编号：WT-×××××××××　　记录编号：JL-×××××××××　　报告编号：BG-××××××××

<table>
<tr><td rowspan="5">工件</td><td>试件名称</td><td colspan="3">试件</td><td>试件编号</td><td>PT108-72</td></tr>
<tr><td>材质</td><td colspan="3">Q235B</td><td>规　　格</td><td>150mm×100mm</td></tr>
<tr><td>坡口形式</td><td colspan="3">V</td><td>检测方法</td><td>Ⅱ C-d</td></tr>
<tr><td>检测部位</td><td colspan="3">焊缝</td><td>表面状态</td><td>打磨</td></tr>
<tr><td>加工方式</td><td colspan="3">■焊接□锻造□铸造□精加工</td><td>热处理状态</td><td>—</td></tr>
<tr><td rowspan="6">器材方法及参数</td><td>渗透剂型号</td><td colspan="3">HD-RS</td><td>渗透温度</td><td>26℃</td></tr>
<tr><td>清洗剂型号</td><td colspan="3">HD-BX</td><td>渗透时间</td><td>12min</td></tr>
<tr><td>显像剂型号</td><td colspan="3">HD-XS</td><td>显像时间</td><td>10min</td></tr>
<tr><td>渗透剂施加方法</td><td colspan="3">喷涂</td><td>观察方法</td><td>目视</td></tr>
<tr><td>清洗方法</td><td colspan="3">溶剂去除(擦拭)</td><td>灵敏度试块</td><td>B 型</td></tr>
<tr><td>显像施加方法</td><td colspan="3">喷涂施加</td><td>观察条件</td><td>可见光 1000lx</td></tr>
<tr><td rowspan="2">技术要求</td><td>要求检测比例</td><td>100%</td><td>实际检测比例</td><td>100%</td><td>工艺卡号</td><td>GY-××××××××</td></tr>
<tr><td>检测标准</td><td>NB/T 47013.5—2015</td><td>验收标准</td><td>NB/T 47013.5—2015</td><td>合格级别</td><td>Ⅰ级</td></tr>
<tr><td colspan="7">检测部位缺陷情况</td></tr>
<tr><td colspan="7">示意图：</td></tr>
</table>

<table>
<tr><td>报告人：
资格：
检测日期：　　年　月　日</td><td>审核人：
资格：
审核日期：　　年　月　日</td><td>检测单位无损检测专用章
报告日期：　　年　月　日</td></tr>
</table>

技能训练 渗透检测工艺卡实例

1. 钢制安装板着色渗透检测工艺卡（表 8-11）

表 8-11 钢制安装板着色渗透检测工艺卡

零件名称	安装板	受检状态	折弯后	规格		见委托单	材质	Q235
检测时机	外观检查合格后	渗透温度	10~25℃（室温）	检测部位	折弯处表面	表面状态	板材原状
检测方法	Ⅱ C-d	检测比例	100%	可见光照度	≥1000lx	灵敏度试块	B 型、灵敏度 3 级
渗透剂型号	HD-RS	去除剂型号	HD-BX	显像剂型号	HD-XS	显像时间	≥7min
渗透剂施加	喷涂	去除方法	擦除	显像剂施加	喷涂	检测验收标准	NB/T 47013. 5—2015
渗透时间	≥10min	干燥时间	自然干燥	观察方式	白光下目视	合格级别	Ⅰ级
不允许存在缺陷	1）不允许存在任何裂纹 2）不允许线形缺陷显示，圆形缺陷显示长径 $d \leqslant 1.5$mm，且在评定框内少于等于 1 个（评定框尺寸为 35mm×100mm）						
检测部位示意草图	检测区域						

序号	工序名称	操作步骤及技术参数作控制要求
1	表面准备	打磨去除折弯处及两侧各 25mm 范围内的氧化皮及表面不平
2	预清洗	用清洗剂将被检表面清洗干净
3	干燥	自然干燥
4	渗透	喷涂施加，覆盖整个被检表面，在整个渗透时间内始终保持润湿，渗透时间≥15min
5	去除	先将表面大部分多余的渗透剂用不脱毛、干净的绵丝依次擦拭去除掉，再用蘸有清洗剂的绵丝或抹布进行擦拭，直至将被检表面多余的渗透剂全部擦净。擦拭时注意应按一个方向进行，不得往复擦拭，不得用清洗剂直接在被检面上冲洗
6	干燥	自然干燥，时间 7min
7	显像	喷涂施加，喷嘴离被检面 300~400mm，喷涂方向与被检面夹角为 30°~40°，使用前摇动喷罐使显像剂均匀，施加应薄而均匀，不得在同一地点反复施加，显像时间≥7min
8	观察	显像剂施加后 10~60min 内进行观察，被检面白光照度应大于 1000lx，必要时可用 5~10 倍放大镜进行观察，缺陷用照相方法记录，并在草图上标明缺陷所在位置
9	复验	应将被检面彻底清洗干净，重新进行渗透检测操作各步骤，检测灵敏度不符合要求、操作方法有误或技术条件改变时，各方有争议或认为有必要时进行
10	后清洗	用湿布擦除表面显像剂，再用溶剂擦拭干净
11	评定与验收	根据缺陷显示尺寸及性质按 NB/T 47013. 5—2015 进行等级评定，Ⅰ级合格
12	报告	按照委托方要求出具至少包括 NB/T 47013. 5—2015 规定内容的报告
备注	1）一定量渗透剂中的氯、氟元素的含量的质量分数不得超过 1%（奥氏体钢和钛及钛合金材料） 2）灵敏度要达到 3 级高灵敏度，试块上裂纹区位要清楚显示 3 个 3）渗透检测实施前、检测操作方法有误或条件发生变化时，用 B 型试块按工艺进行效验	

编制人：	审核人：	审批人：
资 格： 年 月 日	资 格： 年 月 日	资 格： 年 月 日

2. 高压涡轮内部导向器支承荧光渗透检测工艺

高压涡轮内部导向器支承如图 8-1 所示，检测工艺卡见表 8-12。

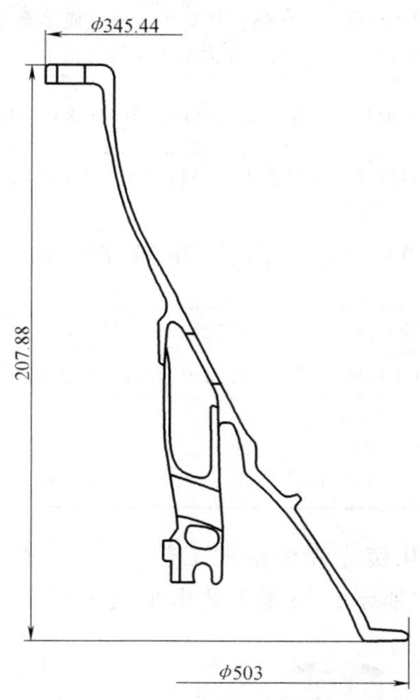

图 8-1　高压涡轮内部导向器支承

表 8-12　高压涡轮内部导向器支承检测工艺卡

零件名称	导向器支承	受检状态	精加工后	规格	见委托单	材质	INCO718
检测时机	外观检查合格后	渗透温度	25℃±5℃（室温）	检测部位	全表面	表面状态	精加工表面
检测方法	水洗荧光	检测比例	100%	紫外辐照度	≥1200μW/cm²	灵敏度试块	4 级/PSM-5
渗透剂型号	ARDROX970-P25	去除剂型号	自来水	显像剂型号	DUBL-CHEK D-90G 干粉	显像时间	≥15min
渗透剂施加	静电喷涂	去除方法	冲洗	显像剂施加	撒涂	验收标准	见下
渗透时间	≥30min	干燥方式	70℃热风吹干	观察方式	紫外线下目视	合格级别	见下
不允许存在缺陷	1)不允许存在任何线性缺陷显示，截面≤ϕ0.81mm，且长宽比例超过 4：1，即认定为线性显示 2)最大直径超过 ϕ0.81mm 的圆形相关缺陷显示 3)显微缩孔缺陷显示						
检测部位示意草图	见图 8-1						
序号	工序名称	操作步骤及技术参数作控制要求					
1	除油	水基清洗剂 TURCO 清洗零件表面，用 T-Liquid Spray 目视检查清洗效果，如表面油脂未清洗干净，须重新除油					
2	渗透	用喷涂法施加荧光渗透剂 ARDROX 970-P25，润湿时间 30min 以上					
3	去除	用(水/空气)清洗，水温 10～38℃，水压≤0.275MPa，气压≤0.172MPa，角度≤45°，在防爆紫外灯下边冲洗边观察，冲洗时间要尽可能短					

（续）

序号	工序名称	操作步骤及技术参数作控制要求
4	干燥	先用≤0.172MPa的除油压缩空气吹干零件表面多余水分，在放入热烘箱中烘干，烘干温度不超过70℃，以手拭零件表面干燥无水为干燥合格
5	显像	在零件所有表面均匀撒涂一薄层显像粉剂，型号DUBL-CHEK D-90G，显像时间不低于15min
6	观察	在紫外线下对零件所有受检表面进行检查，零件表面紫外线辐照度≥1200μW/cm²，环境白光照度≤20lx
7	记录	对合格零件填写检测原始记录及工序流转卡片，对不合格零件用记号笔在缺陷处标记并填写超差单
8	后清洗	由下道工序的车间按照前述项进行
备注	进行渗透工步时，应对零件上的蜂窝部分进行保护，以防止渗透剂污染	

编制人：	审核人：	审批人：
资　格：　年　月　日	资　格：　年　月　日	资　格：　年　月　日

3. 高压压气机二级盘后乳化荧光渗透检测工艺

高压压气机二级盘如图8-2所示，检测工艺卡见表8-13。

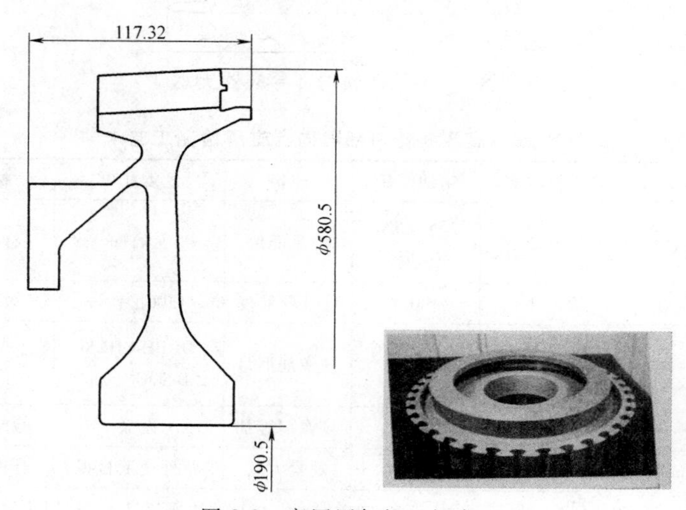

图8-2　高压压气机二级盘

表8-13　高压压气机二级盘检测工艺卡

零件名称	高压压气机二级盘	受检状态	精加工后	规格	见委托单	材质	DMD0717
检测时机	外观检查合格后	渗透温度	25℃±5℃（室温）	检测部位	全表面	表面状态	精加工表面
检测方法	后乳化荧光	检测比例	100%	紫外线辐照度	≥1200μW/cm²	灵敏度试块	4级/PSM-5
渗透剂型号	DUBL-CHEK RC-77	去除剂型号	DUBL-CHEK ER-83A乳化剂/自来水	显像剂型号	DUBL-CHEK D-90G干粉	显像时间	≥10min
渗透剂施加	槽式浸涂	去除方法	冲洗	显像剂施加	喷涂	验收标准	NB/T 47013.5—2015
渗透时间	≥30min	干燥方式	70℃热风吹干	观察方式	紫外线下目视	合格级别	Ⅰ级合格

（续）

不允许存在缺陷	1）不允许存在任何线性缺陷显示，截面≤φ0.81mm，且长宽比例超过4∶1，即认定为线性显示 2）最大直径超过φ0.81的圆形相关缺陷显示 3）显微缩孔缺陷显示	
检测部位示意草图	见图 8-2	
序号	工序名称	操作步骤及技术参数作控制要求
1	除油	水基清洗剂 TURCO 清洗零件表面，用 T-Liquid Spray 目视检查清洗效果，如表面油脂未清洗干净，须重新除油
2	渗透	将零件浸入 DUBL-CHEK RC-77 渗透剂中，零件温度≤40℃，槽液温度为室温，渗透剂与零件的接触时间至少为30min（其中浸渗15min，滴落15min）
3	预水洗	水温≤35℃，水压≤0.4MPa，时间2min
4	乳化	在浓度为3%~5%的亲水基 DUBL-CHEK ER-83A 乳化剂液中浸泡零件，停留时间2min，其中浸泡时间35s。浸泡过程中，须用机械方法不断搅拌乳化剂溶液
5	终水洗	在防爆紫外灯下边冲洗边观察，由两名操作人员从前后两个不同的角度观察清洗效果，水温≤35℃，水压≤0.2MPa，冲洗时间1.5min，冲洗效果不佳时，须增加人工补洗。清洗槽内多余的水分需要用负压吸枪吸干
6	干燥	将零件放入热烘干箱中烘干，烘干温度不超过70℃，干燥时间15min
7	显像	在零件所有表面均匀撒涂一薄层显像粉剂，型号 DUBL-CHEK D-90G，显像时间为10~60min。显像时间结束后，吹去零件表面多余的显像粉
8	观察	在紫外线下对零件所有受检表面进行检查，零件表面上距离300mm处紫外线辐照度≥1500μW/cm²，环境白光照度≤20lx，在显像后4h内进行观察检验
9	记录	对合格零件填写检测原始记录及工序流转卡片，对不合格零件用记号笔在缺陷处标记并填写超差单
10	后清洗	由下道工序的车间按照前述项进行
备注		

编制人：	审核人：	审批人：
资　格：　　年　月　日	资　格：　　年　月　日	资　格：　　年　月　日

复　习　题

一、判断题（正确的画√，错误的画×）

1. 装有合适滤光片的黑光灯，不会对人眼产生永久性损害。（　　）
2. 荧光渗透检测人员要尽量使用光敏眼镜，以提高黑暗观察能力。（　　）

二、选择题（从四个答案选择一个正确答案）

1. 直接对着黑光灯看会（　　）。

A. 永久性地损伤眼睛　B. 使视力模糊　　C. 引起暂时性的失明　D. 以上都不会

2. 下列哪条不是渗透检测中的一条安全措施？(　　)

A. 避免渗透剂与皮肤长时间接触

B. 避免吸入过多的显像剂粉末

C. 无论何时都必须戴防毒面具

D. 由于着色渗透检测中使用的溶剂是易燃的，所以这种材料应远离明火

3. 渗透材料的性质对操作者产生的影响是（　　）。

A. 由于渗透剂是无机的，所以是危险的

B. 如果不采取适当的措施，渗透方法所采用的材料可能引起皮炎

C. 渗透材料含有酒精，能造成麻醉

D. 虽有影响但无危险

三、问答题

1. 实施 ISO 9000 质量管理体系认证及计量认证具有哪些重要意义？

2. 渗透检测标准可分为哪几类？举例说明。

3. 简述渗透检测各级资格人员的主要职责。

4. 简述渗透检测工艺规范、工艺卡的主要内容及区别。

5. 渗透检测报告包括哪些内容？

6. 渗透检测设备管理包括哪些方面？

附　　录

附录A　渗透检测缺陷显示图例

1. 裂纹荧光渗透显示

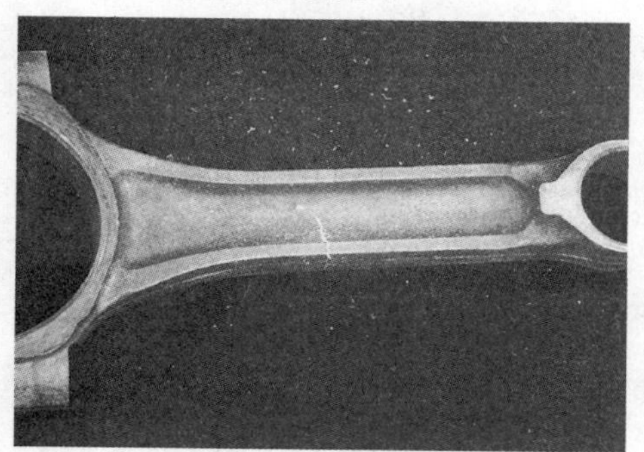

附图 A-1　连杆锻件裂纹

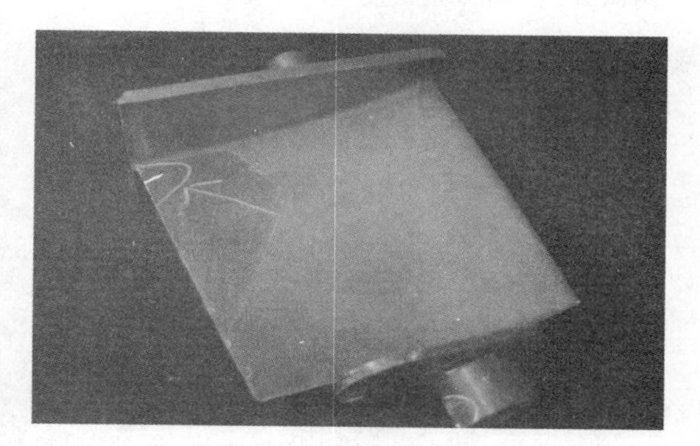

附图 A-2　GH98 涡轮叶片裂纹

附图 A-3　锻造钢件横裂纹

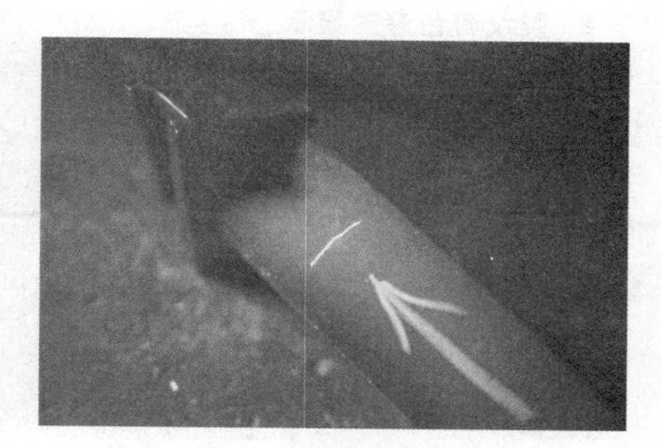

附图 A-4　不锈钢模锻件横向裂纹

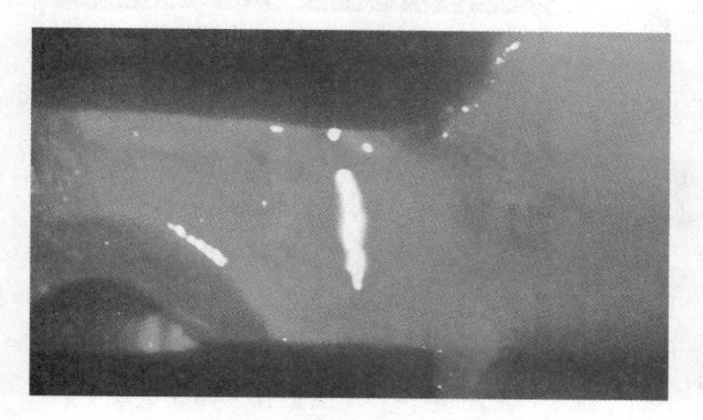

附图 A-5　ZL114A 铝合金铸件铸造表面裂纹

附图 A-6　2A50 模锻接嘴试件裂纹（一）

附图 A-7　2A50 模锻接嘴试件裂纹（二）

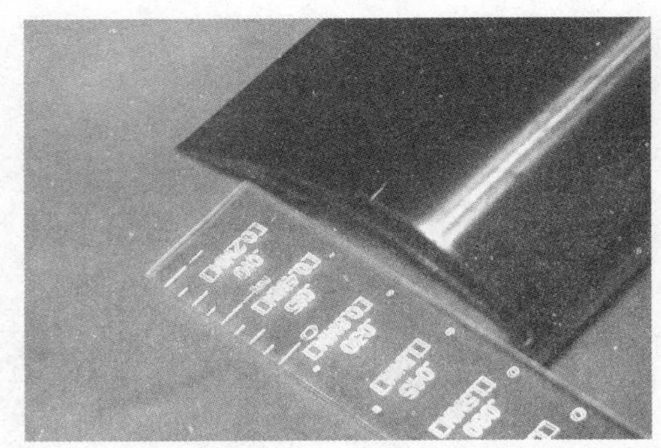

附图 A-8　精铸高温合金空心叶片端部外表裂纹

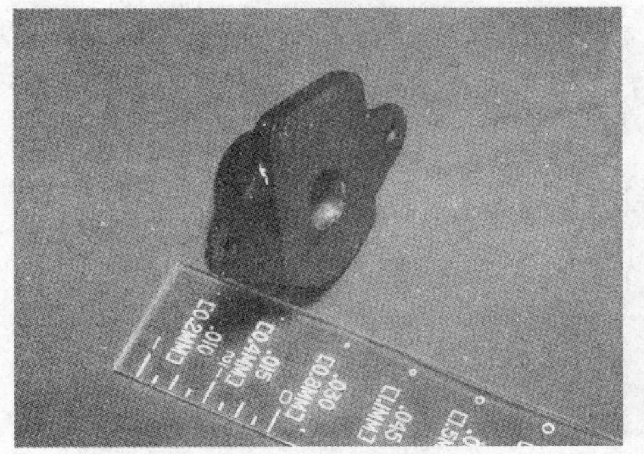

附图 A-9　ZG310 精铸支座外表裂纹

附图 A-10　2A12 机加工支架试件裂纹

2. 裂纹着色渗透显示

附图 A-11　铸钢件的收缩裂纹

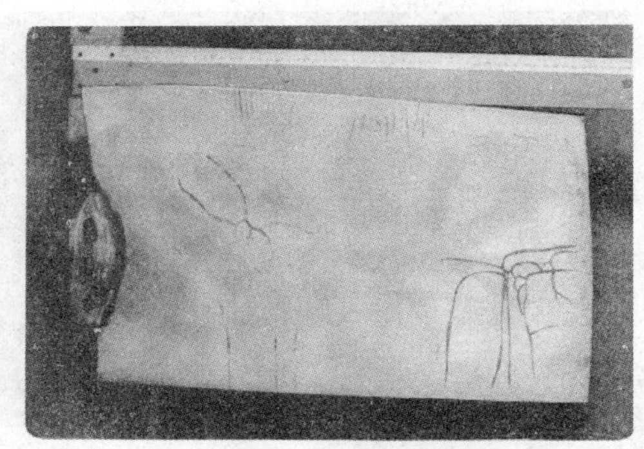

附图 A-12　吸风机叶片表面喷涂层的收缩裂纹

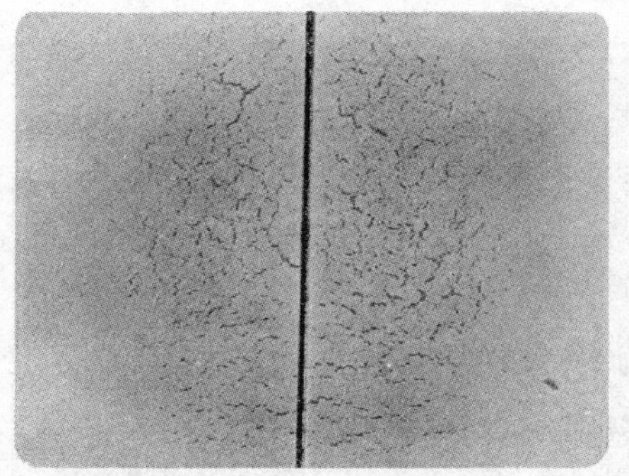

附图 A-13　A 型铝合金淬火试块 Ⅰ、Ⅱ 区的网状裂纹（7A04）

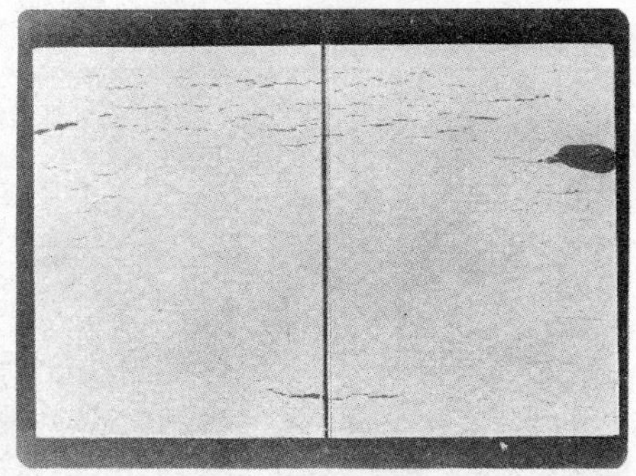

附图 A-14　A 型铝合金淬火试块 Ⅰ、Ⅱ 区的条状裂纹（2A12）

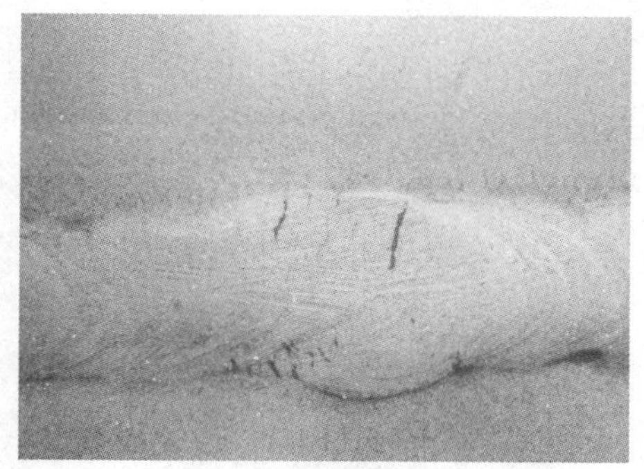

附图 A-15　钢焊缝上的横向裂纹（Q345R）

附图 A-16　钢焊缝上的横向裂纹（20）

3. 分模线缝隙显示

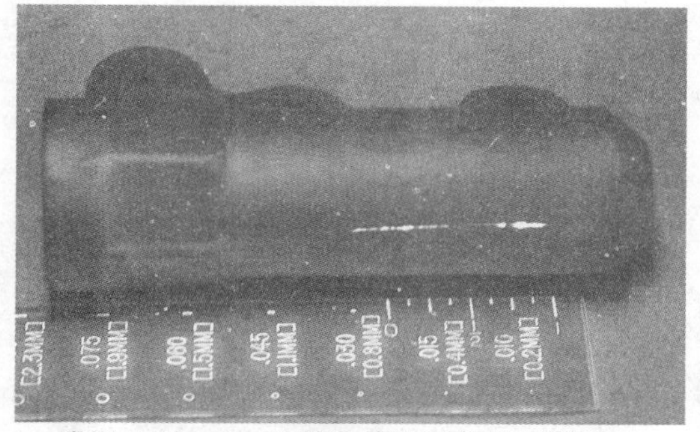

附图 A-17　2A50 锻造接嘴试件分模线缝隙

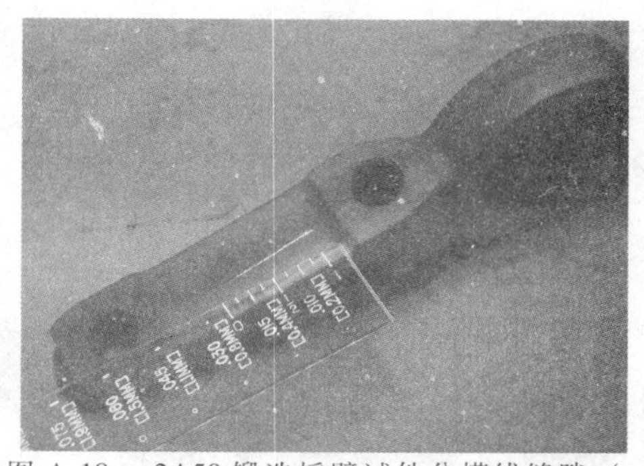

附图 A-18　2A50 锻造摇臂试件分模线缝隙（一）

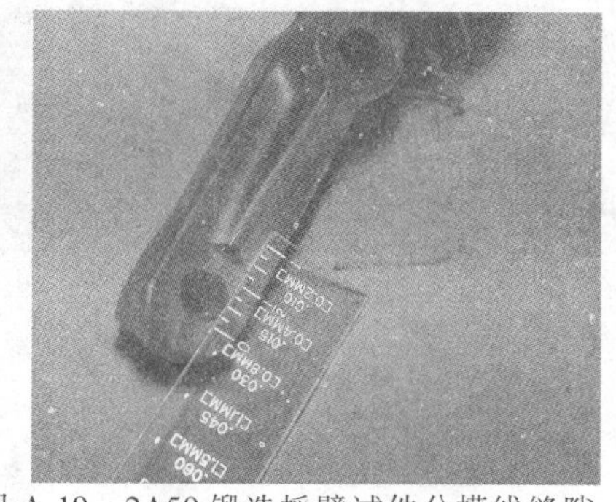

附图 A-19　2A50 锻造摇臂试件分模线缝隙（二）

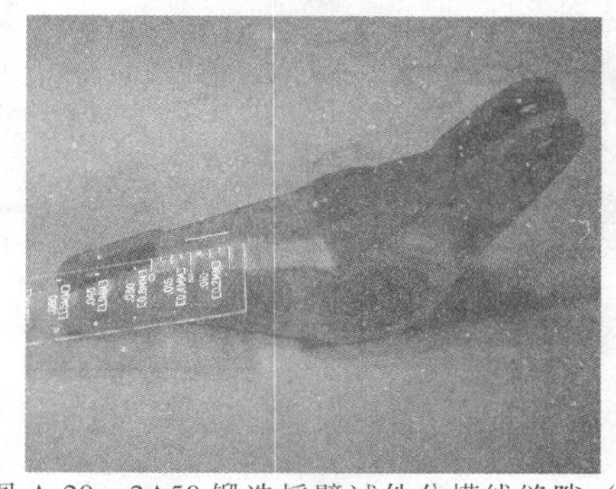

附图 A-20　2A50 锻造摇臂试件分模线缝隙（三）

4. 夹杂（夹渣）缺陷荧光渗透显示

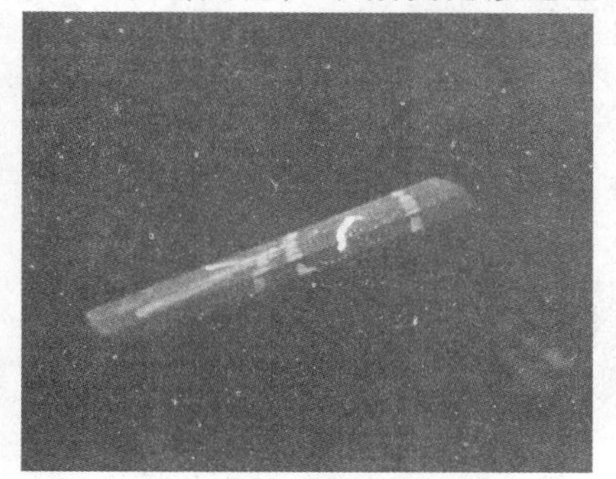

附图 A-21　钢模锻件的氧化膜夹杂

附图 A-22　镁合金摇臂模锻件氧化物夹杂（一）

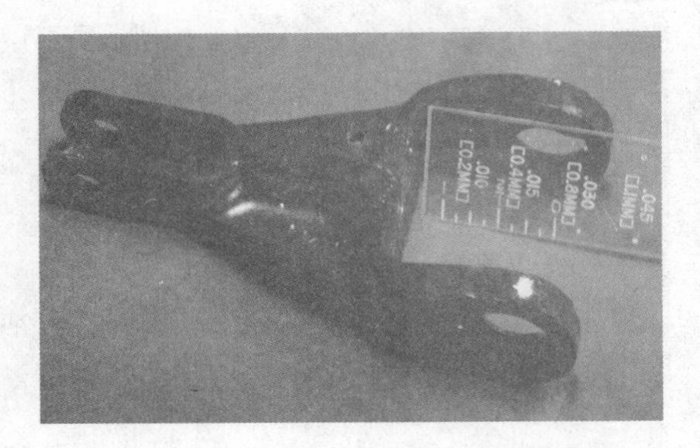

附图 A-23　镁合金摇臂模锻件氧化物夹杂（二）

附图 A-24　2A70 摇臂模锻件氧化物夹杂

5. 冷隔缺陷的荧光渗透显示

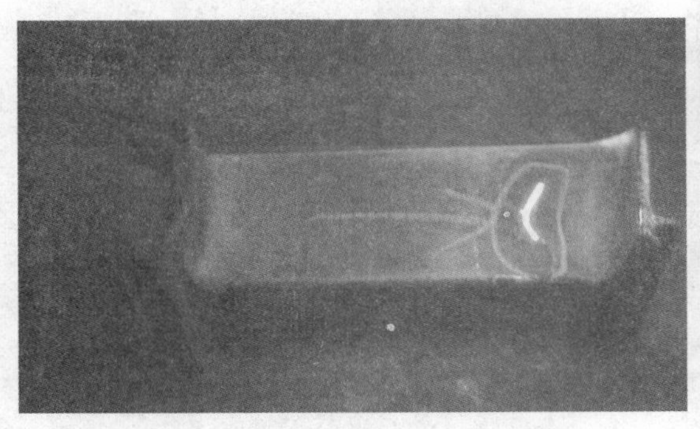

附图 A-25　不锈钢精密铸件冷隔

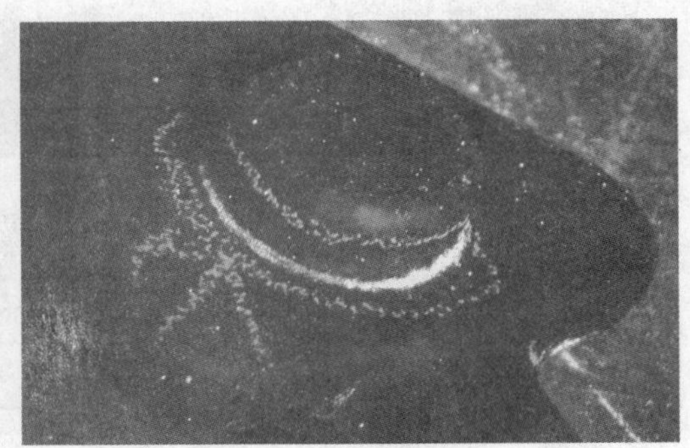

附图 A-26　ZL114A 铝合金筒体铸件薄壁区环形冷隔

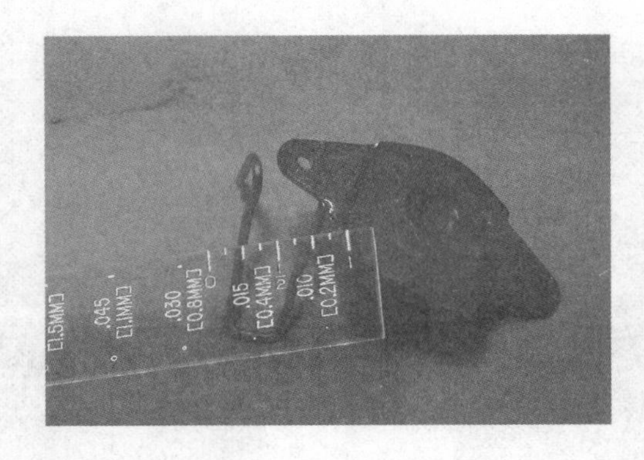

附图 A-27　ZG330 支座铸件冷隔

6. 疏松缺陷荧光渗透显示

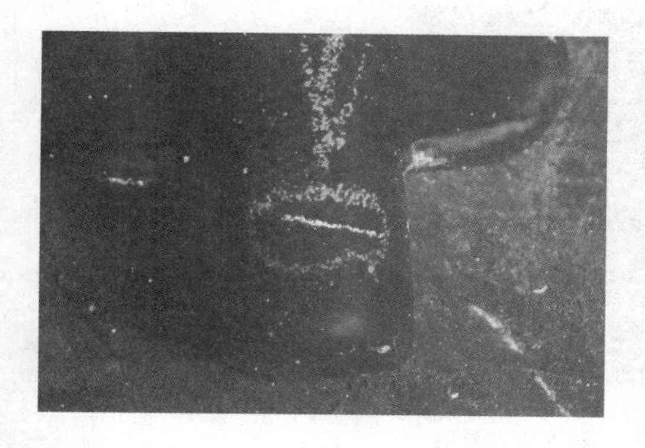

附图 A-28　镁合金铸件表面的线状疏松

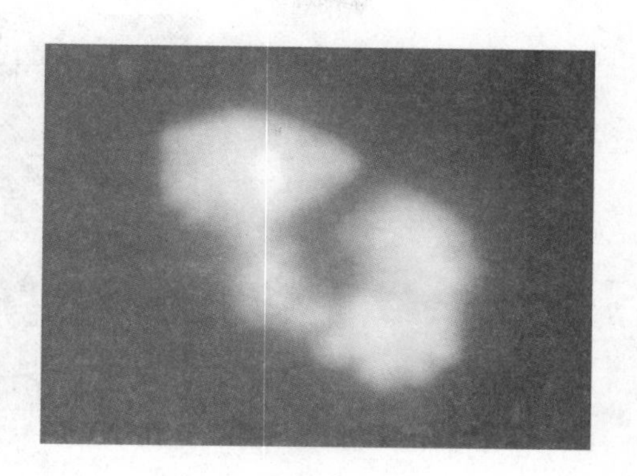

附图 A-29　镁合金铸件表面的环状疏松

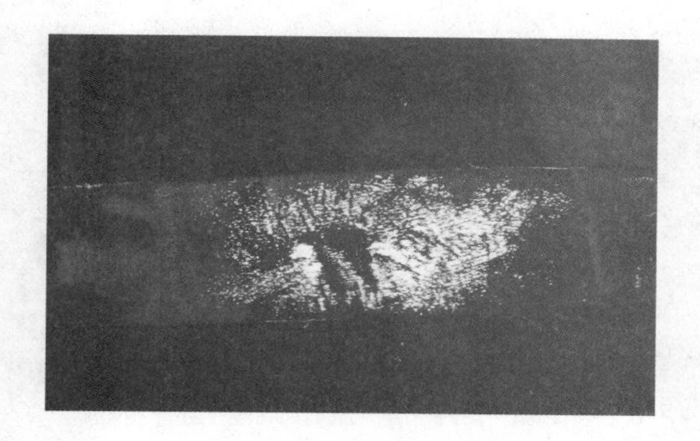

附图 A-30　ZL105 铝合金铸件表面的海绵状疏松

附图 A-31　ZL114A 铸造铝合金筒体件非机加面斑块状疏松

7. 疏松缺陷着色渗透显示

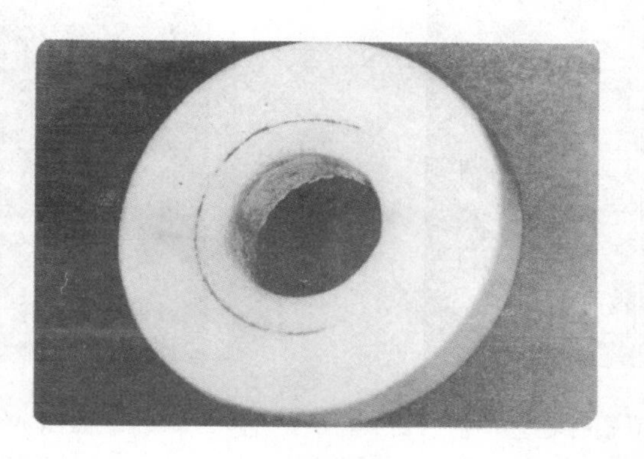

附图 A-32　非金属玻璃钢件环状线形疏松

8. 针孔缺陷荧光渗透显示

附图 A-33　ZL101 铝合金支座铸件针孔

9. 折叠缺陷荧光渗透显示

附图 A-34　2A50 铝合金
接嘴模锻件折叠

附图 A-35　2A50 铝合金
曲臂模锻件折叠

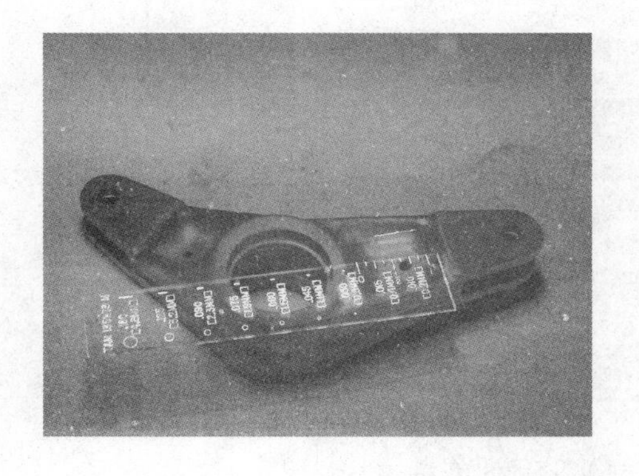

附图 A-36　2A50 铝合金
摇臂模锻件折叠

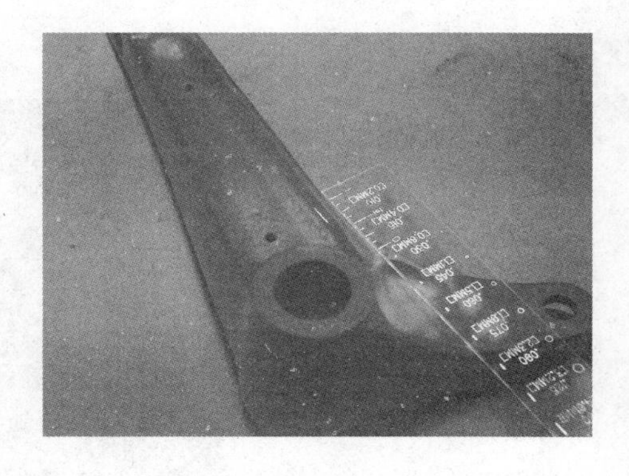

附图 A-37　2A50 铝合金
摇臂模锻件折叠

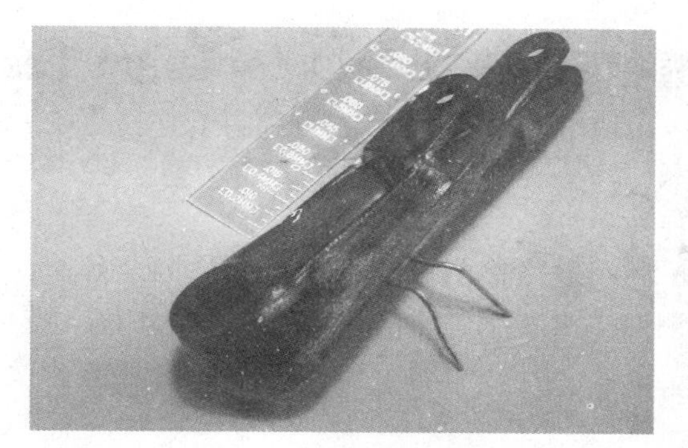

附图 A-38　镁合金摇臂模锻件折叠

10. 分层缺陷荧光渗透显示

附图 A-39　1Cr18Ni9Ti 不锈钢模锻件调节器分层

11. 腐蚀斑点渗透显示

附图 A-40　冷却钢壁板腐蚀斑点（数控铣加工）

附录B 液体渗透检测规程 Liquid penetrant Testing Procedure (中英文对照)

1. 适用范围 Scope

本方法适用于过程控制、最终检测、在役零件的检测及焊缝（接焊、补焊、堆焊和表面硬化）的液体渗透检测，主要检查表面开口缺陷，如裂纹、搭接、冷隔、渗漏，气孔，疏松，龟裂、折叠、夹渣和熔合不足（虚焊）等缺陷。这种液体渗透检测是在非铁磁性产品上进行的。

The methods are applicable to in-process, final, in-service examinations and welds (fabrication, weld repair, overlay and hard facing) for detecting discontinuities that are open to the surface such as cracks, laps, cold shuts, through leaks, gas holes, shrinkage porosity, crazing, folds, inclusions, and lack of fusion when this type of liquid penetrant examination is performed on non-ferromagnetic and products produced.

2. 引用文件 Normative Reference

2.1 ASTM E165《液体渗透的标准检测方法》。

ASTM E165《Standard Test Method for Liquid Penetrant Examination》.

2.2 ASNT-SNT-TC-1A《无损检测人员的资格鉴定和认证》.

Recommended Practice No. SNT-TC-1A《Personnel Qualification and Certification in Nondestructive Testing》.

2.3 AMS 2440《镀铬试件磨削裂纹检查》。

AMS 2440《Inspection of Chromium Plated Stell Parts for Grinding Cracks》.

2.4 AMS 2644《渗透检测材料》。

AMS 2644《Inspection Materials of Penetrant》.

2.5 ASTM E1417《液体渗透检查的标准操作方法》。

ASTM E1417《Standard Practice for Liquid Penetrant Examination》.

3. 定义 Definition

3.1 线性显示：长度大于或等于其宽度的三倍的显示。

Linear Indications: Indication in which the length is equal to or greater than three times its width.

3.2 圆形显示：圆形的或椭圆的显示，其长度小于其宽度的3倍。

Rounded Indications: Indication which is circular or elliptical with its length less than 3 times its width.

3.3 相关显示：只有主要尺寸大于1/16in（1.60mm）的显示才视为相关显示，是由于机械不连续性引起的，由渗出的渗透剂形成的痕迹显示。

Relevant Indications: Only those indications with major dimensions greater than 1/16″ (1.6mm) shall be considered relevant. They are indications caused by mechanical discontinuities and the bleed-out area of the penetrant is read.

3.4 非相关显示：由于涂装标记、加工标记等外部因素引起，而不是和机械不连续相关的显示。

Non-relevant Indications: Indications that are caused by stenciling marks, machining marks, etc., and not associated with mechanical discontinuities.

3.5　可疑显示：任何有问题的、可疑的或认为不相关的显示都应视为缺陷，除非重新评估，通过重新检查或采用另一种无损方法或表面清理表明不存在不可接受的缺陷。

Questionable Indications: Any questionable or doubtful or indication believed to be non-relevant shall be regarded as a defect unless on a re-evaluation, it is shown by re-examination or by the use of another nondestructive method or surface conditioning that no unacceptable defects are present.

3.6　密封区域：在打开、关闭或运输时表面保持接触的区域。

Sealing Area: the area where contact is maintained between the surfaces, whether in the open, closed, or transit position.

4. 资格要求 Qualification of Personnel

4.1　进行检测、说明及对结果做出评价、记录的人员应具备至少Ⅱ级资格证明。

Personnel performing the examination, interpreting, evaluation of findings, and recording results of examination shall be qualified and certified to a minimum Level Ⅱ in accordance with.

4.2　所有进行渗透检测的人员都要求进行每年的视力测试及三年一次的辨色测试，不得有色盲。

All personnel performing examinations per this procedure shall have an annual vision examination and a Color Perception Test once every three years in accordance with.

5. 液体渗透检测条件　Liquid penetrant testing conditions

5.1　检测温度 Testing temperature

渗透剂与检测部位的温度为10~52℃。

The temperature of the penetrant and the part to be examined shall be between 10~52℃.

5.2　渗透材料和设备 Penetrant Materials and Equipment

1）渗透检测可采用目视水洗法（ASTM E165，类型Ⅱ，方法A）或目视溶剂去除法（ASTM E165，类型Ⅱ，方法C），附表B-1中是可接受的渗透剂材料。

The process shall be either Visible, Water Washable (ASTM E165, Type Ⅱ, Method A), or Visible, Solvent Removable (ASTM E165, Type Ⅱ, Method C) and the following penetrant materials are acceptable.

附表B-1　水洗型着色渗透 Water Washable and Color Method

材料 Materials	试剂牌号 Reagent brand
渗透剂 Permeable agent	SH-RS(2-4-6)(着色渗透法)LP method VP-VT(荧光渗透法)Fluorescence osmosis method
清洗剂 Remover	溶剂清洗剂 Solvent cleaner /饮用水 Drinking water
显像剂 Developer	SH-EL(2-4-6)(着色渗透法) LP method HD-ST(荧光渗透法)Fluorescence osmosis method

2）渗透检测时，根据合格产品清单（QPL-SAE-AMS-2644-4）可以使用符合同类型，同族组和同灵敏度等级的品牌系列材料来代替上述材料。本规程未定义的同等材料和设备，要求在使用前经Ⅲ级无损检测人员或管理者代表批准。

Alternatively, a brand family of material meeting the equivalent type, group and sensitivity level per the Qualified Product List (QPL-SAE-AMS-2644-4) may be used in lieu of the material above. Equivalent materials and equipment not defined in this procedure shall require prior approval by NDT Level Ⅲ or the Vice President Quality before use.

3）依照ASME第5部分和ASTM E165标准，对于镍基合金材料，渗透剂中硫的质量分数不得超过1%；对于奥氏体钢和钛及钛合金渗透检测剂，氟和氯的质量分数不得超过1%。

Penetrant materials shall meet the halogens and sulfur contents of less than one (1%) percent by weight of the residue per ASME Section V and ASTM E165.

4）液体渗透检测材料必须由同一个厂家提供的同族组产品，不同族组产品不能混用。

Each group of materials shall be furnished by one manufacturer. Intermixing of penetrant familiesis prohibited.

5）温度计：使用温度在32～212℉（0～100℃）的接触型温度计或检测下限为32℉（0℃）的红外线数字温度计。

Thermometer: Contact thermometer with a temperature range between 32～212℉ (0～100℃) or Infrared Digital Thermometer, 32℉ (0℃) minimum.

6）必须使用清洁的、不带棉绒的抹布。吸水纸巾和抹布不能用于擦去多余的渗透剂。

Clean, lint-free cloths shall be used. Absorbing paper towels and rags shall not be used to wipe off excess penetrants.

5.3 检测区范围 Testing area range

1）铸件 Castings

① 砂铸件：成品入库前应进行100%着色检测，检查裂纹、疏松、冷隔缺陷。

Sand castings: Before finishing warehousing 100% LP, Check crack, loose, cold-lap defects.

② 精铸件：有下面情况之一者应着色检测：

Casting: Following circumstances should be LP:

a. 客户要求或技术条件规定的，应按要求进行检测.

Customer requirements or technical conditions, according to the requirements prescribed.

b. 目视不能确定的情况。Visual not sure.

c. 首批生产的样件（数量在订单评审附件中注明）。

The first production batch of sample (quantity in order review attached indicate).

③ 15lb（1lb=0.45kg）及以上的厚壁件或8in（1in=0.0254m）以上的薄壁件（≤20mm）：100%着色检测。

The thick wall pieces above level 15 pounds or 8" above thin wall pieces (≤20mm), 100% LP.

④ 批量生产的（阀体类）承压件及单件大于50kg的承压件：按15%抽样检查。

The body mass production as pressure parts and single than the 50kg artesian pieces to 15% sampling inspection.

2）锻件：所有表面均已磨光的坯料、半成品和成品件。

Forgings: all surfaces have burnish the means such as blank processing or Semi-finished products and finished products.

3）其他试件：所有成品试件的密封表面，在最终热处理与表面加工操作后都应进行液体渗透检测。

Other parts: All finished parts of the seal surface, In the final heat treatment and surface processing operations are should undertake liquid penetrant testing.

4）焊接（接焊、补焊、堆焊和表面硬化）件。

Welds (fabrication, weld repair, overlay and hard facing).

① 焊接金属涂层的所有表面应进行无损检测。

Welding metal coating prepared to do all the surface nondestructive testing.

② 焊接件检测应包含整个焊接区域加焊缝两侧 1/2in（13mm）的范围.

Examinations shall include the entire weld area plus 1/2in (13mm) of the adjacent base material on both sides of the weld.

6. 检测流程 Examination Process

6.1　检测表面处理 Surface Preparation

1）当表面不规则可能掩盖某些不能允许的缺陷时，应采用磨削、机械加工或其他必要的方法处理表面。

Surface preparation shall be accomplished by grinding, machining or other methods which may be necessary when surface irregularities could mask indications of unacceptable discontinuities.

2）被检测的表面以及所有相邻至少 1in 以内的区域应当干燥，并且没有污垢、油脂、棉绒、锈斑、焊剂、焊接飞溅物或其他掩盖表面开口或干扰检测的外来杂质。

The surface to be examined and all adjacent areas within at least 1" shall be dry and free of any dirt, grease, lint, scale, welding flux, weld splatter, oil or other extraneous matter that could obscure surface openings or otherwise interfere with the examination.

3）通常使用的清洁剂有去污剂、有机溶剂、除锈液等和脱漆剂。脱脂法和超声波清洗法也可用于处理表面污物。

Typical cleaning agents that may be used are detergents, organic solvents, descaling solutions and paint removers. Degreasing and ultrasonic cleaning methods may also be used.

4）经处理和清洗过的检测表面应采用自然蒸发法或使用流通的热空气进行干燥。空气温度不应超过 52℃。

Drying of the prepared and cleaned surfaces for examination shall be accomplished by normal evaporation or with circulating hot air. Air temperature shall not exceed 125℉ (52℃).

5）在进行液体渗透检测前，不允许进行喷砂和电钢刷清理，因为可能会掩盖一些可疑的显示。

Sandblasting or power wire brushing is not permitted prior to liquid penetrant inspection as it may mask any suspect indication.

6.2　渗透 Penetration

1）待检测的试件或表面在指定温度范围内清洁与干燥后，应在待检测表面施加渗透剂，以使整个试件或检测区域完全被渗透剂覆盖，并在整个渗透期间保持润湿状态。

After the parts or surface to be examined has been cleaned, dried, and is within the specified temperature range, the penetrant shall be applied to the surface to be examined so that the entire part or area under examination is completely covered with penetrant.

2）渗透剂可以采用浸涂、刷涂、浇涂或喷涂的方法涂覆于试件表面。如果采用喷涂法，利用压缩空气作为载体，空气应进行过滤以排除能污染渗透剂的油、水或污垢沉积物，这些污物可能被收集在压缩空气中。

The penetrant may be applied by dipping, brushing, flooding or spraying methods. If the penetrant is applied by spraying, utilizing compressed air as the vehicle, the air shall be filtered to preclude contamination of the penetrant by oil, water or dirt sediments that may have collected in the compressed air lines.

3）渗透剂在被检测表面上的停留时间，在10~52℃应不少于10min。

The minimum penetrant dwell time shall be ten minutes for temperatures between 40℉（4℃）and 125℉（52℃）of the surfaces being examined.

4）在渗透滴落阶段，任何完全干燥被检测表面上渗透剂的操作都会导致检测无效。

Any complete drying of penetrant on surfaces to be examined during the penetration dwell time shall void.

6.3 渗透剂的去除 Penetrant Removal

6.3.1 水洗型渗透剂的去除 Water Washable Penetrant Removal

1）水洗型渗透剂的去除应通过用水喷射冲洗表面渗透剂来完成。对去除表面渗透剂流程执行适当的控制是必要的，以确保清洗彻底。标准的水压不应超过280kPa（40psi），水温应当控制在10~38℃，冲洗时间不应超过2min。过度清洗会导致检测无效。如有必要，在冲洗后为避免重复水洗，可使用一块无绒布擦去多余的渗透剂。

Water washable penetrant removal shall be accomplished by rinsing penetrant from surfaces by spraying with water. It is essential to exercise proper process control in removal of excess surface penetrant to assure against over washing. Standard water line pressure shall not exceed 40 psi and water temperature shall be within the range of 10℃ and 38℃ and rinse time shall not exceed two minutes. Excessive washing will void the examination requiring a repeat of the process beginning with the cleaning of the examination area. When necessary after washing and to avoid re-washing, a lint-free cloth moistened with water shall be used to remove excess penetrant.

2）水射束与被检测表面的角度应小于30°，从上至下轻快地喷射，不要使水射束成直角（90°），因为这样可能会消除可疑显示，试件不应处于在水洗操作中易积水的区域或凹槽处。

Water spray shall be brisk and directed at 30°angle against the part surface starting from top to bottom. Do not direct the water spray at right angle（90°）as it may remove suspect indication. Parts shall be positioned where no areas, grooves, or pockets that will hold water at any time during washing operation.

6.3.2 溶剂渗透剂的去除 Solvent Penetrant Removal

1）溶剂渗透剂的去除应使用一块干燥、清洁的无棉绒布通过擦拭来完成，并且重复操作直到大部分渗透剂痕迹被清除为止。然后，将无棉绒布料用溶剂浸湿来擦拭表面，并注意不要把缺陷处的渗透剂擦掉。

The removal of solvent removable penetrant shall be accomplished by wiping with a dry, clean, lint-free material and repeating the operation until most traces of penetrant have been removed. Subsequently wipe the surface using a lint-free material moistened with solvent and taking care to avoid removing the penetrant from discontinuities.

2）避免使用过量的溶剂来去除缺陷处的渗透剂。如果去除步骤不起作用，如难以除去多余的渗透剂，那么烘干该零件后在规定的滴落时间重新施加渗透剂。使用渗透剂之后并在施加显像剂之前，禁止用溶剂清洗试件表面或冲洗检测区域。

Avoid the use of excess solvent to minimize removal of penetrant from discontinuities. If the wiping step is not effective, as evidenced by difficulty in removing the excess penetrant, dry the part, and reapply the penetrant for the prescribed dwell time. Rinsing or flushing the surface of the part or examination area with solvent following the application of penetrant and prior to developing is prohibited.

6.4　烘干 Drying

1）烘干应在施加干式或非水式显像剂之前进行。

Drying shall be performed before application of dry or non-aqueous developers are applied.

2）对于水洗型去除法，试件表面应使用清洁的抹布擦干或使用流通的空气吹干，只要表面温度低于52℃即可，不允许使用吸水纸。试件在干燥器中的最长停留时间应是充分干燥试件所必需的时间。烘干时间至少为5min，且烘干应在表面所有可见湿迹被去除后进行，以保证所有水分已从被检测表面蒸发。

For water-washable techniques, the surfaces may be dried by wiping with clean materials or by using circulating warm air, provided the temperature of the surface is not raised above 52℃. Blotting is not permitted. The maximum length of time that a part may remain in the dryer shall be that necessary to adequately dry the part. A minimum of five minutes drying time, after all visible traces of surface moisture have been removed, shall be allowed to assure that all traces of surface moisture have evaporated from the surfaces being examined.

3）对于溶剂型去除法，应采用自然蒸发使表面干燥。

For the solvent removable technique, the surfaces shall be dried by normal evaporation.

6.5　显像 Developing

1）在去除了多余的表面渗透剂之后，可以通过撒粉、浸水或喷洒的方式来施加显像剂。

Developers may be applied by dusting, flooding or spraying after the removal of excess surface penetrant.

2）施加非水式显像剂应在烘干完成后。

Application of non-aqueous and dry developers shall be after drying time has elapsed.

3）搅拌后，采用下列方法之一施加显像剂：

Developers shall be applied, after agitation, in one of the following manners:

① 非水式显像剂。在去除被检测表面多余的渗透剂并烘干之后，立即在整个表面喷洒

一层薄薄的非水式显像剂。

Non-aqueous developers shall be applied by spraying a thin coating over the entire surface being examined. immediately after the removal of excess penetrant and after drying.

② 干粉显像剂。干燥后，立即在被检测的整个表面上撒一层薄薄的干粉显像剂。

Dry powder developers shall be applied immediately after drying by dusting a thin coating over the entire surface to be examined.

4）不允许在被检测表面上的凹处聚积湿式显像剂。

Pools of wet developer in cavities on the surfaces to be examined shall not be permitted.

5）一般非水式显像剂的干燥应采用在常温下蒸发的方法进行，不允许使用吸水剂；如果使用热空气干燥，试件表面温度不应超过 52℃，也不允许使用吸水纸。试件在烘干器中的最长停留时间不应超过表面湿气蒸发所需时间，烘干时间至少为 5min，且烘干应在表面所有可见湿迹去除后进行，以保证所有水分已从被检测表面蒸发。

Drying a non-aqueous developer shall be accomplished by normal evaporation at room temperature, are not allowed to use absorbent, if use hot air, the surface temperature should not exceed 52℃, are not allowed to use blotting paper. Parts in drying the maximum time can keep the length shall not exceed the time needed for surface evaporate moisture, drying time for a minimum of 5 minutes, remove surface all visible wet mark after in place to ensure that all wet, already from being detection tracing surface evaporation.

6）如果显像剂干燥之后检测区域呈过度的粉红色调，测试应视为无效，彻底清洁待检测区域，并重复整个检测流程。

If the examined area, after drying of the developer, is noted as having an excessive pink hue, the test shall be deemed void, the item cleaned thoroughly, and the process repeated.

6.6　检测 Examination

1）对于着色渗透，无论是自然光还是人工光，光照度至少要达到 100fc（1000lx），以保证在检验和评定指示时有足够的灵敏度；对于荧光渗透，要在暗区用经过滤光的紫外线。测试前，检测人员应在暗的环境中至少 5min，以使“眼睛”适应暗的视野。在使用或测量紫外线光源强度之前，黑光灯应至少预热 5min，黑光强度应使用黑光计测量，测出的试件表面的黑光强度至少为 1000μW/cm^2，黑光波长范围为 315~380mm。

Examination shall be accomplished in either natural or adequate artificial light with a minimum of 100 foot candles (1000lx). In the inspection and evaluation to ensure the sensitivity has enough instructions; For fluorescence penetrant in the dark areas, with filtered uv light. Test before, tester should park dark environment, in order to make “at least 5min eyes” adapt to dark vision. In use or measuring the intensity of ultraviolet shoot source should be preheated before black lights at least 5min, black strength should use black project parts surface measurements, the measured for at least and black light intensity 1000μW/cm^2, black wavelength range for 315~380mm.

2）在施加显像剂之后应立即对试件的表面进行检测，以便发现任何可能显示检测结果的渗出液，可能有的渗出液会在侧面出现并突然消失。

The surface of the part shall be examined immediately after application of the developer so as to detect the nature of any indications that may bleed out profusely. There may be indications that will appear laterally and disappear suddenly.

3）当显像剂施加于检测表面时，立即开始观察和分析，以解释浅层和细小缺陷。

Observations and interpretations shall start the moment the developer is applied to the surface to account for shallow and fine discontinuities that may bleed out and diffuse laterally into the developer.

4）为避免重新检测，只对能够在规定时间内完成的表面进行检测。

Only surfaces capable of being completed within prescribed time shall be examined to avoid retest.

6.7　验收标准 Acceptance Criteria

6.7.1　铸件检查验收标准 Casting Check Acceptance Criteria

按照 ASTM A 903—2003《钢铸件磁粉和液体渗透检测检查标准》执行，见附表 B-2。

According to ASTM A 903—2003《Standard Specification for Steel Castings, Surface Acceptance Standards, Magnetic Particle and Liquid Penetrant Inspection》.

附表 B-2　着色渗透检测验收标准 LP Acceptance criteria

类别 Type ＼ 等级 Level	Ⅰ	Ⅱ	Ⅲ	Ⅳ
线性显示 Linear	1/16in (1.6mm)	1/8in (3.2mm)	3/16in (4.8mm)	1/4in (6.4mm)
非线性显示 Non linear	1/8in (3.2mm)	3/16in (4.8mm)	3/16in (4.8mm)	1/4in (6.4mm)

说明：

Statements:

1）熔模铸件：表面按附表 B-2 中的等级Ⅰ，内通道按等级Ⅱ控制。

Investment casting: surface according to Ⅰ level, according to Ⅱ level control within channels.

2）砂铸件：内外表面统一按等级Ⅱ控制。

Sand casting thing: Ⅱ level according to internal and external surface unified control.

3）尽管单个的显示结果是合格的，但如下情况应按不合格判定：

Although individual shows the result is qualified, but following condition should be by not qualified determination:

10个或更多的相关显示，虽然单个是可接受的，但当它们出现在铸造表面 $6in^2$（$38.7cm^2$）区域时总体上是不可接受的，这个区域的主要尺寸不应超过 6in（152mm）。评估的显示是考虑最不利的方向上的显示。

Ten or more relevant indications, although individually acceptable, are collectively unacceptable when they occur in any $6in^2$ [$38.7cm^2$] of casting surface, with the major dimension of this area not to exceed 6in [152mm] taken in the most unfavorable orientation relative to the indications being evaluated.

四个或更多（单个显示合格）相关显示聚集相互之间边缘与边缘的距离小于或等于 1/

16in（1.6mm）且排成一条线时。

Four or more that are clustered and individually separated from the nearest adjoining indication by 1/16in [1.6mm] or less edge-to-edge.

6.7.2 锻件、机加工成品试件的验收标准 Forging, machined products parts inspection acceptance criteria

1）锻件没有大于3.2mm的线性显示，机加工成品试件没有相关的线性显示。

Forgings no more than 3.2 mm linear display, machined products without some parts of linear display.

2）主要尺寸不大于3/16in（5mm）的点状独立显示。

Main dimensions are not more than 3/16 inches (5mm) independent display.

3）在压力接触密封表面没有相关显示。

No relevant indications in pressure contact sealing surfaces.

4）在API或专用螺纹的密封区域没有相关显示。

No relevant indications in the sealing areas of API or proprietary threads.

5）在一行上相隔小于1/16in（1.6mm）（边到边）的4个（含）以上的圆形显示是不可接受的（可近似看作线状显示）。

Four or more relevant rounded indications in a line separated by less than 1/16 inch (1.6mm) edge to edge are unacceptable.

6）在任意6in^2（40mm^2）区域的相关显示不超过10个。

No more than ten relevant indications in any continuous 6 inch square (40mm^2) area.

6.7.3 焊接（修补）验收标准 Welds (weld repair) check Acceptance Criteria

1）对于厚度小于5/8in（16mm）的材料，长度大于1/16in（1.5mm）的线状显示；对于厚度为5/8in（16mm）~2in（50mm）的材料，长度大于1/8in（3mm）的线状显示；对于厚度大于和等于2in（50mm）的材料，直径大于3/16in（5mm）的圆形显示。

For thickness less than 5/8in (16mm) material, length is more than 1/16in (1.5 mm) of line display; For thickness for 5/8in (16mm) to 2in (50mm) the following materials, length is more than 1/8in (3mm) of line display; For thickness equal and greater than 2in (50mm) materials, sizes more than 3/16in (5mm) circular display.

2）对于厚度小于5/8in（16mm）的材料，直径大于1/8in（1.5mm）的圆形显示；对于厚度等于和大于5/8in（16mm）的材料，直径大于3/16in（5mm）的圆形显示。

For thickness less than 5/8in (the materials, sizes 16mm) greater than 1/8in (1.5mm) circular display; For thickness equal and greater than 5/8in (16mm) materials, sizes more than 3/16in (5mm) circular display.

3）一条直线上有4个或更多个显示，且边缘间距小于等于1/16in（1.5mm）。

Four or more that are clustered and individually separated from the nearest adjoining indication by 1/16 in [1.5mm].

4）凡在需评定的相关显示最密集部位，其任意面积为6in^2（40cm^2），其最大尺寸不大于6in（150mm）的区域内，有10个或更多个相关显示。

Ten or more relevant indications, although individually acceptable, are collectively unacceptable when they occur in any $6in^2$ [$40cm^2$] of weld surface, with the major dimension of this area not to exceed 6in [150mm] taken in the most unfavorable orientation relative to the indications being evaluated.

6.8　核电站用：钴基 SFA-5.13 ECoCr-A 电弧焊焊条，焊接试样渗透检测应满足客户采购合同及采购规程（B 版）（SM2-ME02-GPP-059）的要求。

SFA-5.13 ECoCr-A Covered Electrode For SMAW be used for Nuclear Power Station, Welding sample PT should fulfil Procurement Procedures (Version B) (SM2-ME02-GPP-059) and client's contract as required。

1）目测：焊接过程中，目测检查熔渣是否方便去除，焊道及其表面应无焊渣。

The welding process and visual check whether convenient remove slag, weld way and its surface should be no welding slag.

2）液体渗透检测。

Liquid penetrant testing.

① 焊接完成后，清理好焊缝表面。

After welding is complete, clean up the welding seams surface.

② 机加工完成后，做着色检测。

Machining completion, doing Liquid penetrant testing.

③ 验收等级，线性显示不大于 3mm；圆形显示不大于 5mm；不允许在一条直线上相距小于 1.5mm 的范围内有 4 个或超过 4 个显示；任意 $6in^2$ 面积内有 10 个或更多显示为不合格（大于或等于 1.5mm 的为相关显示）。

Acceptance rating, linear shows no greater than 3mm; Circular shows no greater than 5mm; Don't allow line are less than 1.5mm showed 4 or superfluous 4; Arbitrary $6in^2$ area has 10 or more display is unqualified (is equal to or greater than 1.5mm is related display).

6.9　检测后清洗 Post Examination Cleaning

液体渗透检测完成后，立即使用溶剂、水或其他方法将检测材料上所有的痕迹清洗去除。

Post cleaning shall be performed upon completion of the liquid penetrant examination using solvent, water or other methods to remove all traces of the test materials as promptly as possible.

6.10　焊接和焊补 Welds and Weld Repairs

1）对于基体材料、焊缝上不合格的显示，可通过机械方法（如打磨、机加工）去除，以达到可接受的级别，只要剩余部分的厚度不低于最低要求即可，这些受影响的区域与周围表面应均匀过渡，最终得到的表面应经过本规程重检。

Unacceptable indications in base material may be removed to an acceptable level by grinding or machining provided the remaining section thickness is not below the required minimum and the surface is blended uniformly into the surrounding surface, and the final surface is re-inspected per this procedure.

2）准备用焊接方法实施修补的不合格显示，应先开坡口，并进行完整光滑的焊补。焊道边缘至少 1/12in（2mm）范围内的邻近金属，应依照本规程进行重检。

Unacceptable indications removed with the methods stated above and repaired by welding shall have the excavation, completed, and smoothed weld repair, including a minimum of " of adjacent base metal on both sides of the weld shall be re-examined in accordance with this procedure.

6.11 报告 Reporting

检测完成后，无损检测人员应将检测结果记录到《液体渗透检测报告》中。当检测发现有不合格的缺陷显示时，应用图片或草图显示缺陷位置及大小。

Following the completion of examination, the NDT Technician shall record the examination results using a Liquid Penetrant Examination Report Form. When detecting unaccep table indications, images or sketches are used to show the position and size of the defect.

附录C　承压设备无损检测　第5部分：渗透检测（NB/T 47013.5—2015）

1　范围

NB/T 47013的本部分规定了承压设备的液体渗透检测方法和质量分级。

本部分适用于非多孔性金属材料制承压设备在制造、安装及使用中产生的表面开口缺陷的检测。

2　规范性引用文件

下列文件对于本文件的应用是必不可少的。凡是注日期的引用文件，仅注日期的版本适用于本文件。凡是不注日期的引用文件，其最新版本（包括所有的修改单）适用于本文件。

GB 11533　标准对数视力表

GB/T 12604.3　无损检测　术语　渗透检测

JB/T 6064　无损检测　渗透试块通用规范

JB/T 7523　无损检测　渗透检测用材料

NB/T 47013.1　承压设备无损检测　第1部分：通用要求

3　术语和定义

GB/T 12604.3、NB/T 47013.1界定的以及下列术语和定义适用于本部分。

3.1　相关显示　relevant　indication

缺陷中渗出的渗透剂所形成的痕迹显示，一般也叫缺陷显示。

3.2　非相关显示　non-relevant indication

与缺陷无关的外部因素所形成的显示。

3.3　伪显示　false indications

由于渗透剂污染及检测环境等所引起的渗透剂显示。

3.4　评定：assessment

对观察到的渗透相关显示进行分析，确定产生这种显示的原因及分类过程。

4　一般要求

4.1　检测人员

4.1.1　从事渗透检测的人员应满足NB/T 47013.1的有关规定。

4.1.2　渗透检测人员的未经矫正或经矫正的近（小数）视力和远（距）视力应不低于5.0。测试方法应符合GB 11533的规定，且应一年检查一次，不得有色盲。

4.2　检测设备和器材

4.2.1　渗透检测剂

渗透检测剂包括渗透剂、乳化剂、清洗剂和显像剂。

4.2.1.1　渗透剂的质量应满足下列要求：

a）在每一批新的合格散装渗透剂中应取出500mL贮藏在玻璃容器中保存起来，作为校验基准。

b）渗透剂应装在密封容器中，放在温度为10～50℃的暗处保存，并应避免阳光照射。各种渗透剂的相对密度应根据制造厂说明书的规定采用相对密度计进行校验，并应保持相对密度不变。

c）散装渗透剂的浓度应根据制造厂说明书规定进行校验。校验方法是将 10mL 待校验的渗透剂和基准渗透剂分别注入盛有 90mL 无色煤油或其他惰性溶剂的量筒中，搅拌均匀。然后将两种试剂分别放在比色计纳式试管中进行颜色浓度的比较，如果被校验的渗透剂与基准渗透剂的颜色浓度差超过 20%时，应为不合格。

d）对正在使用的渗透剂进行外观检验，如发现有明显的混浊或沉淀物、变色或难以清洗，应予以报废。

e）各种渗透剂用试块与基准渗透剂进行性能对比试验，当被检渗透剂显示缺陷的能力低于基准渗透剂时，应予以报废。

f）荧光渗透剂的荧光亮度不得低于基准渗透剂荧光亮度的 75%。试验方法应按 JB/T 7523 中的有关规定执行。

4.2.1.2　显像剂的质量控制应满足下列要求：

a）对于式显像剂应经常进行检查，如发现粉末凝聚、显著的残留荧光或性能低下时，应予以报废。

b）湿式显像剂的浓度应保持在制造厂规定的工作浓度范围内，其比重应经常进行校验。

c）当使用的湿式显像剂出现混浊、变色或难以形成薄而均匀的显像层时，应予以报废。

4.2.1.3　渗透检测剂必须标明生产日期和有效期，并附带产品合格证和使用说明书。

4.2.1.4　对于喷罐式渗透检测剂，其喷罐表面不得有锈蚀，喷罐不得出现泄漏。

4.2.1.5　渗透检测剂必须具有良好的检测性能，对工件无腐蚀，对人体基本无毒害作用。

4.2.1.6　对于镍基合金材料，硫的总含量质量比应少于 200×10^{-6}，一定量渗透检测剂蒸发后残渣中的硫元素含量的质量比不得超过 1%。如有更高要求，可由供需双方另行商定。

4.2.1.7　对于奥氏体钢、钛及钛合金，卤素总含量（氯化物、氟化物）质量比应少于 200×10^{-6}，一定量渗透检测剂蒸发后残渣中的氯、氟元素含量的质量比不得超过 1%。如有更高要求，可由供需双方另行商定。

4.2.1.8　渗透检测剂的氯、硫、氟含量的测定要求

取渗透检测剂试样 100g，放在直径为 150mm 的表面蒸发皿中沸水浴加热 60min，进行蒸发。残余物的质量应小于 5mg。

4.2.1.9　渗透检测剂应根据承压设备的具体情况进行选择。对同一检测工件，一般不应混用不同类型的渗透检测剂。

4.2.2　黑光灯

黑光灯的紫外线波长应在 315~400nm 的范围内，峰值波长为 365nm。黑光灯的电源电压波动大于 10%时应安装电源稳压器。

4.2.3　黑光辐照度计

黑光辐照度计用于测量黑光辐照度，其紫外线波长应在 315~400nm 的范围内，峰值波长为 365nm。

4.2.4　荧光亮度计

荧光亮度计用于测量渗透剂的荧光亮度，其波长应在 430~600nm 的范围肉，峰值波长

为 500~520nm。

4.2.5　光照度计

光照度计用于测量可见光照度。

4.2.6　试块

4.2.6.1　铝合金试块（A 型对比试块）

铝合金试块尺寸如附图 C-1 所示，试块由同一试块剖开后具有相同大小的两部分组成，并打上相同的序号，分别标以 A、B 记号，A、B 试块上均应具有细密相对称的裂纹图形。铝合金试块的其他要求应符合 JB/T 6064 相关规定。

4.2.6.2　镀铬试块（B 型试块）。

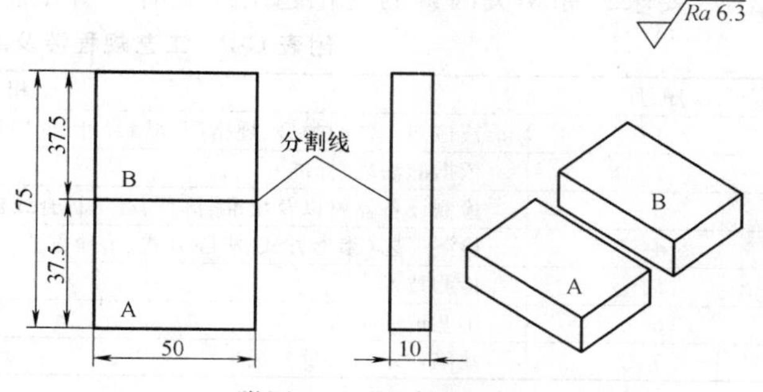

附图 C-1　铝合金试块

将一块材料为 S30408 或其他不锈钢板材加工成尺寸如附图 C-2 所示的试块，在试块上单面镀铬，镀铬层厚度不大于 150μm，表面粗糙度 $Ra=1.2\sim2.5\mu m$，在镀铬层背面中央选相距约 25mm 的 3 个点位，用布氏硬度法在其背面施加不同负荷，在镀铬面形成从大到小、裂纹区长径差别明显、肉眼不易见的 3 个辐射状裂纹区，按大小顺序排列区位号分别为 1、2、3。裂纹尺寸分别见附表 C-1。

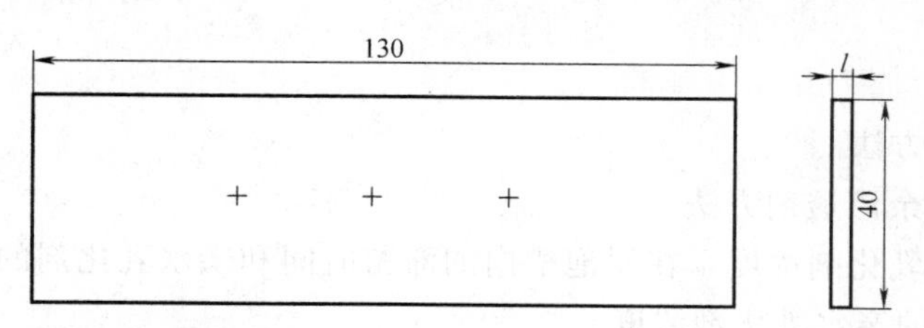

说明：

1—试块厚度 3~4mm

附图 C-2　三点式 B 形试块

附表 C-1　三点式 B 型试块表面的裂纹区长径　　单位：mm

裂纹区次序	1	2	3
裂纹区长直径	3.7~4.5	2.7~3.5	1.6~2.4

4.2.6.3　铝合金试块主要用于以下两种情况：

a）在正常使用情况下，检验渗透检测剂能否满足要求，以及比较两种渗透检测剂性能的优劣。

b）对用于非标准温度下的渗透检测方法做出鉴定。

4.2.6.4　镀铬试块主要用于检验渗透检测剂系统灵敏度及操作工艺正确性。

4.2.6.5　着色渗透检测用的试块不能用于荧光渗透检测，反之亦然。

4.2.6.6　发现试块有阻塞或灵敏度有所下降时，应及时修复或更换。

4.2.6.7　试块使用后要用丙酮进行彻底清洗，清除试块上的残留渗透检测剂。清洗后，再将试块放入装有丙酮或者丙酮和无水酒精的混合液体（体积混合比为 1 : 1）密闭容器中浸渍 30min，干燥后保存，或用其他有效方法保存。

4.2.7　暗室或检测现场

暗室或检测现场应有足够的空间，能满足检测的要求，检测现场应保持清洁，荧光检测时暗室或暗处可见光照度应不大于 20lx。

4.3　检测工艺文件

4.3.1　检测工艺文件包括工艺规程和操作指导书。

4.3.2　工艺规程除满足 NB/T 47013.1 的要求外，还应规定附表 C-2 中所列相关因素的具体范围或要求；如相关因素的变化超出规定时，应重新编制或修订工艺规程。

附表 C-2　工艺规程涉及的相关因素

序号	相关因素
1	被检测工件的类型、规格（形状、尺寸、壁厚和材质）
2	依据的法规、标准
3	检测设备器材以及校准、核查、运行核查或检查的要求
4	检测工艺（渗透方式、去除方式、干燥方法、显像方法和观察方法等）
5	检测技术
6	工艺试验报告
7	缺陷评定与质量分级

4.3.3　应根据工艺规程的内容以及被检工件的检测要求编制操作指导书，其内容除满足 NB/T 47013.1 的要求外，至少还应包括：

a）渗透检测剂。

b）表面准备。

c）渗透剂施加方法。

d）去除表面多余渗透剂方法。

e）亲水或亲由乳化剂浓度、在浸泡槽内的滞留时间和亲水乳化剂的搅动时间。

f）喷淋操作时的亲水乳化剂浓度。

g）施加显像剂的方法。

h）两步骤间的最长和最短时间周和干燥手段。

i）最小光强度要求。

j）非标准温度检测时对比试验的要求。

k）人员的要求。

l）被检工件的材料、形状、尺寸和检测的范围。

m）检测后的清洗技术。

4.3.4　操作指导书的工艺验证

4.3.4.1　操作指导书在首次应用前应进行工艺验证。

4.3.4.2　使用新的渗透检测剂、改变或替换渗透检测剂类型或操作规程时，实施检测前应用镀铬试块检验渗透检测剂系统灵敏度及操作工艺正确性。

4.3.4.3　一般情况下每周应用镀铬试块检验渗透检测剂系统灵敏度及操作工艺正确性。检测前、检测过程或检测结束认为必要时应随时检验。

4.3.4.4　在室内固定场所进行检测时，应定期测定检测环境可见光照度和工件表面黑光辐照度。

4.3.4.5　黑光灯、黑光辐照度计、荧光亮度计和光照度计等仪器应按相关规定进行定期校验。

4.4　安全要求

本部分所涉及的渗透材料所需的化学制品，可能是有毒有害、易燃易爆和（或）挥发性的，因此均应注意防护，并应遵循国家、地方颁布的所有有关安全卫生、环保法的规定。渗透检测应在通风良好或开阔的场地进行，当在有限空间进行检测时，应佩戴防护用具。荧光检测使用黑光灯时应防止黑光灯照射眼睛。

4.5　渗透检测方法分类和选用

4.5.1　渗透检测方法分类

根据渗透剂种类、渗透剂的去除方法和显像剂种类的不同，渗透检测方法可按附表 C-3 进行分类。

附表 C-3　渗透检测方法分类

渗透剂		渗透剂的去除		显像剂	
分类	名　称	方法	名　称	分类	名　称
Ⅰ	荧光渗透检测	A	水洗型渗透检测	a	干粉显像剂
Ⅱ	荧光、着色渗透检测	B	亲油型后乳化渗透检测	b	水溶解显像剂
Ⅲ	着色渗透检测	C	溶剂去除型渗透检测	c	水悬浮显像剂
		D	亲水型后乳化渗透检测	d	溶剂悬浮显像剂
				e	自显像

4.5.2　灵敏度等级

灵敏度等级分类如下：A 级；B 级；C 级。

不同灵敏度等级在镀铬试块上可显示的裂纹区位数应按附表 C-4 的规定。

附表 C-4　灵敏度等级

灵敏度等级	可显示的裂纹区
A 级	1~2
B 级	2~3
C 级	3

4.5.3　渗透检测方法选用

4.5.3.1　渗透检测方法的选用，首先应满足检测缺陷类型和灵敏度的要求。在此基础上，可根据被检工件表面粗糙度、检测批量大小和检测现场的水源、电源等条件来决定。

4.5.3.2　对于表面光洁且检测灵敏度要求高的工件，宜采用后乳化型着色法或后乳化型荧光法，也可采用溶剂去除型荧光法。

4.5.3.3　对于表面粗糙且检测灵敏度要求低的工件宜采用水洗型着色法或水洗型荧光法。

4.5.3.4　对现场无水源、电源的检测宜采用溶剂去除型着色法。

4.5.3.5　对于批量大的工件检测，宜采用水洗型着色法或水洗型荧光法。

4.5.3.6　对于大工件的局部检测，宜采用溶剂去除型着色法或溶剂去除型荧光法。

4.5.3.7　荧光法比着色法有较高的检测灵敏度。

4.6　检测时机

4.6.1　除非另有规定，焊接接头的渗透检测应在焊接完工后或焊接工序完成后进行。对有延迟裂纹倾向的材料，至少应在焊接完成 24h 后进行焊接接头的渗透检测。

4.6.2　紧固件和锻件的渗透检测一般应安排在最终热处理之后进行。

5　渗透检测基本程序

5.1　渗透检测操作的基本程序如下：

a）预处理。

b）施加渗透剂。

c）去除多余的渗透剂。

d）干燥处理。

e）施加显像剂。

f）观察及评定。

g）后处理。

5.2　荧光和着色渗透检测工艺程序如附图 C-3 所示。

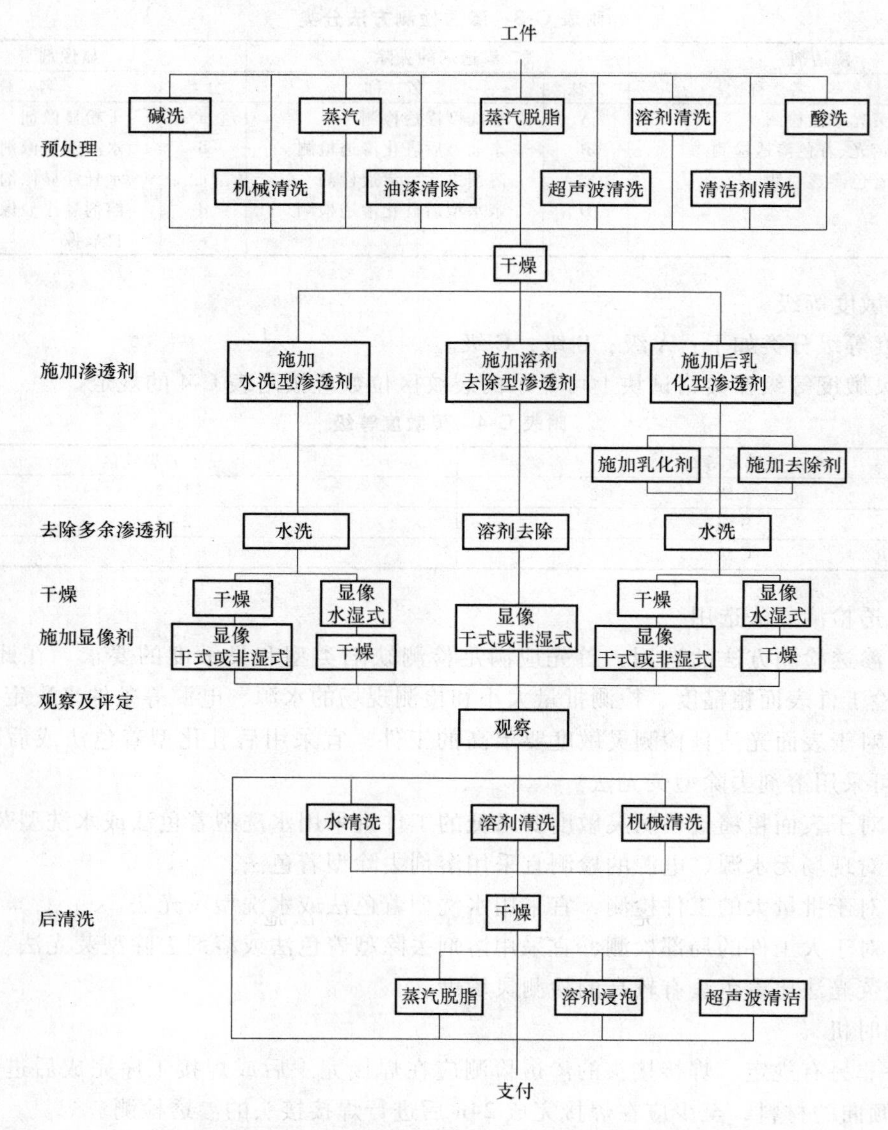

附图 C-3　荧光和着色渗透检测工艺程序示意图

6　渗透检测操作方法

6.1　预处理

6.1.1　表面准备：

a）工件被检表面不得有影响渗透检测的铁锈、氧化皮、焊接飞溅、铁屑、毛刺以及各种防护层。

b）被检工件机加工表面粗糙度 $Ra \leqslant 25\mu m$；被检工件非机加工表面的表面粗糙度可适当放宽，但不得影响检测结果。

c）局部检测时，准备工作范围应从检测部位四周向外扩展25mm。

6.1.2　预清洗

检测部位的表面状况在很大程度上影响着渗透检测的检测质量。因此在进行表面清理之后，应进行预清洗，以去除检测表面的污垢。清洗时，可采用溶剂、洗涤剂等进行。清洗范围应不低于6.1.1c）的要求。铝、镁、钛合金和奥氏体钢制试件经机械加工的表面，如确有需要，可先进行酸洗或碱洗，然后再进行渗透检测。清洗后，检测面上遗留的溶剂和水分等必须干燥，且应保证在施加渗透剂前不被污染。

6.2　施加渗透剂

6.2.1　渗透剂施加方法

施加方法应根据工件大小、形状、数量和检测部位来选择。所选方法应保证被检部位完全被渗透剂覆盖，并在整个渗透时间内保持润湿状态。具体施加方法如下：

a）喷涂：可用静电喷涂装置、喷罐及低压泵等进行。

b）刷涂：可用刷子、棉纱或布等进行。

c）浇涂：将渗透剂直接浇在工件被检面上。

d）浸涂：把整个工件浸泡在渗透剂中。

6.2.2　渗透时间及温度

在整个检测过程中，渗透检测剂的温度和工件表面温度应该在5~50℃的温度范围，在10~50℃的温度条件下，渗透剂持续时间一般不应少于10min；在5~10℃的温度条件下，渗透剂持续时间一般不应少于20min或者按照说明书进行操作。当温度条件不能满足上述条件时，应按NB/T 47013.5—2015中的附录B对操作方法进行鉴定。

6.3　乳化处理

6.3.1　在进行乳化处理前，对被检工件表面所附着的残余渗透剂应尽可能去除。使用亲水型乳化剂时，先用水喷法直接排除大部分多余的渗透剂，再施加乳化剂，待被检工件表面多余的渗透剂充分乳化，然后再用水清洗。使用亲油型乳化剂时，乳化剂不能在工件上搅动，乳化结束后，应立即浸入水中或用水喷洗方法停止乳化，再用水喷洗。

6.3.2　乳化剂可采用浸渍、浇涂和喷洒（亲水型）等方法施加于工件被检表面，不允许采用刷涂法。

6.3.3　对过渡的背景可通过补充乳化的办法予以去除，经过补充乳化后仍未达至一个满意的背景时，应将工件按工艺要求重新处理。出现明显的过清洗时要求将工件清洗并重新处理。

6.3.4　乳化时间取决于乳化剂和渗透剂的性能及被检工件表面粗糙度。一般应按生产厂的使用说明书和试验选取。

6.4 去除多余的渗透剂

6.4.1 在清洗工件被检表面以去除多余的渗透剂时，应注意防止过度去除而使检测质量下降，同时也应注意防止去除不足而造成对缺陷显示识别困难。用荧光渗透剂时，可在紫外灯照射下边观察边去除。

6.4.2 水洗型和后乳化型渗透剂（乳化后）均可用水去除。冲洗时，水射束与被检面的夹角以30°为宜，水温为10~40℃，如无特殊规定，冲洗装置喷嘴处的水压应不超过0.34MPa。在无冲洗装置时，可采用干净不脱毛的抹布蘸水依次擦洗。

6.4.3 溶剂去除型渗透剂用清洗剂去除。除特别难清洗的地方外，一般应先用干燥、洁净不脱毛的布依次擦拭，直至大部分多余渗透剂被去除后，再用蘸有清洗剂的干净不脱毛布或纸进行擦拭，直至将被检面上多余的渗透剂全部擦净。但应注意，不得往复擦拭，不得用清洗剂直接在被检面上冲洗。

6.5 干燥处理

6.5.1 施加干式显像剂、溶剂悬浮显像剂时，检测面应在施加前进行干燥，施加水湿式显像剂（水溶解、水悬浮显像剂）时，检测面应在施加后进行干燥处理。

6.5.2 采用自显像应在水清洗后进行干燥。

6.5.3 一般可用热风进行干燥或进行自然干燥。干燥时，被检面的温度应不高于50℃。当采用溶剂去除多余渗透剂时，应在室温下自然干燥。

6.5.4 干燥时间通常为5~10min。

6.6 施加显像剂

6.6.1 使用于式显像剂时，须先经干燥处理，再用适当方法将显像剂均匀地喷洒在整个被检表面上，并保持一段时间。多余的显像剂通过轻敲或轻气流清除方式去除。

6.6.2 使用水湿式显像剂时，在被检面经过清洗处理后，可直接将显像剂喷洒或涂刷到被检面上或将工件浸入到显像剂中，然后再迅速排除多余显像剂，并进行干燥处理。

6.6.3 使用溶剂悬浮显像剂时，在被检面经干燥处理后，将显像剂喷洒或刷涂到被检面上，然后进行自然干燥或用暖风（30~50℃）吹干。

6.6.4 采用自显像时，显像时间最短10min，最长2h。

6.6.5 悬浮式显像剂在使用前应充分搅拌均匀。显像剂施加应薄而均匀。

6.6.6 喷涂显像剂时，喷嘴离被检面距离为300~400mm，喷涂方向与被检面夹角为30°。

6.6.7 禁止在被检面上倾倒湿式显像剂，以免冲洗掉渗入缺陷内的渗透剂。

6.6.8 显像时间取决于显像剂的种类、需要检测的缺陷大小以及被检工件温度等，一般应不小于10min，且不大于60min。

6.7 观察

6.7.1 观察显示应在干粉显像剂施加后或者湿式显像剂干燥后开始，在显像时间内连续进行。如显示的大小不发生变化，也可超过上述时间。对于溶剂悬浮显像剂应遵照说明书的要求或试验结果进行操作。当被检工件尺寸较大无法在上述时间内完成检查时，可以采取分段检测的方法；不能进行分段检测时可以适当增加时间，并使用试块进行验证。

6.7.2 着色渗透检测时，缺陷显示的评定应在可见光下进行，通常工件被检面处可见光照度应大于等于 1000lx；当现场采用便携式设备检测，由于条件所限无法满足时，可见光照度可以适当降低，但不得低于 500lx。

6.7.3　荧光渗透检测时，缺陷显示的评定应在暗室或暗处进行，暗室或暗处可见光照度应不大于 20lx，被检工件表面的辐照度应大于等于 1000μW/cm^2，自显像时被检工件表面的辐照度应大于等于 3000μW/cm^2。检测人员进入暗区，至少经过 5min 的黑暗适应后，才能进行荧光渗透检测。检测人员不能佩戴对检测结果有影响的眼镜或滤光镜。

6.7.4　辨认细小显示时可用 5~10 倍放大镜进行观察。必要时应重新进行处理、检测。

6.8　缺陷显示记录

可用下列一种或数种方式记录，同时标示于草图上：

a）照相。

b）录像。

c）可剥性塑料薄膜等。

6.9　复验

6.9.1　当出现下列情况之一时，需进行复验：

a）检测结束时，用试块验证检测灵敏度不符合要求时。

b）发现检测过程中操作方法有误或技术条件改变时。

c）合同各方有争议或认为有必要时。

d）对检测结果怀疑时。

6.9.2　当决定进行复验时，应对被检面进行彻底清洗。

6.10　后清洗

工件检测完毕应进行后清洗，以去除对以后使用或对材料有害的残留物。

7　在用承压设备的渗透检测

对在用承压设备进行渗透检测时，如制造时采用高强度钢以及对裂纹（包括冷裂纹、热裂纹、再热裂纹）敏感的材料；或是长期工作在腐蚀介质环境下，有可能发生应力腐蚀裂纹或疲劳裂纹的场合，应采用 C 级灵敏度进行检测。

8　检测结果评定和质量分级

8.1　检测结果评定

8.1.1　显示分为相关显示、非相关显示和伪显示。非相关显示和伪显示不必记录和评定。

8.1.2　小于 0.5mm 的显示不计，其他任何相关显示均应作为缺陷处理。

8.1.3　长度与宽度之比大于 3 的相关显示，按线性缺陷处理；长度与宽度之比小于或等于 3 的相关显示，按圆形缺陷处理。

8.1.4　相关显示在长轴方向与工件（轴类或管类）轴线或母线的夹角大于或等于 30°时，按横向缺陷处理，其他按纵向缺陷处理。

8.1.5　两条或两条以上线性相关显示在同一条直线上且间距不大于 2mm 时，按一条缺陷处理，其长度为两条相关显示之和加间距。

8.2　质量分级

8.2.1　不允许任何裂纹。紧固件和轴类试件不允许任何横向缺陷显示。

8.2.2 焊接接头的质量分级按附表 C-5 进行。

附表 C-5 焊接接头的质量分级

等级	线性缺陷	圆形缺陷(评定框尺寸为 35mm×100mm)
Ⅰ	l≤1.5	d≤2.0mm,且在评定框内不大于 1 个大于Ⅱ级
Ⅱ	大于Ⅰ级	

注：l 表示线性缺陷显示长度，单位为 mm；d 表示圆形缺陷显示在任何方向上的最大尺寸，单位为 mm。

8.2.3 其他部件的质量分级评定见附表 C-6。

附表 C-6 其他部件的质量分级

等级	线性缺陷	圆形缺陷(评定框尺寸 2500mm^{2}其中一条矩形边的最大长度为 150mm)
Ⅰ	不允许	d≤2.0,且在评定框内少于或等于 1 个
Ⅱ	l≤4.0	d≤4.0,且在评定框内少于或等于 2 个
Ⅲ	l≤6.0	d≤6.0,且在评定框内少于或等于 4 个
Ⅳ	大于Ⅲ级	

注：l 表示线性缺陷显示长度，单位为 mm；d 表示圆形缺陷显示在任何方向上的最大尺寸，单位为 mm。

9 检测记录和报告

9.1 应按照现场操作的实际情况详细记录检测过程的有关信息和数据。渗透检测记录除符合 NB/T 47013.1 的规定外，还至少应包括下列内容：

a）检测设备：渗透检测剂名称和牌号。

b）检测规范：检测灵敏度校验、试块名称，预处理方法、渗透剂施加方法、乳化剂施加方法、去除方法、干燥方法、显像剂施加方法、观察方法和后清洗方法，渗透温度、渗透时间、乳化时间、水压及水温、干燥温度和时间、显像时间。

c）相关显示记录及工件草图（或示意图）。

d）记录人员和复核人员签字。

9.2 应依据检测记录出具检测报告。渗透检测报告除符合 NB/T 47013.1 的规定外，还至少应包括下列内容：

a）委托单位。

b）检测工艺规程版次、编号。

c）检测比例、检测标准名称和质量等级。

d）检测人员和审核人员签字及其资格。

e）报告签发日期。

参考文献

[1] 金信鸿，张小海，高春法. 渗透检测［M］. 北京：机械工业出版社，2014.

[2] 美国无损检测学会. 美国无损检测手册（渗透卷）［M］. 上海：世界图书出版公司，1994.

[3] 胡学知. 渗透检测［M］. 2版. 北京：中国劳动社会保障出版社，2007.

[4] 林猷文，任学冬. 渗透检测［M］. 北京：机械工业出版社，2004.

[5] 李家伟，陈积懋. 无损检测手册［M］. 2版. 北京：机械工业出版社，2012.

[6] 中国就业培训技术指导中心. 无损检测员（中级）［M］. 北京：中国劳动社会保障出版社，2010.

参考文献